D1704143

ALLE ZEIT WACH
1842

Dieter W. Wloka

Robotersysteme 3

Wissensbasierte Simulation

Mit 44 Abbildungen

Springer-Verlag
Berlin Heidelberg NewYork
London Paris Tokyo
Hong Kong Barcelona Budapest

Dr.-Ing. Dieter W. Wloka
Lehrstuhl für Systemtheorie
der Elektrotechnik
Universität des Saarlandes
Im Stadtwald
Gebäude 13
6600 Saarbrücken 11

ISBN 3-540-54741-X Springer-Verlag Berlin Heidelberg NewYork

CIP-Titelaufnahme der Deutschen Bibliothek
Wloka, Dieter W.:
Robotersysteme / Dieter W. Wloka.
Berlin ; Heidelberg ; NewYork ; London ; Paris ; Tokyo ;
Hong Kong ; Barcelona ; Budapest : Springer
Bd. 3. Wissensbasierte Simulation. - 1992
ISBN 3-540-54741-X (Berlin ...)
ISBN 0-387-54741-X (NewYork ...)

Satz: Reproduktionsfertige Vorlage vom Autor
Einbandgestaltung: K. Lubina, Schöneiche
Druck: Color-Druck Dorfi GmbH, Berlin; Bindearbeiten: Lüderitz & Bauer, Berlin
60/3020 543210 - Gedruckt auf säurefreiem Papier

Vorwort

Schon immer waren Menschen von der Idee fasziniert, einen künstlichen Menschen zu erschaffen, um ihn für ihre Zwecke einsetzen zu können. So beschreiben schon Ovid und Homer Figuren aus Elfenbein und Gold, die zu Lebewesen werden. Auch im 13.Jh. sollen Alchimisten erste Experimente unternommen haben, um einen künstlichen Menschen im Reagenzglas zu erzeugen. Uns allen ist Goethes Homunkulus (lat. "Menschlein") aus seinem Werk "Faust" bekannt.

Auch die heutige Entwicklung des autonomen mobilen Roboters ist vielleicht aus dieser Sicht zu begründen. Diese Systeme sollen selbständig Wahrnehmungen mit Handlungen verbinden können. Dazu sind allerdings noch große Entwicklungsanstrengungen notwendig.

In einem industriellen Umfeld wird der Begriff "Roboter" nüchterner gesehen. Hier wird unter Roboter immer Industrieroboter verstanden. Dieser hat heute nichts mit den Fähigkeiten oder dem Aussehen eines Menschen gemeinsam.

Die produzierende Industrie setzt Industrieroboter in zunehmendem Maße integriert in Roboterzellen ein. Dieser Schritt zur Automatisierung der Produktion bedingt Investitionen in erheblichem Umfang. Planung und Programmierung von Robotern, Roboterzellen sowie von Roboter-Fabrikationsanlagen müssen daher von vornherein unter Aspekten der Sicherheit und der Wirtschaftlichkeit erfolgen.

Beim Einsatz einer Roboterzelle müssen komplexe Aufgabenstellungen verschiedenster Art gelöst werden. Um z.B. eine Montagesequenz erfolgreich durchzuführen, ist die Anordnung der Roboter und der umgebenden Maschinen von großer Wichtigkeit. In dieser Phase, im allgemeinen als Zellentwurf bezeichnet, müssen alle Komponenten so angeordnet werden, daß die Montageaufgabe gelöst werden kann und möglichst wenig Zeit und Energie verbraucht werden.

Nachdem eine Roboterzelle entworfen und aufgebaut ist, müssen die Abläufe in der Einrichtung geeignet vorgegeben werden. Diese Phase wird als Programmieren bezeichnet. Ein sechsachsiger Roboter führt mehrdimensionale Bewegungen in seinem Arbeitsraum aus. Die Programmierung erfordert deshalb die Vorgabe des Ortes und der Orientierung des Robotereffektors. Solche Angaben verlangen ein großes räumliches Vorstellungsvermögen des Programmierers. Treten mehrere komplexe Geometrieforderungen gleichzeitig auf, ist der Programmierer meist überfordert und damit nicht mehr in der Lage, die gestellte Aufgabe effizient zu lösen.

Schwierige Aufgabenstellungen verlangen weiterhin die Erstellung komplexer Programme und unter Umständen den Einsatz mehrerer Roboter. Arbeiten mehrere Roboter zusammen, so sind die Probleme der Koordination der Bewegungen, Fragen der Kollisionsvermeidung, des Kollisionsschutzes und des Zusammenspiels mit den weiteren Komponenten der Roboterzelle zu lösen.

Eine Zwischenstufe hin zur Entwicklung autonomer mobiler Roboter ist der intelligente Industrieroboter. Er entspricht in seinem Aussehen heutigen mechanischen Strukturen. Der Roboter ist allerdings mit einem Multisensorsystem und einem flexiblen Greifersystem ausgestattet. Der intelligente Industrieroboter verfügt auch, gegenüber heutigen Robotern, über eine neuartige Steuerung.

Ein derartiges intelligentes Robotersystem verlangt den Einsatz von Spitzentechnologien verschiedener Gebiete: Mechanik, Sensorik, Steuerungstechnik und Programmiertechnik. Hierbei ist auch der Einsatz von Verfahren der Künstlichen Intelligenz nicht mehr wegzudenken.

Die aufgezeigten Problemfelder des heutigen Einsatzes von Robotern, die Probleme bei der Entwicklung intelligenter Industrieroboter und autonomer mobiler Roboter, können bei ihrer Lösung effizient durch den Einsatz von Simulationsverfahren in der Form von Robotersimulationssystemen unterstützt werden.

Die vorliegenden drei Bände zeigen die technischen Grundlagen von Robotersystemen auf, wie ein System zur Simulation von Robotern aufgebaut ist und wie es eingesetzt werden kann. Sie zeigen weiterhin, wie es durch die Integration von Verfahren der Künstlichen Intelligenz und durch Nutzung von neuronalen Netzen zu einem wissensbasierten Simulationssystem erweitert werden kann.

Band 1 - Technische Grundlagen

Band 1 gibt eine Einführung in die Technik von Robotersystemen. Hier wird ein modernes Industrierobotersystem in seinem Aufbau vorgestellt. Einsatzfelder von Robotern bei Bearbeitungsvorgängen, bei Transport- und Ladeaufgaben und bei der Montage und Inspektion werden aufgezeigt. Ein wichtiger Punkt bei allen Anwendungen ist die Planung der Roboterzelle. Hierfür werden verschiedene Verfahren vorgestellt und die Vor- und Nachteile diskutiert.

Aktionen eines Roboters werden durch seine Programmierung bewirkt. Band 1 führt deshalb auch in die Programmierung der Roboterzelle und in Programmiersprachen für Roboter ein.

Im zweiten Teil wird die Kinematik und die Dynamik eines Roboters behandelt. Zunächst werden hierzu die erforderlichen mathematischen Grundlagen beschrieben. Die Kinematik des Roboters wird dann ausführlich hergeleitet: Vorgabe von Achskoordinatensystemen, Behandlung des direkten und inversen kinematischen Problems, Verfahren zur iterativen und expliziten Berechnung.

Im letzten Teil werden dann verschiedene Verfahren zur Berechnung der Dynamik vorgestellt. Anhand der Verfahren von Newton-Euler und Lagrange wird dann gezeigt, wie eine Dynamikberechnung durchgeführt werden kann.

Band 2 - Graphische Simulation

Band 2 führt ein in die graphische Simulation von Robotersystemen. Hierzu wird zunächst ein Überblick über Verfahren der 3D-Computergraphik gegeben. Es wird dann ausgeführt, welche Verfahren es zum Aufbau eines Simulationsmodells von Roboterzellen gibt.

Im folgenden werden dann die einzelnen Komponenten eines Robotersimulationssystems ausführlich aufgezeigt: Zell- und Roboterprogrammierung, Animation des Modells und Benutzerschnittstellen. Hier wird auch gezeigt, wie heute mit modernen Eingabegeräten 6D-Manipulationen von Graphikobjekten durchgeführt werden können.

Es wird dann im zweiten Teil das Robotersimulationssystem ROBSIM ausführlich vorgestellt: Modellierung, Konstruktion, graphische und textuelle Programmierung und Animation. Anhand mehrerer Beispiele erhält der Leser einen Einblick in die Leistungsfähigkeit eines Robotersimulationssystems.

Band 3 - Wissensbasierte Simulation

Band 3 gibt im ersten Teil einen Überblick über wissensbasierte Techniken. Hier wird aufgezeigt, was der Begriff Künstliche Intelligenz bedeutet und wie damit das menschliche Problemlösungsverhalten nachgebildet werden kann. Kern aller wissensbasierten Techniken ist die geeignete Repräsentation von Wissen. Es wird deshalb gezeigt, wie Wissen in deklarativer Form repräsentiert werden kann und welche Vor- und Nachteile die einzelnen Repräsentationsformen besitzen. Vorgestellt werden im einzelnen Semantische Netzwerke, Produktionsregeln, objektorientierte Darstellungen und logikbasierte Darstellungen.

Weiterhin wird der Aufbau und der Einsatz eines Expertensystems dargestellt. Die wichtigsten Komponenten eines Expertensystems werden vorgestellt. Hier wird speziell die Funktion der Inferenzmaschine erläutert und die beiden wichtigsten Verfahren zur Inferenz, die Vorwärts- und die Rückwärtsverkettung, ausführlich vorgestellt.

Der zweite Teil zeigt auf, wie wissensbasierte Techniken mit Verfahren der Robotersimulation kombiniert werden können. Hier wird zunächst ein Überblick über die wichtigsten Ansätze gegeben, die in der Literatur zu finden sind. Es wird dann ein Konzept für ein wissensbasiertes Robotersimulationssystem und eine prototyphafte Implementierung vorgestellt. Hier wird auch gezeigt, daß mit Hilfe neuartiger Programmiertechniken komplexe Roboterprogramme einfach zu erstellen sind.

Der dritte Teil befaßt sich mit dem Einsatz von neuronalen Netzen in der Robotersimulation. Hier wird zunächst eine Einführung in die Konzepte neuronaler Netze gegeben. Netztypen und das Modell eines künstlichen Neurons werden vorgestellt. Der Einsatz neuronaler Netze in den Gebieten Kinematik, Dynamik, Sensorik und Regelung wird dann diskutiert. Anhand des Beispiels der inversen Kinematik wird dann ausführlich aufgezeigt, wie neuronale Netze eingesetzt werden können.

Der dritte Band schließt mit einer Übersicht, welche Techniken in zukünftigen Robotersimulationssystemen eingesetzt werden können.

Leserkreis

Diese drei Bände sind gedacht für Anwender von Robotersystemen, die diese im industriellen Maßstab einsetzen und sich für fortgeschrittene Methoden zur Planung und Programmierung interessieren, für Entwickler, die Robotersimulationssysteme mit weiteren Komponenten im Rahmen einer CIM-Lösung einsetzen wollen, und für alle Interessierten, die sich einen Überblick über Robotersimulation verschaffen möchten.

Den Mitarbeitern des Springer-Verlages, speziell Herrn Dr. H. Riedesel gilt mein besonderer Dank. Den Firmen ABB, CIS, IBM, Kuka, Mitsubishi und Scientific Computers danke ich für die freundliche Überlassung von Bildmaterial.

Erwähnt werden müssen an dieser Stelle alle Mitglieder der Forschungsgruppe für Robotertechnik (FORAC) der Universität des Saarlandes, Saarbrücken, die sich in beispielhaftem Einsatz bei der Entwicklung des Robotersimulationssystems ROBSIM engagiert haben und weiter engagieren. Nur durch diese Teamarbeit konnte solch ein komplexes Softwaresystem geschaffen werden.

Herrn Prof. Th. Kane, Stanford University, USA, bin ich zu großem Dank verpflichtet für seine wertvollen Hinweise, die er zu den Themengebieten Kinematik und Dynamik gegeben hat.

Frau Dipl.-Inf. C. Kemke, Deutsches Forschungszentrum für Künstliche Intelligenz (DFKI), Saarbrücken, gilt ein Dankeschön für ihre Hinweise, die sie zum Themengebiet neuronale Netze gegeben hat.

Herrn Dipl.-Ing. A. Uhlig, CIS, Viersen, sind wir zu großem Dank verpflichtet. Er hat durch seine großzügige Unterstützung uns sehr frühzeitig den Zugang zu sehr leistungsfähiger Graphikhardware ermöglicht und damit wesentlich zu besten Arbeitsbedingungen beigetragen.

Für seine vielen Hinweise zur Textgestaltung möchte ich mich auch bei Herrn W. Dörr, Saarbrücken, ganz herzlich bedanken. Er spürte mit großem Elan alle Schwachstellen des Textes auf.

Mein besonderer Dank gilt an dieser Stelle Herrn Prof. Dr.-Ing. H. Jaschek, Lehrstuhl für Systemtheorie der Elektrotechnik der Universität des Saarlandes, Saarbrücken. Nur durch seine stete Förderung wurde die Realisierung von ROBSIM ermöglicht.

D. Wloka

Saarbrücken, im November 1991

Inhaltsverzeichnis

Teil I

Wissensbasierte Techniken

Kapitel 1

Künstliche Intelligenz

Die Simulation, die Programmierung und der Betrieb zukünftiger Robotersysteme basiert in großem Umfang auf Verfahren der Künstlichen Intelligenz (KI) [13,111,132]. In diesem Kapitel wird deshalb über dieses Gebiet ein kurzer Überblick gegeben.

Noch 1980 fand die Forschung auf dem Gebiet der Künstlichen Intelligenz allein in den Forschungslabors einiger Universitäten statt. Mittlerweile erhofft sich auch die Industrie Vorteile von dieser Technik. Es werden deshalb große Forschungsprogramme in den USA, Japan und der EG durchgeführt.

Eine erste Definition von Künstlicher Intelligenz in Form einer Handlungssequenz wurde durch den Turing Test [105] vorgenommen:

1. eine Person befindet sich in Raum 1, ein Computer in Raum 2, ein Kandidat in Raum 3
2. die Verbindung wird durch Computerterminals hergestellt, in Raum 1 ist Terminal 1, in Raum 2 ist Terminal 2, und in Raum 3 ist Terminal 3
3. der Kandidat (an Terminal 3) versucht nun durch Fragen herauszufinden, welches Terminal (1 oder 2) mit dem Computer verbunden ist
4. wenn der Kandidat keinen Unterschied feststellen kann, dann liegt Künstliche Intelligenz vor

Mögliche verbale Definitionen von Künstlicher Intelligenz sind [9]:

"Einsatz von Computern, um Dinge zu tun, von denen man annahm, daß sie nur von Menschen getan werden könnten".

oder

"Entwicklung von Computersystemen, deren Einsatz zu Ergebnissen führt, die man normalerweise mit der menschlichen Intelligenz verbindet".

Intelligenz kann wie folgt charakterisiert werden:

- als Fähigkeit zu lernen und zu verstehen

- als Fähigkeit, mit neuen Situationen umzugehen
- als Fähigkeit zu probieren
- als Fähigkeit, Wissen gezielt anzuwenden

Tabelle 1.1 zeigt einen Vergleich zwischen natürlicher und künstlicher Intelligenz.

natürliche Intelligenz	künstliche Intelligenz
kreativ	unkreativ
kann Wissen erwerben	Wissen muß zugeführt werden
sensorische Eingaben	symbolische Eingaben
weiter Bereich	enger Bereich
transitorisch	permanent
Lernphase notwendig	einfach duplizierbar
teuer	preiswert
unstetig, ungleichmäßig	beständig
schwer dokumentierbar	einfach dokumentierbar

Tabelle 1.1: Vergleich zwischen natürlicher und künstlicher Intelligenz

1.1 Arbeitsgebiete

Die Forschung auf dem Gebiet der Künstlichen Intelligenz läßt sich in drei relativ unabhängige Arbeitsgebiete unterteilen:

- Verarbeitung natürlicher Sprache
- Entwicklung intelligenter Roboter
- Entwicklung von Programmen, die mit Hilfe von Symbolwissen das Verhalten menschlicher Experten nachvollziehen können

1.2 Historische Entwicklung

Die historische Entwicklung der Künstlichen Intelligenz zeigt mehrere Phasen. Zwischen 1960 und 1970 fanden Versuche statt, den menschlichen Denkprozeß nachzubilden mit sog. "General-Purpose" Programmen. Die Entwicklung war erfolglos, da die Programme sehr kompliziert zu entwickeln waren und unbefriedigende Ergebnisse lieferten.

Ab 1970 fand eine Konzentration auf Repräsentationstechniken und Suchverfahren statt. Versuche wurden unternommen, stärker spezialisierte Programme zu entwickeln. Es fand jedoch kein Durchbruch statt.

Am Ende der siebziger Jahre wurde die wichtige Erkenntnis gewonnen: die Fähigkeit eines Programms, Probleme zu lösen, kommt nicht allein von den implementierten Formalismen und Inferenzalgorithmen, sondern von dem Wissen, welches in das Programm integriert ist !

Um ein Programm intelligent zu machen, muß es viel an hochqualitativem Wissen über ein spezielles Problemgebiet enthalten. Damit begann die Entwicklung spezieller Programme für ein eingeschränktes Anwendungsgebiet. Die Entwicklung der Expertensysteme (XPS) begann.

Der Prozeß, ein Expertensystem zu entwickeln, wird Knowledge-Engineering genannt. Er beinhaltet eine spezielle Form der Interaktion zwischen einem Wissensingenieur und einem Experten des Problemfeldes. Der Wissensingenieur versucht, das Faktenwissen des Experten sowie Verfahren, Strategien, Heuristiken, etc. zu erfassen und in das Expertensystem einzubringen.

Kapitel 2

Menschliches Problemlösungsverhalten

Will man ein Programm aufbauen, das sich intelligent verhält, muß man verstehen, wie der Prozeß der menschlichen Informationsverarbeitung abläuft. Es sind Aussagen über Strategien notwendig, um Informationen:

- zu verschlüsseln
- zu speichern
- abzurufen

Die hier getroffenen Aussagen sind die modellhaften Grundannahmen, auf denen die meisten Entwicklungsvorhaben für Expertensysteme beruhen.

2.1 Menschliche Informationsverarbeitung

Das Informationsverarbeitungsmodell des Menschen umfaßt drei große Subsysteme:

- das perzeptuelle Subsystem (Wahrnehmungssystem)
- das kognitive Subsystem (Erkennungssystem)
- das motorische Subsystem (Bewegungssystem)

Bild 2.1 zeigt das Modell des menschlichen Informationsverarbeitungssystems. Äußere Reize stellen die Eingaben dar. Diese werden durch Wahrnehmungsorgane (Sensoren) aufgenommen und zwischengespeichert. Ein Teil der sensorischen Information wird durch den kognitiven Prozessor an einen Arbeitsspeicher weitergeleitet. Die Verarbeitungsergebnisse des kognitiven Prozesses werden an das motorische Subsystem weitergeleitet. Sie können auch hier zwischengespeichert werden. Mit Hilfe der Aktoren werden dann Reaktionen auf die Reize erzeugt.

Nicht alle Wahrnehmungen werden kodiert. Aus der riesigen Menge von Informationen wird eine Auswahl getroffen. Dies ist die Phase des "Aufmerksamseins".

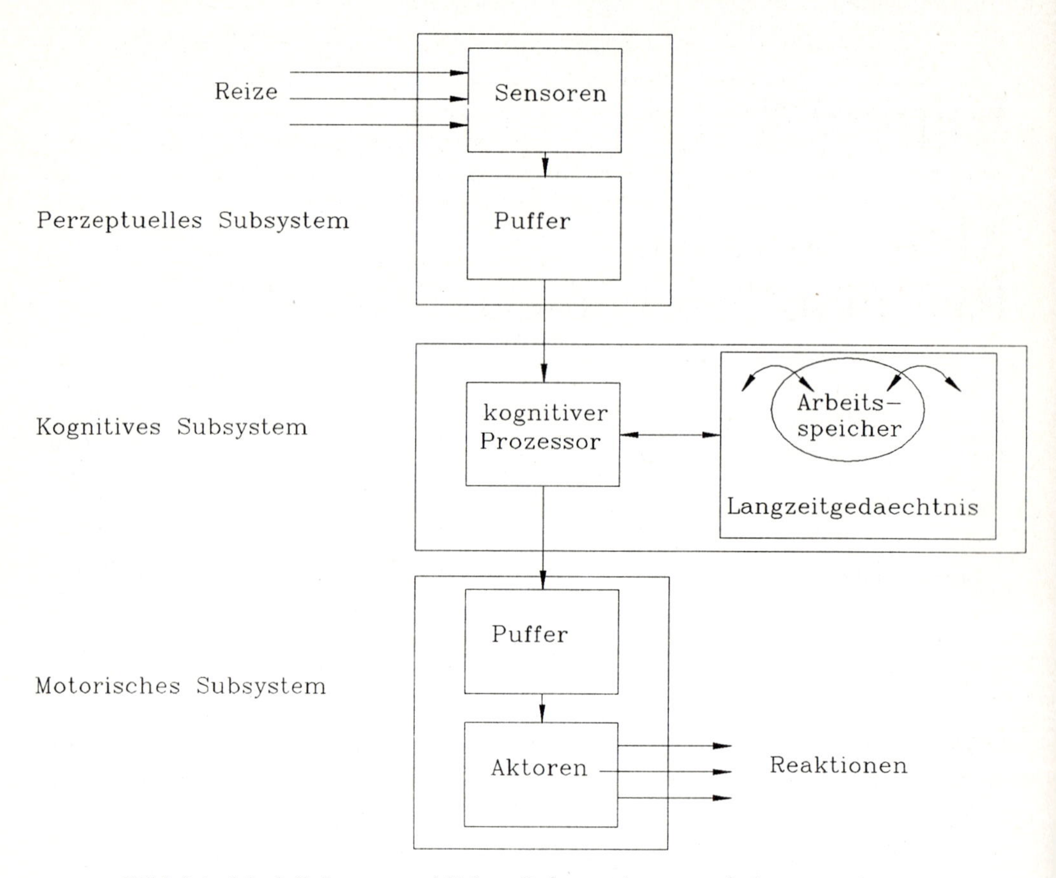

Bild 2.1: Modell des menschlichen Informationsverarbeitungssystems

Der kognitive Prozessor arbeitet periodisch, indem er Informationen aus den sensorischen Pufferspeichern aufnimmt und an den Arbeitsspeicher weiterleitet. Diese "Erkennen-Handeln"-Zyklen bilden das grundlegende Quant der kognitiven Verarbeitung. Die Dauer eines kognitiven Verarbeitungszyklus beträgt ca. 70 ms.

Bei einfachen Aufgaben arbeitet das System nur als Übertragungssystem zur Weiterleitung. Dies ist der Fall bei gewohnheitsmäßigen Aufgaben.

Das Langzeitgedächtnis besteht aus einer riesigen Menge gespeicherter Symbole und einem sehr komplexen Indexsystem. Es gibt verschiedene konkurrierende Hypothesen darüber, welches die elementaren Symbole sind und wie sie sich anordnen.

Das einfachste Modell geht davon aus, daß verwandte Symbole assoziativ verknüpft sind.

Ein detaillierteres Modell geht von Skripten aus. Die Symbole sind in zeitliche Skripten organisiert. Unter einem Skript versteht man einen Handlungsplan für eine bestimmte Aktion, z.B. Einkaufen, Sich-Vorstellen, etc.

Ein weiteres Modell unterteilt den Speicher in eine Ansammlung ("cluster") von Symbolen, die als Informationseinheit oder Informationsblock ("chunk") bezeichnet werden. Ein "chunk" ist ein Symbol, das mit einer ganzen Gruppe oder einem Muster von Reizen verknüpft ist. Ein "chunk" selbst ist wieder hierarchisch aus weiteren kleineren "chunks" aufgebaut. Lernen und Erinnern wird durch das Schaffen und Verändern von Verbindungen zwischen den "chunks" modelliert.

Ein Beispiel hierfür sind Schachmeister, die 5-10 s auf ein Schachbrett schauen und dann das Brett nachstellen. Sie merken sich nicht die Positionen der Einzelfiguren sondern das Muster !

Der Mensch organisiert von frühester Jugend an seine Erfahrungen zu solchen "chunks". Mit zunehmendem Alter werden mehr und mehr Informationen um zunehmend abstraktere Begriffe gruppiert.

Gleichzeitig können vier bis sieben Informationseinheiten im Kurzzeitgedächtnis behalten werden. Die Leistungsfähigkeit kann durch die Zuhilfenahme von extern gespeicherten Informationen erhöht werden (Bücher, Tabellen, Notizen, Bilder, etc.).

Das Langzeitgedächtnis ist nach Art eines komplexen Netzes verknüpft. Man kennt keine Grenze für die Informationsmenge, die gespeichert werden kann. Der "Trick" besteht darin, nicht Informationen bereit zu halten, sondern den Datenzugriff zu ermöglichen, sich zu "erinnern" !

KI-Forscher haben diese Art der Informationsverarbeitung durch eine "programmierende Sprache" nachgebildet. Sie wird als Produktionssystem bezeichnet. Dieses besteht aus zwei Teilen: den Produktionsregeln oder "wenn-dann"-Aussagen und einem Arbeitsspeicher.

Eine Produktion ist eine Instruktion für einen "Erkenne-Handle"-Prozessor. Produktionsregeln werden auf den Arbeitsspeicher angewandt. Wenn sie Erfolg haben, bringen sie normalerweise einen Informationszuwachs im Speicher. Das Produktionssystem ist ein sehr leistungsfähiges Modell des menschlichen Denkens, da es eindeutig, einfach und flexibel ist.

2.2 Lösen von Problemen

Problemlösen bedeutet, einen Weg von einer Anfangssituation zu einem gewünschten Ziel zu finden. Das Problemlösen ist eine mentale Tätigkeit, die gewöhnlich als Überlegen bezeichnet wird.

Problemlösen heißt in der Regel darüber nachzudenken, wie man Probleme löst, für die man von vornherein keine Lösung weiß; demnach ist nicht jede Informationsverarbeitung ein Problemlösevorgang.

Allgemeingültige Verfahrensweisen zum Problemlösen sind:

- Probieren, z.B. um sich mit dem Problem vertraut zu machen
- Aufheben einer Einschränkung
- Rückwärts vom Ziel aus vorgehen
- Einsatz systematischer Methoden, wie Notieren der Versuche und Analyse der Ergebnisse oder das Verwenden von Symbolen

Bei systematischen Methoden findet eine Transformation der bildlichen Vorstellung zu einer gedanklichen Symbolik statt. Die kognitive Psychologie bezeichnet diesen Modelltyp als Problemraum. Ein Problemraum besteht aus:

- Mustern von Elementen oder Symbolen, von denen jedes einen Zustand oder eine Form darstellt, in der die Aufgabensituation vorkommen kann
- Bindegliedern zwischen Elementen, die den Operationen entsprechen, die einen Zustand in einen anderen überführen können, z.B. kausale Beziehungen, chemische Reaktionen, juristische Aktionen

Damit kann eine präzisere Definition des Problemlösens gegeben werden: "Problemlösen ist der Vorgang, bei dem, ausgehend von einem Anfangszustand, ein Problemraum durchsucht wird, um eine Folge von Operationen oder Aktionen zu ermitteln, die zu einem gewünschten Ziel führen".

Damit können Problemlösungsverfahren genauer klassifiziert werden. Probieren bedeutet Generieren und Testen: erzeuge einen Zustand und überprüfe, ob das Ziel erreicht ist. Systematisches Vorgehen bedeutet, von einem Anfangszustand aus in jeder möglichen Weise fortzufahren. Dies führt zum Schlüssel für das Problemlösen, der Suche.

Bei kleinen Problemen kann folgende Strategie verwendet werden: erzeuge den gesamten Problemraum und durchsuche ihn komplett. Problemlösen bedeutet hier, daß *alle* legalen Zustände eines Problems auf der Suche nach der Lösung evaluiert werden. Bei einem gut definierten Problem kennt man den Anfangszustand, den Endzustand und die Operatoren. Davon ausgehend, können systematisch alle Zwischenzustände erzeugt und so theoretisch der gesamte Problemraum entwickelt werden.

Schlecht definierte Probleme sind gekennzeichnet durch folgende Fakten:

- Das Ziel ist nicht explizit vorgegeben
- Die Problemzustände sind nicht eindeutig
- Die Operatoren sind nicht spezifiziert
- Der Problemraum ist unbegrenzt
- Eine Einschränkung durch die Zeit ist gegeben, ein rechtzeitiges Ergebnis ist notwendig

Schlecht definierte Probleme sind in der Realität weitaus häufiger anzutreffen als die gut definierten, so daß zum Problemlösen immer noch gut ausgebildete Experten benötigt werden.

2.3 Menschliches Fachwissen

Menschliches Problemlösen gelingt deshalb, weil der Mensch über gespeicherte Erfahrung verfügt, die er einsetzt, um ein ihm gestelltes Problem zu vereinfachen, aufzugliedern, etc.

Bei der Untersuchung komplexer Probleme geht es im Grunde nur darum, das Wissen zu bestimmen, das nötig ist, um den gigantischen Problemraum eines schlecht definierten Problems auf eine kleinere Größe zu reduzieren.

Es gibt verschiedene Arten, wie Wissen klassifiziert werden kann. Vom Nicht-Wissen kann man durch fachgebietspezifische Fakten, durch Heuristiken, durch Lernen unter Anleitung, durch Lernen in Schulen und aus Büchern sowie durch Grundprinzipien, Axiome und Gesetze zu Wissen gelangen.

Sogenanntes kompiliertes Wissen besteht aus Informationen, die auf eine Art und Weise organisiert, indiziert und gespeichert sind, die sie leicht zugänglich machen. Das Komipilieren besteht darin, Wissen in die Form von "chunks" überzuführen.

Das Kompilieren geschieht auf zwei Arten: zum einen durch das formale Studium eines Sachgebiets, zum anderen durch das Sammeln eigener Erfahrungen oder dem Lernen unter Aufsicht.

Das formale Studium eines Sachgebiets kann z.B. durch den Besuch einer Schule, das Hören von Vorträgen oder das Studium von Lehrbüchern geschehen. Ergebnis ist das Vorliegen von Wissen in Form von Definitionen, Axiomen und Gesetzmäßigkeiten. Der typische "Student" kann das erworbene Wissen beschreiben, er weiß aber nicht, wie dieses Wissen in der täglichen Praxis anzuwenden ist.

Prinzipien, Gesetze und Axiome sind zwar nützlich, sie sind aber kaum hilfreich, den Lösungsweg zu finden. Formale Axiome neigen weiterhin dazu, einen Problemraum zu erzeugen, der für eine formale Suche zu groß ist.

Das Sammeln eigener Erfahrungen oder Lernen unter der Aufsicht eines erfahrenen Mentors bewirkt andere Ergebnisse. Der Student lernt, wie er beim Problemlösen Faustregeln anwenden kann. Durch Erfahrung kompiliertes Wissen führt zu Heuristiken. Das sind Faustregeln, durch die die Suchräume auf eine manipulierbare Größe zurechtgestutzt werden. Meistens genügen zum Problemlösen ein paar Grundstrukturen. Durch Erfahrung gelangen Menschen in einem Fachgebiet zu Kompetenz, indem sie lernen, sich schnell auf die wesentlichen Aspekte eines Problems zu konzentrieren und indem sie alle wichtigen Zusammenhänge kennenlernen.

Kompiliertes heuristisches Wissen, d.h. Erfahrung, die im Langzeitgedächtnis gut organisiert und verankert ist, verschafft uns einen klaren Überblick für das Problemlösen. Spezifisches Wissen über einen Problembereich, einschließlich einiger brauchbarer Heuristiken, ist von erheblichem Nutzen für das Lösen von Problemen.

Unter einem "Experten" versteht man ein Individuum, das weithin als fähig anerkannt ist, eine bestimmte Art von Problemen zu lösen, die die meisten anderen Menschen nicht annähernd so effizient oder effektiv lösen können.

Experten leisten viel, weil sie über große Mengen von kompiliertem, fachgebietsspezifischem Wissen im Langzeitgedächtnis verfügen. Ein Chemie-Nobelpreisträger soll ca. 50.000 bis 100.000 heuristische Informationseinheiten seines Spezialgebiets besitzen. Jeder dieser "chunks" kann willentlich zurückgeholt, untersucht und angewandt werden. Es dauert ungefähr 10 Jahre bis 50.000 "chunks" angeeignet sind. Dies stimmt auch mit verfügbaren biographischen Daten überein.

Die meisten Experten beginnen mit dem Studium ihres Fachgebiets an einer Schule. Dort lernen sie Kentnisse über Grundprinzipien und allgemeine Theorien. Es folgt dann eine Phase, in der praktische Erfahrungen gesammelt werden und eine neue Kompilierung des Wissens durchgeführt wird. Damit bewegen sie sich von einer deskriptiven zu einer prozeduralen Sicht ihres Faches.

Ein Experte in Aktion wird in den seltensten Fällen seine Lösung mit Grundprinzipien oder allgemeinen Theorien begründen.

Heuristiken und fachspezifische Theorien bilden nur das Oberflächenwissen. Die meisten Expertensysteme umfassen nur Oberflächenwissen , was in der Regel auch genügt. Der Problemraum wird damit auf eine manipulierbare Größe reduziert.

Grundprinzipien und allgemeine Theorien bilden Tiefenwissen. Ihre Anwendung tendiert zu schwer handhabbaren Problemräumen, weshalb dieses Wissen bei Expertensystemen derzeit nicht anzutreffen ist.

Kapitel 3

Maschinelle Wissensrepräsentation

Die Verwendung wissensbasierter Methoden basiert auf dem Einsatz von Wissen. Möchte man Wissen in einem Digitalrechner benutzen, so ist es in Formen umzusetzen, die ein Rechner verarbeiten kann. Es gibt prinzipiell zwei Arten, Wissen darzustellen:

1. prozedural und algorithmisch
2. deklarativ und heuristisch

Die erste Art ist effizient, wenn Wissen statisch ist. Die zweite Art wird verwendet, wenn Wissen dynamisch ist. Hier sind auch Ergebnisse besser verstehbar. Die Betrachtung liegt hier auf dem Ganzen, dem System, und nicht auf einzelnen Rechenprogrammen. Wissen wird direkt verarbeitet und nicht nur numerische Daten.

Eine deklarative Aussage eines Faktums ist einfach eine Aussage, daß das Faktum wahr ist. Eine prozedurale Repräsentation eines Faktums ist eine Gruppe von Anweisungen, die, wenn sie ausgeführt werden, zu einem Ergebnis führen, das mit dem Faktum übereinstimmt. Beide Arten, Wissen darzustellen, sind deshalb alternative Strategien, die zu dem gleichen Ergebnis führen.

Ein deklarativer Ansatz bietet sich an, wenn die Fakten unabhängig und veränderlich sind. Dies ist auch für den Benutzer verständlicher und transparenter. Aufgrund der Modularität ist das Wissen leichter zu warten. Prozedurale Repräsentationen sind im Einsatz effizienter, aber schwieriger in der Wartung.

Im Prinzip kann jede prozedurale Repräsentation in eine deklarative Repräsentation umgeschrieben werden und umgekehrt. Die beiden Formen, die als einander ergänzende Aspekte von Wissen angesehen werden, bezeichnet man als duale Semantik.

3.1 Darstellungsarten von Wissen

Für die Darstellung von Wissen gibt es folgende Darstellungsarten:

- Semantische Netzwerke

- Produktionsregeln
- objektorientierte Darstellungen
- logikbasierte Darstellungen

Existierende Rechnerimplementierungen wissensbasierter Methoden, wie z.B. Expertensysteme, verwenden oft mehrere Darstellungsarten gleichzeitig. Sie werden deshalb auch als hybride Systeme bezeichnet. Bei ihnen ist es oftmals schwierig, eine klare Abgrenzung nach dieser Einteilung zu treffen, da sich mehrere Techniken gegenseitig durchdringen und auch flexibel nutzbar sind. So können, z.B. durch Regeln, Objekte erzeugt werden. Bei der Beschreibung von Objekteigenschaften können wiederum auch Regeln integriert werden.

3.2 Semantische Netzwerke

Ein Semantisches Netz(werk) ist eine Methode, Wissen darzustellen, die auf einer Netzwerkstruktur beruht. Dieses Netz besteht aus Knoten ("nodes") und Bögen ("arcs") bzw. Gliedern ("links").

Die Beschreibungsweise ist sehr generell. Semantische Netze sind die älteste Form der Wissensdarstellung in der Künstlichen Intelligenz. Sie wurden entworfen, um Wissen in eine einheitliche Struktur zu fassen.

Es gibt keine strikte Übereinkunft darüber, wie die Knoten und Glieder zu benennen sind. Es existieren jedoch einige typische Konventionen.

3.2.1 Knoten

Knoten werden benutzt, um Objekte und Deskriptoren zu repräsentieren. Deskriptoren liefern zusätzliche Informationen über Objekte (z.B. alt, schmutzig). Objekte können sein:

- reale Gegenstände (Vogel, Schiff, Motor)
- gedankliche Elemente, wie z.B. Handlungen, Ereignisse oder abstrakte Kategorien

3.2.2 Glieder

Glieder verbinden Objekte und Deskriptoren miteinander. Ein Glied kann jede Art von Relation repräsentieren.

Häufig benutzte Glieder sind:

1. "Ist-ein"

Mit "Ist-ein" werden Einzelfälle einer größeren Klasse dargestellt. "Ist-ein" beschreibt also eine Relation zwischen einer Klasse und einem Einzelfall.

Bsp.: Fritz ist-ein Mann.

2. "Hat-ein"

"Hat-ein" beschreibt die Relation zwischen zwei Knoten.

Bsp.: Eine Jacke hat-ein(en) Ärmel.

"Hat-ein"-Glieder repräsentieren Relationen zwischen Teilen und Teileelementen.

3. Definitionen

Einige Glieder haben eine definierende Funktion.

Bsp.: Ein Mensch "trägt" Kleidung.

4. Heuristiken

Glieder können auch heuristisches Wissen wiedergeben

Bsp.: Arbeit "verursacht" schmutzige Kleidung.

3.2.3 Vererbung

Vererbung ("inheritance") ist ein weiteres Merkmal Semantischer Netze. Dieser Begriff beschreibt den Sachverhalt, daß ein Knoten die Eigenschaften anderer Knoten, mit denen er verbunden ist, erben kann.

Vererbung hat den Vorteil, die Redundanz zu vermindern, da Eigenschaften nur einmal spezifiziert werden müssen. Probleme treten allerdings bei der Behandlung von Ausnahmen auf. Vererbung ist sehr effizient, insbesondere wenn nur wenige Ausnahmen vorliegen.

3.2.4 Probleme

Typische Probleme mit Semantischen Netzen lassen sich durch folgende Fragen aufzeigen:

- Was bedeutet ein Knoten wirklich ?
- Gibt es eine Möglichkeit, Ideen und Vorstellungen auszudrücken ?
- Wie kann die Zeit integriert werden ?
- Wie sind die Vererbungsregeln ?

Semantische Netze eignen sich gut, um Prinzipien darzustellen. Bei größeren Systemen werden die Netze allerdings unübersichtlich und damit letztlich nicht mehr handhabbar.

3.3 Produktionsregeln

Produktionsregeln, auch kurz Regeln ("rules") genannt, bieten einen formalen Weg, Empfehlungen, Anweisungen und Strategien darzustellen.

Produktionsregeln werden angewendet, wenn die Wissensbasis aus empirischem Wissen besteht, z.B. aus Erfahrungen, die über einen langen Zeitraum gewonnen wurden.

3.3.1 Regelaufbau

Produktionsregeln sind oft nach folgender Struktur aufgebaut:

IF Prämisse THEN Schluß(folgerung)

bzw.

IF .... und .... oder ..... THEN .... , ... , ...

Eine Prämisse kann mehrere Teilprämissen enthalten, die durch die Operatoren "und" bzw. "oder" verbunden sind. Der Schlußfolgerungsteil kann ebenso mehrere Schlüsse enthalten. Hier ist es ebenso möglich einen Konfidenzfaktor ("confidence factor") anzugeben. Das nachfolgende Beispiel einer Regel stammt aus dem medizinischen Expertensystem Mycin:

```
IF      der Ort der Kultur Blut ist
    und die Morphologie des Organismus Stäbchen ist
    und ....

THEN
        ist es wahrscheinlich (0.6), dass die Identität
        des Organismus Pseudomonas-aerugiosa ist
```

In Mycin werden Konfidenzfaktoren von -1 bis +1 gesetzt. -1 bedeutet "sicher nicht", +1 bedeutet "sicher".

3.3.2 Regelauswertung

In einem regelbasierten Expertensystem entspricht die Wissensbasis der Menge der Regeln. Die Anwendbarkeit der Regeln wird gegen die Datenbasis geprüft. Trifft eine Regel zu, d.h. ist der "IF"-Teil erfüllt, wird der "THEN"-Teil ausgeführt. Man sagt, die Regel "feuert". Dieser Prozeß wird durch einen Regelinterpreter ausgeführt. Die Ausführung verändert die Datenbasis, so daß nun wieder andere Regeln feuern können, usf.

Die Aufreihung der einzelnen Fakten, die durch die feuernden Regeln etabliert wird, heißt Inferenzkette ("inference chain"). Diese kann bei den meisten Expertensystemen angezeigt und zu Erklärungszwecken genutzt werden.

Es gibt zwei Arten, die Regeln abzuarbeiten: die Vorwärtsverkettung ("forward chaining") und die Rückwärtsverkettung ("backward chaining").

Bei der Vorwärtsverkettung werden die "IF"-Teile der Regeln ausgewertet, bei der Rückwärtsverkettung die "THEN"-Teile. Vorwärtsverkettung wird angewendet, um, ausgehend von einer Menge von Fakten, weitere Informationen abzuleiten. Ein typisches Beispiel ist die Konfigurierung eines Rechners.

Rückwärtsverkettung wird angewendet, um ein vorgegebenes Ziel zu überprüfen, z.B. den Beweis einer Aussage.

Die Regeln sind im allgemeinen einfach aufgebaut. Getroffene Schlüsse sind einfach nachvollziehbar, aber manche Schlüsse ("implications"), die einsichtig für den Menschen sind, können bei heutigen Expertensystemen nicht gezogen werden.

Der "IF"-Teil kann Seiteneffekte haben, ohne den "THEN"-Teil zu durchlaufen. Der "THEN"-Teil kann Variable und andere Programme mit einschließen.

3.3.3 Variable Regeln

Treten viele identisch aufgebaute Regeln mit nur jeweils anderen Werten für die Argumente auf, so können variable Regeln verwendet werden. Hiermit werden viele verschiedene Fakten in das gleiche Format gebracht. Dies reduziert die Anzahl der Regeln erheblich. Allerdings sind die Erklärungsteile des Systems schwerer durchschaubar.

3.3.4 Vor- und Nachteile

Folgende Vorteile und Nachteile von Produktionsregeln können aufgeführt werden.

Vorteile:

- Modularität: Regeln können einfach hinzugefügt, modifiziert und gelöscht werden; dies jeweils voneinander unabhängig
- Einheitlichkeit: Die gesamte Wissensbasis hat eine einheitliche Struktur
- Natürlichkeit: Die Syntax der Regeln in der Wissensbasis entspricht dem menschlichen Denkprozeß [1]
- Einfachheit: Die Regeln sind einfach, und damit sind die Ergebnisse einfach erklärbar

Nachteile:

- Zyklische Verarbeitung, d.h. langsamer Gesamtablauf

[1] Dies ist eine bisher gängige Lehrmeinung.

- Algorithmisches Wissen ist schwierig zu integrieren
- Es ist schwierig zu erkennen, wie die Regeln abgearbeitet werden
- Die Struktur der Wissensdomäne wird nicht verwendet
- Die Wartung großer Regelbasen ist sehr schwierig
- Beim Hinzufügen von Regeln sind Konflikte mit bestehenden Regeln auszuschließen

3.4 Objektorientierte Darstellung

Der Begriff Objekt kann definiert werden als eine "strukturierte, symbolische Beschreibung" [91]. Ein Objekt ist strukturiert aufgebaut, z.B. in Nexpert Object [91] in der Form:

Objekt = {Name, Klassen, Subobjekte, Eigenschaften}

Ein Objekt besitzt also einen Namen, kann zu Klassen gehören, kann Subobjekte beinhalten und bestimmte Eigenschaften besitzen .

Als Beispiel soll hier ein Roboter angeführt werden, der als Objekt aufgefaßt wird. Das Objekt "Puma_560" könnte die folgende Struktur besitzen:

Name: Puma_560
Klassen: Sechsachsroboter, Roboter, Unimation-Roboter, ...
Subobjekte: Roboterachsen, MarkII-Steuerung, ...
Eigenschaften: Preis, Tragkraft, ...

Mehrere Objekte können eine Klasse bilden, ein Objekt entspricht dann einer Instanz der Klasse. Ein Subobjekt ist selbst wieder ein Objekt. Die Aufteilung in Subobjekte ist ein wichtiges Strukturierungshilfsmittel. Die Relation zwischen Subobjekt und Objekt ist: "ist Komponente von".

Es ist wichtig zu beachten, daß zwei Objekte, die durch eine Objekt-Subobjektrelation verbunden sind, nur wenige Eigenschaften teilen. Ist dies nicht der Fall, ist die Strukturierung wenig sinnvoll.

Eine Klasse ist eine Menge von Objekten, die sehr viele Eigenschaften gemeinsam haben. Die Bildung einer Klasse entspricht dem Vorgang einer Generalisierung. Relation zwischen Klasse und Objekt ist typischerweise: "ist Instanz von". Das Konzept der Klasse beinhaltet auch das Konzept der Subklassen. Diese sind ein weiteres Hilfsmittel der Strukturierung.

Eigenschaften geben charakteristische Merkmale wieder. Diese können statisch sein, z.B. Autofarbe = rot, oder dynamisch wechseln, z.B. Schalterstellung = offen (oder geschlossen).

3.4.1 Rahmen

Rahmen sind eine formale Methode der Darstellung von Fakten und Relationen. Ein Rahmen kann für die Beschreibung eines Objektes verwendet werden. Er enthält hierfür sogenannte Abteile ("Slots") für sämtliche mit dem Objekt assoziierten Informationen. Schnupp [109] formulierte treffend für diese Darstellungsart den Grundgedanken: "die formale Struktur des Wissens soll soweit vordefiniert werden, daß der Wissensingenieur und der Benutzer die vorgegebenen, festen Rahmen nur noch mit den problem- und fachspezifischen Wissensinhalten ausfüllen müssen. Dies soll die Wissenserfassung erleichtern, die Konsistenz der Wissensbasis absichern und die Implementierung der Zugriffe und der Verarbeitungsprozeduren vereinfachen."

Die Slots können enthalten:

- Werte
- Vorgaben
- Vorbesetzungen ("default values")
- Zeiger auf andere Rahmen
- Gruppen von Regeln
- Prozeduren, durch die man Werte erhält

Bei der Repräsentierung von Wissen in Domänen, in denen Ausnahmen selten vorkommen, sind vorbesetzte Werte überaus nützlich. Rahmen können miteinander verknüpft und auch Vererbung kann zugelassen sein.

Die Ausführungsart der Prozeduren kann verschieden sein:

- "if-added" Typ: wird dann ausgeführt, wenn eine neue Information in den Slot geschrieben wird
- "if-deleted" Typ: wird dann ausgeführt, wenn eine Information im Slot gelöscht wird
- "if-needed" Typ: wird dann ausgeführt, wenn eine neue Information benötigt wird, der Slot aber leer ist

3.4.2 Metaslots

Jeder Eigenschaft eines Objektes kann eine Beschreibung zugeordnet werden, wie diese Eigenschaft sich "verhält", d.h. Werte erhält, vererbt wird, etc. Diese Beschreibung geschieht in ähnlicher Weise wie bei Rahmen und wird Metaslot genannt. Ein Metaslot besteht typischerweise aus:

- der Inferenz-Kategorie: Steuerfaktor für die Inferenzmaschine
- der Vererbungs-Kategorie: Prioritätsfaktor
- der Vererbungs-Entscheidung: Vererbungsfaktor
- der Vererbungs-Strategie: Konfliktlösungsverfahren
- dem Änderungs-Slot: Verhalten bei Veränderungen
- der Quellenreihenfolge: Methoden der Wertzuweisung

Die Informationen eines Metaslots gelten für jede Eigenschaft eines Objektes unterschiedlich. Sie sind ferner objektabhängig, d.h. die gleiche Eigenschaft kann unterschiedlich für verschiedene Objekte behandelt werden. Metaslots enthalten weiterhin Informationen, wie andere Eigenschaften beeinflußt werden können.

3.4.3 Vererbung

Die Strukturierung einer objektorientierten Datenstruktur ist wesentlich beeinflußt durch die Tatsache, daß Eigenschaften von Klassen auf die Objekte durch Vererbung übertragen werden können.

Vererbung entspricht auch einem Schritt der Daten-Kommunikation, der automatisch aktiviert wird. Weiterhin erlaubt der Mechanismus der Vererbung eine große Ökonomie in der Repräsentierung von Zusammenhängen, da Daten nicht mehrfach spezifiziert werden müssen.

Das nachfolgende Beispiel verdeutlicht den Mechanismus der Vererbung bei Rahmen:

```
Bsp. Klasse :  Hunde
     Eigenschaft : 4 Beine

     Objekt : Rex
     Klassen : Hunde
```

Die Zuordnung des Objektes "Rex" zur Klasse der Hunde bewirkt, daß alle Klasseneigenschaften der Klasse Hunde auf Rex übertragen werden, also "Rex" automatisch die Eigenschaft "hat 4 Beine" zugewiesen wird.

Neben Eigenschaften können auch dem Objekt zugeordnete Funktionen vererbt werden, z.B. Routinen, die in einer höheren Programmiersprache geschrieben sind (Pascal, Fortran, C, Lisp, etc.). Vererbung kann auch generell unterdrückt oder durch Steuermechanismen dynamisch beeinflußt werden.

3.4.4 Hierarchische und objektorientierte Datenstrukturen

Mit Hilfe objektorientierter Strukturen kann gezielt eine hierarchische Datenstruktur aufgebaut werden. Hierfür gibt es die folgenden Strukturierungshilfsmittel:

- Ein Objekt kann zu keiner, zu einer oder zu mehreren Klassen gehören
- Ein Objekt kann kein, ein oder mehrere Subobjekt(e) besitzen
- Ein Objekt kann beliebig viele Eigenschaften besitzen
- Jedes Subobjekt ist wieder ein Objekt
- Eine Klasse kann durch ein oder mehrere Objekt(e) instanziiert sein
- Eine Klasse kann keine, eine oder mehrere Subklassen besitzen
- Eine Klasse kann beliebig viele Eigenschaften besitzen
- Jede Subklasse ist wieder eine Klasse

3.5 Graphische Visualisierung

Die graphische Visualisierung der Wissensstruktur ist extrem hilfreich für die Entwicklung und den Test eines Expertensystems. Typische Darstellungen umfassen die Darstellung des Regel-Netzwerkes und des Objekt-Netzwerkes.

In Nexpert Object z.B. kann die Darstellung weiterhin durch den Einsatz unterschiedlicher Farben, unterschiedlicher Schriftarten und Icons problemspezifisch durch den Benutzer modifiziert werden. Auch die Anordung der Datenstruktur enthält weitere Informationen. So bedeutet z.B. die Übereinanderanordnung von Klasseneigenschaften und von Subklassen, daß diese Eigenschaften an die Subklassen weitervererbt werden.

Bild 3.1 (aus [91]) zeigt hierzu ein Beispiel. Ein Kreis visualisiert eine Klasse, ein Viereck eine Eigenschaft. Man erkennt also, daß die Klasse "tanks" drei Subklassen besitzt. Die Klasse "tanks" hat weiterhin vier Eigenschaften: "fluid_nature", "location", "pressure" und "temperature". Die Anordnung zeigt, daß diese Eigenschaften vollständig an die vorhandenen Subklassen "tanks_out", "tanks_lat" und "tanks_in" vererbt werden.

Die Darstellung ist weiterhin dynamisch beeinflußbar. So können alle Informationen über ein Objekt abgefragt werden und generelle Darstellungen, z.B. bestimmter Klassen, erzeugt werden.

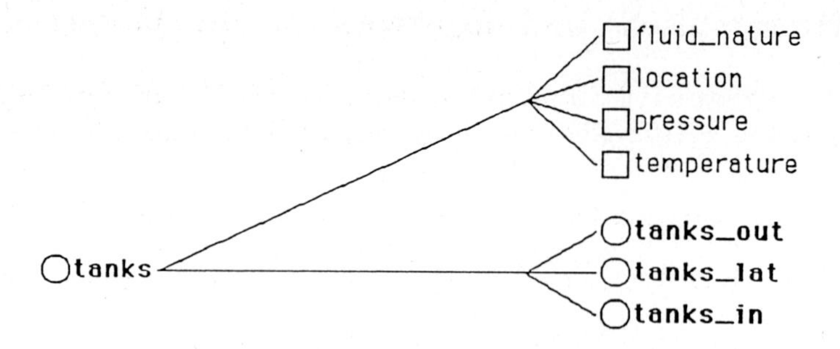

Bild 3.1: Graphische Visualisierung einer Wissensstruktur (Werkbild Neuron Data)

3.6 Logikbasierte Systeme

Die Verwendung logischer Ausdrücke ist eine weitere Form, Wissen darzustellen. Die am häufigsten verwendeten Notationen sind die Aussagenlogik und die Prädikatenlogik.

3.6.1 Aussagenlogik

Die Aussagenlogik ist ein allgemeines logisches System. Aussagen können entweder wahr oder falsch sein und können durch Aussageverbindungen miteinander verknüpft werden, wie z.B. "und", "oder", "nicht", "impliziert" und "äquivalent". Die so entstandenen Aussagen werden zusammengesetzte Aussagen oder Aussageverknüpfungen genannt.

Die Aussagenlogik befaßt sich mit dem Wahrheitsgehalt von zusammengesetzten Aussagen. Es gibt Regeln, nach denen der Wahrheitsgehalt der Aussagen, in Abhängigkeit von der Art der Aussageverbindungen, festgestellt werden kann. Bekannte Regeln sind der "modus ponens" und der "modus tollens".

```
Bsp. : modus ponens

wenn A = wahr
und
wenn A dann B

dann kann man schliessen
B = wahr


Bsp. : modus tollens

wenn B = falsch
```

```
und
wenn A dann B

dann kann man schliessen
A = falsch
```

3.6.2 Prädikatenlogik

Die Prädikatenlogik ist eine Erweiterung der Aussagenlogik. Grundelemente sind Objekte. Aussagen über Objekte werden Prädikate genannt.

```
Bsp. :  ist-blau(Himmel)

Diese Aussage besagt : "Der Himmel ist blau".
```

Die Wissensdarstellung muß in logikbasierten Systemen so erfolgen, daß Tatsachen dargestellt werden, die entweder wahr oder falsch sind.

Die Vorteile einer logikbasierten Darstellung sind die, daß die Darstellung präzise, flexibel und modular ist und oft eine natürliche Art darstellt, bestimmte Dinge zu repräsentieren.

Als Nachteile sind aufzuführen, daß leicht Probleme mit der kombinatorischen Explosion auftreten, Rahmen-Strukturen schwierig nachzubilden sind, die Anwendung in reichen Wissensbasen sehr komplex ist und oftmals viele prozedurale Ergänzungen notwendig sind.

Die Programmiersprache Prolog setzt diese Art der Repräsentation ein. In Europa und Japan werden mittlerweile viele Projekte mit Hilfe von Prolog durchgeführt. Prolog findet auch in Japan im Computerprojekt der 5. Generation Verwendung.

Kapitel 4

Expertensystemtechnik

Ein Expertensystem [55,100,105,109,110,128] versucht, das Problemlösungsverhalten eines menschlichen Experten nachzubilden. Gerade auf dem Gebiet der Robotersimulation erscheint der Einsatz von Expertensystemen erfolgversprechend. Dieses Kapitel gibt deshalb einen Überblick über das Gebiet der Expertensystemtechnik.

4.1 Definitionen

Es gibt bisher keine einheitliche Definition, was unter einem Expertensystem zu verstehen ist. Die Definition von E.Feigenbaum, Stanford University, lautet: "Ein Expertensystem ist ein intelligentes Computerprogramm, das Wissen und Inferenzverfahren benutzt, um Probleme zu lösen, die immerhin so schwierig sind, daß ihre Lösung ein beträchtliches menschliches Fachwissen erfordert. Das auf diesem Niveau benötigte Wissen kann in Verbindung mit dem verwendeten Inferenzverfahren als Modell für das Expertenwissen der versiertesten Praktiker des jeweiligen Fachgebietes angesehen werden."

Eine mögliche Kurzdefinition ist: "Software-System, welches das Wissen eines Experten beinhaltet".

4.2 Kennzeichen

Ein Expertensystem hat folgende Kennzeichen:

- Es bildet den Prozeß nach, wie ein Experte Probleme löst, Entscheidungen fällt und denkt ("reasoning")
- Es multipliziert die Leistungsfähigkeit eines Experten
- Es gibt Auskünfte auf Expertenniveau

- Es wird verwendet bei Problemen, die zur Lösung menschliches Wissen benötigen

- Es agiert so gut wie ein menschlicher Experte in bestimmten Gebieten

Das Wissen eines Expertensystems umfaßt Fakten und Heuristiken. Die Fakten stellen eine Gesamtmenge von Informationen dar, die weit verbreitet, öffentlich zugänglich und von den Experten eines Gebietes allgemein akzeptiert sind.

Heuristiken sind sehr persönliche, selten diskutierte Regeln eines guten Urteilvermögens (Regeln plausibler Schlußfolgerungen, Regeln exakten Schätzens), die das Treffen von Entscheidungen in diesem Gebiet auf Expertenniveau kennzeichnen. Das Leistungsniveau eines Expertensystems ist primär eine Funktion des Umfangs und der Qualität der Wissensbasis, mit der es arbeitet.

Man sollte nach [55] kleinere Systeme "Wissenssysteme" nennen, da sie nicht mit einem Experten konkurieren können, große Systeme dagegen "Expertensysteme" nennen.

Damit ein Programm wie ein menschlicher Experte funktionieren kann, muß es in der Lage sein, ebenso wie ein menschlicher Experte zu agieren. Dazu gehört:

- die Fähigkeit zur Interaktion mit anderen Experten

- die Fähigkeit, Fragen zu stellen

- die Fähigkeit, Schlußfolgerungen erläutern zu können

- das Benutzen einer verständlichen Sprache

- das gezielte Überspringen von Fragen (ungelöste Teilprobleme)

- der Umgang mit unvollständigen und/oder unsicheren Daten

Für den Einsatz eines Expertensystems ist es typisch, daß Wissen genutzt wird. Es ist explizit und greifbar vorhanden, im Unterschied z.B. zu einem Algorithmus. Das Wissen ist so niedergelegt, daß es leicht zu lesen, zu verstehen und leicht zu ändern ist. Das Expertensystem kann neues Wissen erzeugen, basierend auf dem existierenden Wissen. Es kann den Benutzer nach Wissen fragen, welches zur Lösung erforderlich ist und nicht aus der Wissensbasis erzeugt werden kann. Das Expertensystem kann durch den Einsatz von Konfidenzfaktoren Unsicherheiten in den Daten verarbeiten. Damit können auch Fakten, die teilweise unbekannt sind, verwendet werden. Der Benutzer kann das Expertensystem fragen: "warum ?" und es zu einer Erklärung auffordern.

Der Benutzer kann fragen "was wenn ?". Es existieren somit Entscheidungshilfen, die einen Einsatz des Expertensystems als Informations-Prozessor ermöglichen. Damit ist z.B. die Beurteilung verschiedener Strategien möglich. Das Expertensystem kann inkrementell wachsen, d.h. die Wissensbasis kann schrittweise ausgebaut werden. Dies erlaubt einen frühzeitigen Systemtest. Diese Art der Entwicklung wird auch "rapid prototyping" genannt.

Das Expertensystem bildet letztlich für ein Unternehmen das interne Wissen nach, z.B. bei einer Bank das Wissen über Vorgehensweisen und Anlagestrategien. Es akkumuliert das Wissen der Unternehmens-Experten. Dies ist ein wichtiger Aspekt beim Wechsel von Personal. Ein Expertensystem bietet Trainings- und Ausbildungsmöglichkeiten in Verbindung mit einer intelligenten Benutzerschnittstelle. Sogenannte "intelligent tutor-systems" auf Expertensystembasis, in Verbindung mit Videosequenzen etc., werden heute entwickelt. Die besten Expertensysteme sind in der Lage, schwierige Probleme innerhalb einer sehr begrenzten Fachdomäne ebenso gut oder sogar besser zu lösen als menschliche Experten.

4.3 Innere Struktur

Ein Expertensystem enthält Wissen in Form von Fakten und Regeln. Viele der Regeln sind Heuristiken. Diese werden benutzt, weil die zu lösenden Aufgaben zu komplex sind, nicht vollständig verstanden sind oder sich mit algorithmischen bzw. mathematischen Methoden nicht lösen lassen.

Das Wissen in einem Expertensystem ist klar von den anderen Systemkomponenten getrennt. Diese Wissensansammlung wird Wissensbasis oder Wissensbank ("knowledge base") genannt. Die Problemlösungskomponente, also das Wissen, wie die Regeln und Fakten zu verarbeiten sind, liegt separat als sogenannte Inferenzmaschine ("inference engine") vor. Ein Programm, das in dieser Weise organisiert ist, wird als wissensbasiertes Programm bezeichnet.

Bild 4.1 zeigt den inneren Aufbau eines Expertensystems. Die Wissensbasis enthält das Wissen in Form von Fakten und Regeln. Die aktuellen Daten sind in dem Arbeitsspeicher abgelegt. Die Inferenzmaschine enthält einen Interpreter, der entscheidet, wie die Regeln anzuwenden sind, um neues Wissen zu gewinnen und einen Scheduler, der festlegt, in welcher Reihenfolge die Regeln anzuwenden sind. Der Wissensingenieur, in Zukunft vielleicht auch der Experte selbst, nutzt eine Wissenserwerbskomponente, mit der das Wissen erfaßt und kodiert werden kann. Der Benutzer hat über die Benutzerschnittstelle Zugang zu dem System. Fordert er eine Erklärung an, so aktiviert er die Erklärungskomponente.

Wie ein Expertensystem das Wissen verwendet, ist von äußerster Wichtigkeit für den erfolgreichen Einsatz. Man benötigt zum einen hochqualitatives Wissen, zum anderen leistungsfähige Verarbeitungsmechanismen.

Bild 4.2 zeigt hierzu das heutige Vorgehen und das Zusammenspiel der Komponenten, die beim Aufbau eines Expertensystems beteiligt sind: ein Experte, ein Wissensingenieur, ein Entwicklungswerkzeug für Expertensysteme (Expertensystemshell) , die Endbenutzer und das Wartungspersonal. Der Wissensingenieur arbeitet eng mit dem Experten zusammen. Er versucht, das Faktenwissen und die Heuristiken des Experten zu erfassen und geeignet zu kodieren. Dazu benutzt er ein Entwicklungswerkzeug für

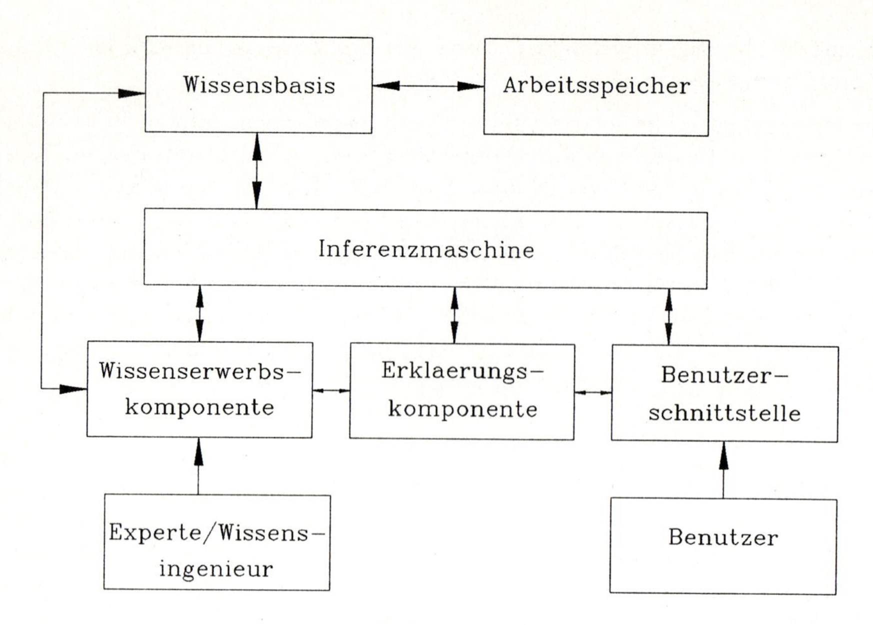

Bild 4.1: Innere Struktur eines Expertensystems

Expertensysteme, eine Expertensystemshell. Diese enthält alle Funktionskomponenten eines Expertensystems, wie z.B. Inferenzmaschine, Benutzerschnittstellen, diverse Editoren, etc. Die Strukturen der Wissensbasis sind ebenfalls vorhanden, sie ist aber leer. Das entwickelte Expertensystem wird vom Endbenutzer genutzt und durch Wartungspersonal auf dem aktuellsten Stand gehalten. Für diese beiden Gruppen sind (idealerweise) verschiedene Schnittstellen vorhanden.

Folgende Punkte sind wichtig für die Entwicklung eines Expertensystems:

Expertise: Das Expertensystem muß den gleichen Grad an Leistung ("performance") entwickeln wie ein Experte. Gefordert sind gute und schnelle Lösungen. Es muß Robustheit besitzen, z.B. bei falschen Regeln oder unvollständigen Fakten. Ein Experte verwendet in solchen Fällen allgemeine Regeln oder Vergleiche mit ähnlichen Problemen. Das Expertensystem muß hier Mechanismen einsetzen können, die bewirken, daß es sich ähnlich verhält.

Symbolische Verarbeitung: Ein menschlicher Experte löst Probleme oft durch Manipulation von Symbolen in aufgestellten Konzepten und durch das Verwenden von Strategien und Heuristiken, um die Symbole zu manipulieren. Ein Expertensystem muß in ähnlicher Weise vorgehen können. Damit wird die Form der Wissensdarstellung sehr bedeutungsvoll. Es ist natürlich auch möglich, mathematische Routinen zu integrieren.

Tiefe: Ein Expertensystem besitzt Tiefe, d.h. kann Probleme eines eng begrenzten Problembereiches lösen. Damit sind die Regeln entweder sehr kompliziert und/oder sehr zahlreich. Expertensysteme arbeiten in realen Umgebungen mit echten Daten und nicht in künstlichen Welten, den sog. "toy domains", wie z.B. die "blocks world"

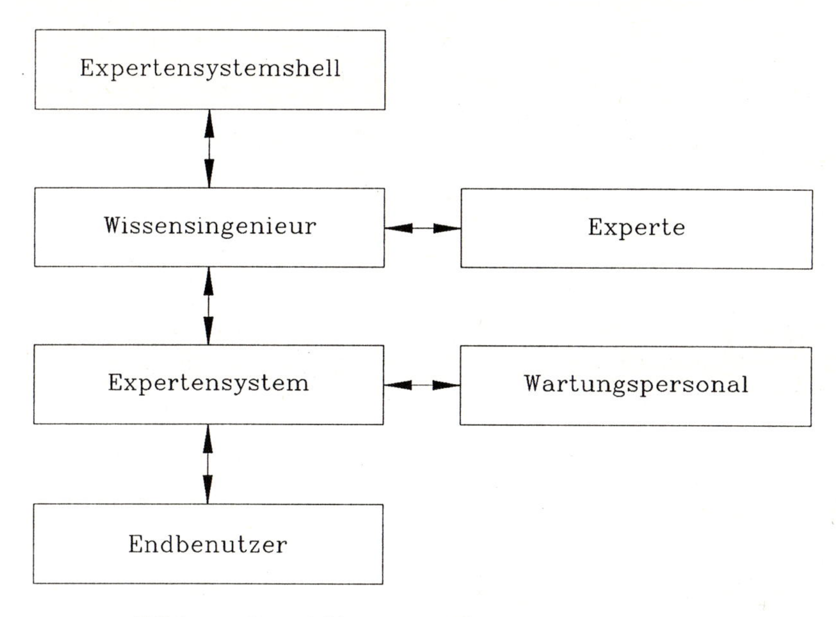

Bild 4.2: Entwicklung eines Expertensystems

[133]. Es ist wichtig, dies zu beachten, da die Übertragung von Systemen, die in künstlichen Welten funktionieren, in reale Umgebungen meist nicht durchführbar ist.

Selbst-Wissen: Ein Expertensystem besitzt Wissen, um über seine eigene Vorgehensweise Schlüsse zu ziehen, und auch Strukturen, die helfen, den Schlußfolgerungsprozeß zu vereinfachen. Bei regelbasierten Expertensystemen kann das Expertensystem die Schlußfolgerungsketten ("inference chains") untersuchen, falls Regeln vorhanden sind, diese Ketten zu verarbeiten. Es ist dann ein Test möglich über Genauigkeit, Konsistenz und Plausibilität. Dieses Wissen, welches das System über seinen Entscheidungsprozeß besitzt, wird Meta-Wissen ("meta-knowledge") genannt.

Ein wichtiger Aspekt ist zu beachten: Expertensysteme können auch Fehler machen ! Durch die Möglichkeit, die Schlußfolgerungskette anzusehen und auf Strategien, Heuristiken, etc. zugreifen zu können, läßt sich aber die Fehlerursache leichter finden als in konventionellen Programmen. Mit der Verbreitung von Expertensystemen treten in Zukunft große Probleme im rechtlichen Bereich auf, z.B. bei Haftungsfragen. Wer haftet bei Schäden, die durch den Fehler eines Expertensystems verursacht wurden ?

4.4 Einsatzgebiete

Die bisherigen Einsatzgebiete von Expertensystemen können in folgende Gruppen eingeteilt werden:

- *Interpretation*: Auswertung von Sensorinformationen, um Situationen zu beschreiben

- *Vorhersage*: Mögliche Konsequenzen gegebener Situationen vorhersagen
- *Diagnose*: Fehlfunktionen aus Eingabedaten ermitteln
- *Design*: Entwurf unter gegebenen Randbedingungen
- *Planung*: Entwurf von Aktionen und Abläufen
- *Überwachung*: Beobachtungen mit erwarteten Ergebnissen, Ereignisse überprüfen
- *Debugging*: Vorschläge, um Fehlfunktionen zu beseitigen
- *Reparatur*: Vorgabe von Plänen, um beschriebene Fehler zu beseitigen
- *Instruktion*: Lehrsystem zur Ausbildung
- *Kontrolle, Regelung*: Beeinflussung des generellen Systemverhaltens

4.5 Einschränkungen

Neben den großen Möglichkeiten, die der Einsatz von Expertensystemen bietet, müssen aber auch die Grenzen von Expertensystemen beachtet werden. Folgende Einschränkungen gelten für den Einsatz von Expertensystemen:

- Ein Einsatz ist nur für engumgrenzte Aufgaben möglich
- Das Ziehen allgemeiner Schlüsse über ein größeres Fachgebiet ist nicht möglich
- Das Ziehen von Schlußfolgerungen, basierend auf Axiomen oder allgemeinen Theorien, ist nicht möglich
- Ein Expertensystem ist derzeit noch nicht lernfähig
- Nur die spezifischen Fakten und Heuristiken, die beigebracht wurden, können ausgewertet werden
- Der "gesunde Menschenverstand" fehlt
- Analogieschlüsse sind nicht möglich
- Ein Expertensystem liefert schlechte Ergebnisse außerhalb des Anwendungsgebiets
- Je nach Computerleistung treten Zeitprobleme bei Echtzeitanwendungen auf
- Expertensysteme haben Probleme beim Erfassen von unterschiedlichen Auffassungen mehrerer Experten

Kapitel 5

Funktion der Inferenzmaschine

Inferenzstrategien und Ablaufsteuerung haben die Aufgabe, ein Wissenssystem bei der Anwendung der in seiner Wissensbasis gespeicherten Fakten und Regeln sowie der Informationen, die es vom Benutzer erhält, zu überwachen.

Die Inferenzmaschine hat zwei Aufgaben:

- Sie untersucht die existierenden Fakten und Regeln und fügt wenn möglich Fakten hinzu
- Sie ermittelt die Reihenfolge der Abarbeitung der Regeln und steuert den Dialog mit dem Benutzer

5.1 Inferenzverfahren

Die am häufigsten verwendete Inferenzstrategie besteht in der Anwendung einer logischen Regel, die modus ponens genannt wird. Sie besagt: wenn Faktum A als wahr bekannt ist und die Regel gilt: "wenn A, dann B", dann kann man schließen, daß auch Faktum B wahr ist. Wenn sich also die Prämissen einer Regel als wahr herausstellen, dann ist man berechtigt, auch die Schlüsse für wahr zu halten.

Die Anwendung des modus ponens impliziert zwei wichtige Erkenntnisse:

- Die verwendeten Regeln sind einfach, und deshalb sind die darauf beruhenden Schlußfolgerungen leicht zu verstehen
- Wendet man den modus ponens ausschließlich an, so sind manche gültige Schlußfolgerungen nicht zu ziehen, z.B. Schlüsse nach der Regel des modus tollens

Mit Hilfe des modus ponens können häufig neue Fakten aus Regeln und schon bekannten Fakten abgeleitet werden. Die meisten Expertensysteme können Schlußfolgerungen unter Verwendung des modus tollens nicht ziehen.

5.2 Vages Wissen

In konventionellen Programmen setzt man voraus, daß alle benötigten Informationen vorliegen, ehe die Verarbeitung der Daten beginnt. Im Gegensatz dazu muß eine Inferenzmaschine auch in der Lage sein, mit unvollständigem Wissen umzugehen. Dies wird ermöglicht, indem zugelassen wird, daß Regeln nicht erfüllt werden, wenn Informationen fehlen, die notwendig sind, um den Wahrheitsgehalt der Prämisse festzustellen.

Das Ergebnis hängt von der Art der Prämisse ab:

- Bei "UND"-Verknüpfungen müssen alle Aussagen wahr sein, damit die Regel erfüllt wird
- Bei "ODER"-Verknüpfungen muß nur eine Aussage wahr sein, damit die Regel erfüllt wird

Bei der "ODER"-Verknüpfung kann also die Regel auch zutreffen, wenn Informationen fehlen! Damit ist die Anwendung dieser Regel auch bei unvollständiger Wissensbasis möglich.

In eine Wissensbasis können auch explizit Regeln aufgenommen werden, die Wissen über unvollständige Informationen ableiten. Experten sind gewöhnlich in der Lage, ohne vollständige Informationen Ratschläge zu erteilen. Ein Teil ihres Expertentums besteht darin zu wissen, wann das Fehlen von Informationen ignoriert werden kann, und wann diese beschafft werden müssen.

5.3 Unsicherheit

Unsicherheit oder Ungenauigkeit kann in zwei Bereiche unterteilt werden:

- Benutzer-Unsicherheit
- Regel-Unsicherheit

Unsicherheit bezüglich einer Benutzereingabe kann als Ursache haben, daß die Antwort nicht genau ist, daß sie nicht einzuordnen ist oder daß die Antwort völlig unbekannt ist.

Für den Umgang mit Unsicherheiten bieten sich folgende Verarbeitungsmöglichkeiten an:

```
1. Aussagen bilden

Bsp. IF Auto vor kurzem gefahren = unbekannt AND
        Motor = warm
```

```
    THEN Auto vor kurzem gefahren = ja


2. Angabe eines Konfidenzfaktors

Bsp. IF Auto vor kurzem gefahren = unbekannt AND
        Motor = warm
    THEN Auto vor kurzem gefahren = 0.8 (Konfidenz für ja)


3. Heuristik

Bsp. IF Pistole geladen = unbekannt
    THEN Pistole geladen = ja

    hier Wahl der sicheren Seite !
```

Unsichere Tatsachen lassen sich mit einem Sicherheitsfaktor oder Konfidenzfaktor ("certainty factor") angeben. Dies gilt auch für Regeln.

```
Bsp.: MYCIN - Strategien bei unsicheren Fakten:

- Ableitung von Fakten durch Anwendung von mehr als einer Regel;
  die Konfidenzfaktoren werden entsprechend kombiniert

- Zusammengesetzte Prämissen werden zur Beurteilung
  unsicherer Fakten benutzt; eine unsichere Prämisse führt zu
  einem unsicheren Schluß

- Die Regel selbst kann Ungewißheit beinhalten
```

Eine Ansammlung von vagen Informationen darf aber niemals zu einem eindeutigen Schluß führen! Je mehr positive Informationen erscheinen, desto sicherer wird der Schluß. Auch die Reihenfolge der Verarbeitung darf keine Rolle spielen. Man sollte beachten, daß Konfidenzfaktoren keine objektiven Wahrscheinlichkeitsfaktoren darstellen. Der Einsatz von Konfidenzfaktoren in sehr komplexen Domänen ist im allgemeinen nicht sehr effizient.

Auch die Prämissen können unterschiedlich bewertet werden, je nach der Anzahl von Aussagen und logischen Verknüpfungen, welche sie enthalten.

Auch die Anwendbarkeit einer Regel selbst kann ungewiß sein.

```
Bsp.: MYCIN, eine Regel gilt hier als zutreffend:

- wenn die Prämisse aus einer einzigen Aussage mit
  Konfidenzfaktor > 0.2  besteht
```

- wenn die Prämisse mehrere durch "ODER" verknüpfte Aussagen enthält, und der maximale Konfidenzfaktor aller Aussagen > 0.2 ist

- wenn die Prämisse mehrere durch "UND" verknüpfte Aussagen enthält, und der minimale Konfidenzfaktor aller Aussagen > 0.2 ist

Die aus einer Regel gezogene Schlußfolgerung wird durch die Ungewißheit der Prämisse beeinflußt. Auch die Bewertung der Schlußfolgerungsteile mit Konfidenzfaktoren kann verschieden durchgeführt werden.

Bsp.: MYCIN

- Wenn die Prämisse mit eindeutiger Sicherheit zutrifft, dann erhält der abgeleitete Wert den Konfidenzfaktor des eingegeben Faktums (Bsp. Fakt Konfidenzfaktor = 0.6 dann Schlußfolgerung Konfidenzfaktor = 0.6)

- Wenn die Prämisse zutrifft, aber nicht mit eindeutiger Sicherheit, dann: Konfidenzfaktor der endgültigen Schlußfolgerung = Konfidenzfaktor der Schlußfolgerung * Konfidenzfaktor der Prämisse

Bsp.: wenn x
dann y (0.7)

ist nun der Konfidenzfaktor von x = 0.3 , dann ist der Konfidenzfaktor der gesamten Schlußfolgerung: 0.7 * 0.3 = 0.21

5.4 Resolutionsverfahren

Die Resolution ist eine Methode, um herauszufinden, ob eine Tatsache anhand einer Anzahl vorgegebener logischer Aussagen gültig ist. Man muß beachten, daß in einer auf logischer Notation basierenden Darstellung eine Frage immer so zu stellen ist, daß mit wahr oder falsch geantwortet werden kann.

Bsp.: Nicht "Wie weit ist es bis zum Ziel"
sondern "Ist Entfernung zum Ziel = 5 km wahr ?"

Die Anwendung der Resolution beruht auf zwei logischen Operationen. Die eine Operation ist die Äquivalenz der Aussagen: "Wenn A, dann B" und "Nicht(A) oder B".

Die andere Operation ist die Zusammenfassung der beiden Ausagen: "Nicht(A) oder B" und "A oder C" zusammengefaßt zu: "B oder C" Bei dieser Operation fallen A und Nicht(A) weg.

Der Beweis der ersten Operation kann mit Hilfe einer Wahrheitstabelle, auch Wahrheitsmatrix genannt, erfolgen. Diese zeigt Tabelle 5.1.

A	B	Nicht(A)	Wenn A, dann B	Nicht(A) oder B
W	W	F	W	W
W	F	F	F	F
F	W	W	W	W
F	F	W	W	W

Tabelle 5.1: Wahrheitsmatrix

Die Anwendung des Resolutionsverfahrens besteht aus folgenden Schritten:

1. Alle "WENN-DANN"-Aussagen in "ODER"-Aussagen umformen
2. Die Negation der in Frage kommenden These aufstellen
3. Die Tatsachenpaare mit Hilfe der Regel des Zusammenfassens vereinfachen
4. Die These wird als wahr angesehen, wenn bei der Auflösung von Ausdrücken, bei denen einer die Negation der These darstellt, ein Widerspruch auftritt

Resolutionsverfahren werden automatisiert anstelle des modus ponens in logischen Systemen eingesetzt.

Beispiel: Resolutionsverfahren

Gesucht ist bei folgendem Beispiel (aus [55]) der Rat, ob bei einer vorgegebenen Entfernung ein Taxi genommen werden soll, also ob die Aussage "Rat = Taxi" wahr ist. Vorgegeben seien dazu die folgenden Regeln und ein Faktum.

1. WENN Entfernung $>$ 5 km, DANN Mittel = Fahren
2. WENN Mittel = Fahren, DANN Rat = Taxi nehmen
3. Faktum: Entfernung $>$ 5 km

1. Schritt: "WENN-DANN"-Aussagen in "ODER"-Aussagen umformen:

1. Nicht(Entfernung $>$ 5 km) ODER Mittel = Taxi
2. Nicht(Mittel = Fahren) ODER Rat = Taxi nehmen
3. Faktum: Entfernung $>$ 5 km

2. Schritt: Negation des Ziels: Nicht(Rat = Taxi)

3. Schritt: Zusammenfassen

```
1. Nicht(Entfernung > 5 km)
    oder Mittel = Fahren
   Nicht(Mittel = Fahren)
    oder Rat = Taxi nehmen
  --------------------------
    Nicht(Entfernung > 5 km)
      oder Rat = Taxi nehmen

2. Nicht(Entfernung > 5 km)
    oder Rat = Taxi nehmen
   Entfernung > 5 km
  --------------------------
    Rat = Taxi nehmen

3. Rat = Taxi nehmen
   Nicht(Rat = Taxi nehmen)
   -------------------------
   Widerspruch !!!
```

5.5 Ablaufsteuerung

Folgende grundlegende Probleme werden durch die Ablaufsteuerung einer Inferenzmaschine behandelt. Die Inferenzmaschine muß wissen:

- wo zu beginnen ist
- was als nächstes zu tun ist
- wie Konflikte zu lösen sind

Der Ablauf bei regelbasierten Systemen kann mit Hilfe der Vorwärtsverkettung und/oder der Rückwärtsverkettung gesteuert werden.

5.6 Rückwärtsverkettung

Ist ein Ziel oder sind mehrere Ziele vorgegeben, so werden bei der Rückwärtsverkettung Regeln gesucht, die diese Ziele als Schlußfolgerungen haben. Ist die Prämisse einer Regel erfüllt, so ist die Schlußfolgerung bestimmt. Meist sind jedoch Teile der Prämisse unbekannt. Diese Attribute werden dann als neue Subziele identifiziert, und es wird versucht, Werte für diese Subziele zu finden. Damit ergibt sich folgendes Vorgehen bei einer Rückwärtsverkettung:

1. Schlüsse der Regeln untersuchen, um zu überprüfen, ob das aktuelle Ziel aufgeführt ist
2. Wenn ja: entsprechende Voraussetzungen prüfen, um zu sehen, ob sie erfüllt sind oder nicht - entsprechend dem Wissen in der Fakten- datenbasis
3. Falls ein neues Faktum erwähnt wird, wird dieses Faktum zum neuen Ziel
4. Die Schlüsse werden erneut untersucht

Falls ein benötigtes Faktum nicht bekannt ist oder nicht ermittelt werden kann, kann auch eine Frage an den Benutzer des Systems gestellt werden. Dieser Prozeß läuft solange, bis das Ziel einen Wert erhalten hat oder alle Regeln getestet sind.

Beispiele

1. Beispiel: Mit Hilfe eines einfachen Beispiels soll der Ablauf der Rückwärtsverkettung verdeutlicht werden. Hier bedeutet:

```
A & B ---> C
```

wenn Faktum A und Faktum B, dann Faktum C.

```
Regeln:     F & B ---> Z     (1)
             C & D ---> F     (2)
                 A ---> D     (3)

Fakten:     A,B,C,E,G,H

Ziel:       Z ?

Goalstack: { Z }

1. Untersuche rechte Seite der Regeln, ob Z vorkommt;
   Regel 1 gefunden, ist Regel ausführbar ? nein
   unbekannte Fakten auf den Goalstack

Goalstack: { F, B, Z }
Fakten:     A,B,C,E,G,H

   teste Fakten, ob Wert vorhanden, ja: B

Goalstack: { F, Z }
Fakten:     A,B,C,E,G,H

2. Suche F auf rechter Seite; Regel 2 gefunden, ist Regel
   ausführbar, nein,  unbekannte Fakten auf den Goalstack
```

```
Goalstack: { C, D, F, Z }
Fakten:    A,B,C,E,G,H

   teste Fakten, ob Wert vorhanden, ja: C

Goalstack: { D, F, Z }
Fakten:    A,B,C,E,G,H

3. Suche D auf rechter Seite; Regel 3 gefunden, ist Regel
   ausführbar, ja ! , führe Regel aus


Goalstack: { F, Z }
Fakten:    A,B,C,D,E,G,H


4. Suche F auf rechter Seite; Regel 2 gefunden, ist Regel
   ausführbar, ja ! führe Regel aus

Goalstack: { Z }
Fakten:    A,B,C,D,E,F,G,H

5. Suche Z auf rechter Seite; Regel 1 gefunden, ist Regel
   ausführbar, ja ! führe Regel aus, damit Wert für
   Z gefunden !

Goalstack: {  }
Fakten:    A,B,C,D,E,F,G,H
```

2. Beispiel: Das nächste Beispiel ist etwas komplexer. Folgender Interpreter für eine Rückwärtsverkettung soll verwendet werden:

1. Plaziere das zu erreichende Hauptziel auf den Goalstack
2. Wenn der Goalstack leer ist, dann Stop
3. Wenn der Wert des obersten Ziels im stack ermittelt ist, entferne das Ziel und gehe zu Regel 2
4. Durchsuche die Schlußfolgerungen der Regelbasis bei diesem Iterationsschritt nach der ersten ungetesteten Regel, die das oberste Ziel erwähnt
5. Wenn keine Regel, die das oberste Ziel erwähnt, gefunden wird, entferne das oberste Ziel und gehe zu Regel 2
6. Wenn die Voraussetzung der gewählten Regel ein Faktum enthält, dessen Wert nicht in der Fakten-Datenbasis enthalten ist, mache dieses Faktum zum neuen obersten Ziel, setzte dieses neue oberste Ziel vor das vorherige Ziel, gehe zu Regel 2

7. Wenn die Voraussetzungen bestätigt werden können, füge die Schlußfolgerung zur Fakten-Datenbasis, entferne das oberste Ziel, gehe zu Regel 2
8. Gehe zu Regel 5

Folgende Regeln seien gegeben:

1. IF Atmung = Sauerstoff THEN type = Tier
2. IF Struktur = kristallin THEN type = mineral
3. IF Fortpflanzung = Geburt OR hat Haare = yes THEN class = Säugetier
4. IF type = Tier AND hat pouch = yes AND Europäer = no THEN group = marsupial
5. If class = Säugetier THEN gibt Milch = yes
6. If edible = yes AND Haustier = yes THEN identity = cabbage
7. IF class = Säugetier AND Haustier = yes THEN edible = yes
8. IF gibt Milch = yes AND Haustier = yes THEN identity = Kuh

Fakten-Datenbasis

- Atmung = Sauerstoff
- Fortpflanzung − Geburt
- Haustier = yes

Ziel, das zu ermitteln ist: *identity*

Die Arbeit des Interpreters kann in folgenden Schritten angegeben werden. IR ist die Nummer der angewandten Interpreterregel.

Schritt	IR	anwendbar	Aktion	Goal-Stack
1	1	ja	plaziere Hauptziel auf Goalstack (GS)	identity
2	2	nein		
3	3	nein		
4	4	ja	finde R6	
5	5	nein		
6	6	ja	plaziere unbekannte Werte auf GS	edible identity
7	2	nein		
8	3	nein		
9	4	ja	finde R7	
10	5	nein		

11	6	ja	plaziere unbekannte Werte auf GS	class edible identity
12	2	nein		
13	3	nein		
14	4	ja	finde R3	
15	5	nein		
16	6	nein		
17	7	ja	class zur Fakten-DB, oberstes Ziel entfernen	edible identity
18	2	nein		
19	3	nein		
20	4	ja	finde R7	
21	5	nein		
22	6	nein		
23	7	ja	edible zur Fakten-DB, oberstes Ziel entfernen	identity
24	2	nein		
25	3	nein		
26	4	ja	finde R6	
27	5	nein		
28	6	nein		
29	7	ja	identity zur Fakten-DB, oberstes Ziel entfernen	{ }
30	2	ja	Stop	

Zusammenfassung

Zusammenfassend können folgende Kennzeichen der Rückwärtsverkettung angeführt werden:

- ist an einem Ziel orientiert
- konzentriert sich auf den "THEN"-Teil der Regeln
- kommt zum Einsatz bei Fällen, bei denen mögliche Resultate bekannt sind
- kommt zum Einsatz bei Fällen, bei denen die Anzahl der Resultate beschränkt ist
- wird bei den meisten existierenden Expertensystemen eingesetzt

5.7 Vorwärtsverkettung

Die zweite Möglichkeit der Ablaufsteuerung ist die Vorwärtsverkettung. Inferenz mit Vorwärtsverkettung konzentriert sich auf den "IF"-Teil der Regeln. Man sagt auch, die Inferenz ist datengetrieben. Vorwärtsverkettung kommt zum Einsatz, wenn ein Ziel oder eine Lösung konstruiert werden muß. Bei dieser Methode sind aber u.U.

komplexe Konfliktlösungsstrategien erforderlich, wenn mehrere Regeln gleichzeitig anwendbar sind.

Bei der Vorwärtsverkettung werden die Voraussetzungen der Regeln untersucht, um zu sehen, ob sie wahr sind oder nicht. Dies geschieht anhand der vorhandenen Informationen der Fakten-Datenbasis. Falls die Voraussetzungen wahr sind, werden die Schlußfolgerungen zur Fakten-Datenbasis hinzugefügt, und die Voraussetzungen werden erneut untersucht. Dieser Prozeß läuft solange, bis keine weiteren Informationen zur Fakten-Datenbasis addiert werden können.

Zur Konfliktlösung ist keine allgemeine Strategie verfügbar. Folgende Möglichkeiten bieten sich an:

- Die erste Regel nehmen
- Die Regel mit höchster Priorität nehmen
- Die am weitesten zutreffende Regel nehmen
- Die Regel nehmen, die das zuletzt zugefügte Element enthält
- Eine neue Regel nehmen
- Eine zufällige Regel nehmen
- Alle Regeln parallel ausführen

Anwendungsbereiche

Rückwärtsverkettung bietet sich an, wenn ein Ziel oder eine beschränkte Anzahl von Zielen bestimmt werden soll, wie z.B. die Ermittlung einer Krankheit.

Vorwärtsverkettung bietet sich an, wenn das Ziel unbekannt ist oder die Möglichkeiten unbeschränkt sind, wenn die Suche beginnt, z.B. die Konfiguration eines Computersystems.

Die Kombination beider Techniken ergibt die besten Ergebnisse.

5.8 Suchverfahren

Neben der Strategie der Verkettung muß auch der eingesetzte Suchmechanismus betrachtet werden. Man unterscheidet bei Expertensystemen meist zwischen der Tiefensuche ("depth-first search") und der Breitensuche ("breath-first search") [74].

Bei der Tiefensuche unternimmt der Inferenzmechanismus jeden Versuch, ein Subziel zu ermitteln. Eine Breitensuche untersucht zunächst alle Prämissen einer Regel, bevor sie mehr ins Detail geht. Dies ist effizienter, wenn damit eine Regel gefunden wird, die anwendbar ist und sofort den Wert des Zielattributs ermittelt.

Die meisten Systeme verwenden die Tiefensuche. Während der Suche nach Details werden so meistens zusammenhängende und damit sinnvolle Fragen gestellt. Im anderen Fall springt das System von Regel zu Regel und stellt für den Benutzer in ihrem Sinn nicht erkennbare Fragen.

Breitensuche entspricht mehr einem "generalistischen" Vorgehen, während die Tiefensuche mehr dem Vorgehen eines Spezialisten entspricht, der sich sofort um alle Details kümmert.

Werden alle möglichen Zustände untersucht, spricht man von einer erschöpfenden Suche. Wird die Suche abgebrochen, spricht man von einer nicht-erschöpfenden Suche.

5.9 Nicht-monotones Schließen

Ein weiterer Unterschied besteht bei den Inferenzverfahren darin, ob monotones oder nicht-monotones Schließen unterstützt wird. Beim monotonen Schließen bleiben alle gefolgerten Werte während der Dauer einer Beratung gültig. Damit wächst die Menge der Informationen beständig (monoton).

Bei einem nicht-monotonen Inferenzsystem können gültige Fakten, die zunächst als wahr erkannt wurden, später wieder verworfen werden. Planung ist ein Beispiel, in dem dieser Mechanismus seine Anwendung findet. Es ist nicht schwierig, den Wert eines einzelnen Attributs zu ändern, es ist jedoch äußerst schwierig, die aus diesem Wert erwachsenen Implikationen wieder rückgängig zu machen.

Kapitel 6

Knowledge Engineering

Der Aufbau eines wissensbasierten Systems ist derzeit noch ein schwieriges Problem. Man bezeichnet diesen Prozeß als "Knowledge Engineering". Er kann wie folgt definiert werden: "Vorgang, das Wissen und Können eines Experten aufzunehmen und es in ein Computerprogramm zu transformieren, mit dem Ziel, ein System zu generieren, das sich dann bei einer Entscheidungsfindung wie ein Experte verhält".

Ist der Experte nicht mit wissensbasierten Verfahren vertraut, kann ein sog. Wissensingenieur ("Knowledge Engineer") eingesetzt werden. Er befragt den Experten und analysiert das Lösen von Problemen durch den Experten. Der Wissensingenieur setzt dann gewonnene Erkenntnisse in ein Expertensystem um.

Der Prozeß des Knowledge Engineering besteht also letztlich darin, die in einem menschlichen Gehirn vorhandenen Informationen (Wissen) umzusetzen in eine Form, die von einem Computer verstanden werden kann.

Man darf allerdings bei diesem Prozeß nicht vergessen, daß sowohl Wissensingenieure als auch Experten sehr rar sind. Auch geben Experten ihr Wissen ungern preis, so daß hier erhebliche psychologische Probleme auftauchen können.

6.1 Aufbau eines kleinen Wissenssystems

Für den Aufbau kleiner Wissenssysteme gibt es mittlerweile eine Vielzahl von Werkzeugen, die auf kommerzieller Basis angeboten werden. Diese können eingesetzt werden, um Arbeitshilfen aufzubauen, grundlegende Wissensysteme zu entwickeln oder aber dazu dienen, sich in das Gebiet des Knowledge Engineering einzuarbeiten.

Wichtig ist, daß diese Werkzeuge von Personen eingesetzt werden können, die keine Wissensingenieure sind und die keine Erfahrung im Programmieren besitzen.

Für den Aufbau eines kleinen Wissensystems sind die folgenden sechs Schritte notwendig:

1. Wahl des Werkzeugs und damit Entscheidung für ein bestimmtes Beratungsparadigma

2. Identifizierung des Problems und Analyse des Wissens, das in das System aufgenomen werden soll
3. Systementwurf. Er umfasst zunächst eine Beschreibung auf dem Papier, typischerweise durch Flußdiagramme, Tabellen und Skizzierung einiger Regeln
4. Prototyp-Erstellung mit Hilfe eines Werkzeugs. Sie umfaßt den Aufbau der Wissensbasis und Testen durch Probeläufe
5. Erweiterung, Testen und Ändern des Systems, bis es den Anforderungen genügt
6. Wartung und Aktualisierung des Systems nach Bedarf

Bei der Wahl eines Werkzeugs muß man bedenken, daß bestimmte Werkzeuge für bestimmte Beratungsparadigmen gedacht sind, heute meistens Diagnose und Rezept. Das System arbeitet meistens mit "wenn-dann"-Regeln und rückwärts-verkettender Inferenz. Die Regelgröße sollte 75 bis 200 Regeln nicht überschreiten.

6.2 Aufbau großer Wissenssysteme

Ein großes Wissenssystem kann meist nur von einem Team von Fachleuten entwickelt werden, die in Knowledge Engineering ausgebildet sind.

Die Aufgabe eines Wissensingenieurs besteht darin, Wissen eines menschlichen Experten in Erfahrung zu bringen und in ein Expertensystem einzugliedern. Er ist Spezialist für das Hervorholen von Expertenwissen, für die Prototyp-Erstellung und für die Verfeinerung des Systems in Zusammenarbeit mit dem Experten.

Die frühen Expertensysteme wurden zumeist von Grund auf neu entwickelt. Heute jedoch werden die meisten Expertensysteme mit Hilfe von speziellen Werkzeugen, den sogenannten "Shells", entwickelt.

Auch die Entwicklung eines großen wissensbasierten Systems erfolgt in sechs Schritten:

1. Auswahl eines geeigneten Problems
2. Entwicklung eines Prototyp-Systems
3. Entwickung des vollständigen Expertensystems
4. Bewertung des Systems
5. Integration des Systems
6. Wartung des Systems

Die Wahl des richtigen Problems ist der vielleicht kritischste Teil des gesamten Entwicklungsvorhabens, da heute die Technologie noch wenig ausgereift ist. Falls das Problem ungeeignet ist, kann das gesamte Vorhaben schon in Entwurfsproblemen festhängen, ein ungenügendes Kosten-Nutzenverhältnis auftreten, etc.

Es ist immer ratsam, sich zunächst mit einer kleinen Aufgabe zu befassen, deren Erledigung besonders mühsam ist, die sich aber mit Hilfe eines speziellen Werkzeugs schnell lösen läßt.

Ein Wissenssystem kann dann nutzbringend in einem Unternehmen eingeführt werden, wenn:

- einige Mitarbeiter vorhanden sind, die besonders gefragt sind und die einen Großteil ihrer Zeit damit verbringen, anderen zu helfen
- die Durchführung einer Aufgabe ein Team von Mitarbeitern erfordert, weil der einzelne nicht genug darüber weiß
- eine Arbeitsleistung nicht genügend qualitativ erledigt werden kann, weil die Aufgabe eine eingehende Analyse komplexer Bedingungen erfordert und der Bearbeiter im Normalfall nicht an alles denkt
- eine große Diskrepanz zwischen der besten und der schlechtesten Arbeitsleistung besteht
- Unternehmensziele wegen Mangel an Mitarbeitern zurückgestellt werden müssen

Folgende Arten von Aufgaben lassen sich mit Expertensystemen zufriedenstellend lösen, die

- sich auf ein eng umrissenes Spezialgebiet konzentrieren
- nicht allzusehr von Hintergrundwissen bzw. gesundem Menschenverstand abhängen
- keine sensorischen Wahrnehmungen erfordern, d.h. keine Symbole und keine Signale benötigen
- für einen menschlichen Experten weder zu leicht noch zu schwierig sind. Das Problem sollte für einen menschlichen Experten innerhalb von drei Stunden bis drei Wochen zu lösen sein
- so eindeutig wie möglich definiert sind. Der Zusammenhang, in dem die Aufgabe ausgeführt wird, ist beschrieben und es ist bekannt, wer das System benützt
- zu Ergebnissen führen, die bewertet werden können. Das heißt, die Leistungsfähigkeit des Systems läßt sich messen und vergleichen

Eines der schwierigsten Probleme ist es, einen Experten zu finden der zur Mitarbeit bereit ist. Es gilt der Erfahrungssatz: "Der Experte, den man haben will, ist der, den die Firma am wenigsten gern entbehrt. Es ist die Person, auf die das Unternehmen am wenigsten verzichten kann."

6.2.1 Probleme mit mehreren Experten

Manche Entwicklungswerkzeuge begünstigen die Eingabe von Wissen durch mehrere Experten; im allgemeinen geraten aber die meisten großen Entwicklungswerkzeuge in Schwierigkeiten, wenn das Wissen von mehr als einem Hauptexperten integriert werden soll.

Zwei Experten desselben Fachgebiets stimmen in der Regel überein, was die höchste Hierarchieebene des jeweiligen Problems betrifft, sie ziehen es aber meistens vor, das Problem von verschiedenen Seiten anzugehen und den Problemraum mit verschiedenen Methoden zu durchforschen. Mit anderen Worten, sie betonen unterschiedliche Gruppen von Merkmalen auf der zweiten und dritten Hierarchieebene. Wenn aber ein Wissensingenieur ein System zu entwickeln beginnt, das monatelange Arbeit erfordert und einige hundert Regeln umfaßt, kommt der anfänglichen Wahl der Objekte und Attribute größte Bedeutung zu.

Aus diesem Grund wird bei den meisten Projekten nur ein einziger Hauptexperte für den Aufbau der grundlegenden Wissensbasis herangezogen. Die Verfeinerung dieser Grundlage kann dann auch anderen Experten überlassen werden. Manche Systeme umgehen dieses Problem auch dadurch, daß sie mehrere voneinander unabhängige Wissensbasen besitzen, die für einen Teilaspekt des Problems benutzt werden. Jede dieser Wissensbasen wird dann durch einen speziellen Experten aufgebaut.

6.2.2 Erstellen eines Projektplans

Sobald der Wissensingenieur sich davon überzeugt hat, daß

- eine bestimmte Aufgabe von einem Expertensystem ausgeführt werden kann
- das System mit einem vorhandenen Werkzeug aufgebaut werden kann
- ein geeigneter Experte verfügbar ist
- die geforderten Leistungsmerkmale angemessen sind
- Kosten und Amortiationszeit für den Klienten annehmbar sind

kann ein genauer Plan erstellt werden, nach dem die tatsächliche Entwicklungsarbeit ablaufen soll. Der Projektplan sollte das Grundkonzept des Systems enthalten sowie die einzelnen Schritte des Entwicklungsprozesses, die anfallenden Kosten und die voraussichtlichen Ergebnisse.

6.2.3 Entwicklung des Prototyp-Systems

Ein Prototyp-System ist eine kleine Version des Expertensystems, die den Zweck hat, die Annahmen zu überprüfen, die für die Kodierung der Fakten, Relationen und Inferenzstrategien des Experten aufgestellt wurden. Außerdem ist es dem Wissensingenieur dadurch möglich, den Experten aktiv in den Entwicklungsprozeß einzubeziehen und ihn zu motivieren, denn der Experte muß bereit sein, einen erheblichen Arbeitseinsatz zu erbringen, um ein umfangreiches System zu entwickeln.

Die Entwicklung eines Prototyp-Systems umfasst die folgenden Teilaufgaben:

- Studium des Arbeitsbereichs und der Aufgabenstellung
- Spezifizierung der Leistungskriterien
- Wahl eines Expertensystem-Werkzeugs
- Erstellung einer Prototyp-Version
- Testen der Prototyp-Version anhand von Fallbeispielen
- Entwicklung eines detaillierten Entwurfs für ein vollständiges Expertensystem

Studium des Arbeitsbereichs und der Aufgabenstellung

Um über den Arbeitsbereich vertraut zu werden, wird der Wissensingenieur schriftliche Unterlagen, wie Fachbücher etc., lesen. Erst danach beginnt er einen Dialog mit dem Experten.

In der Regel wird der Wissensingenieur den Experten auffordern, vier oder fünf typische Fälle, die er gelöst hat, auszuwählen und zu dokumentieren. Bei der Erläuterung durch den Experten hört der Wissensingenieur aufmerksam zu und fertigt ein Protokoll für die schrittweise Entwicklung einer Lösung für jedes Problem. Er bittet den Experten "laut zu denken" und den Schlußfolgerungsprozeß zu beschreiben, der vor jeder Entscheidung abläuft. Außerdem wird er den Experten nach Begründungen für die Schlußfolgerung fragen, die zur Lösung bestimmter Probleme führten.

Nach dieser Phase werden die Schlußfolgerungsprozesse in Faustregeln umformuliert. Wichtige Fragen für diese Phase sind:

- Ist das Wissen dürftig und unzureichend oder ist es umfangreich und redundant?
- Wie sicher sind die Fakten und Regeln?
- Ist die Interpretation von Ereignissen zeitabhängig?
- Wie erhält man oder beschafft man sich Informationen über das Problem?
- Welche Arten von Fragen müssen gestellt werden, um die notwendigen Informationen einzuholen?
- Sind die Fakten zuverlässig, exakt und präzise oder sind sie unzuverlässig, ungenau und unpräzise?
- Ist das Wissen folgerichtig und vollständig, um die Probleme lösen zu können?

Spezifizierung von Leistungskriterien

Im weiteren Verlauf werden auch die Leistungsanforderungen genauer spezifiziert. Das Leistungskriterium muß so definiert werden, daß man durch einen Test feststellen kann, ob der Wissensingenieur seine Arbeit erfolgreich beendet hat.

Erstellung einer Prototyp-Version

Das wichtigste Ergebnis der Prototyp-Phase ist der Nachweis, daß das gewählte Werkzeug geeignet ist. In der Prototyp-Phase werden eine Reihe von Fällen getestet, und in jedem einzelnen Fall verfolgen der Wissensingenieur und der Experte die Schlußfolgerungsvorgänge des Systems im Ablauf. Sie diskutieren, ob und warum die Regeln erwartungsgemäß funktionieren oder nicht. Die Tests erfüllen zweierlei Funktion: sie gestatten dem Wissensingenieur festzustellen, ob die formalen Methoden, die zur Darstellung des Expertenwissens angewandt wurden, den speziellen Aufgaben der Fallbeispiele gerecht werden. Dem Experten ermöglichen sie, zu sehen, wie ein Expertensystem die vorgegebene Information verwendet. Durch seine aktive Teilnahme am Testen des Systems wird der Experte in der Regel noch stärker in den Prozeß des Wissenserwerbs einbezogen. Das ist sehr wichtig, weil der Experte in der nächsten Phase selbst mit dem System arbeiten wird, um es zu erweitern und zu verfeinern.

Detaillierter Entwurf des vollständigen Expertensystems

Nach dem erfolgreichen Test des Prototyps erfolgt die Entwicklung des vollständigen Systems. Falls die ursprüngliche Festlegung der Objekte und Attribute sich als unzureichend herausstellt, muß sie geändert werden. Die Gesamtzahl der heuristischen Regeln wird geschätzt. Die Leistungskriterien können jetzt mit größerer Genauigkeit angegeben werden. Alle diese Informationen werden zusammen mit Systemplan, Terminplan und Finanzierungsrahmen in einem Entwurfsdokument zusammengefaßt.

Für die Entwicklung des vollständigen Expertensystems sind folgende Schritte noch erforderlich:

- Implementierung der Kernstruktur des vollständigen Systems
- Erweiterung der Wissensbasis
- Anpassung der Benutzerschnittstelle
- Überwachung der Systemleistung

Die Hauptarbeit besteht hier in der Erweiterung der Wissensbasis durch das Hinzufügen weiterer Heuristiken. Diese erweitern das System typischerweise in die "Tiefe", indem mehr Regeln für den Umgang mit subtileren Aspekten hinzukommen. Gleichzeitig kann die Erweiterung auch in die Breite gehen, indem Regeln eingebaut werden, die zusätzliche Teilprobleme oder weitere Aspekte der Expertenaufgabe betreffen.

Anpassung der Benutzerschnittstelle

Die Benutzerschnittstelle ist für den Erfolg eines Expertensystems von großer Bedeutung. Wichtig ist die Verwendung von Sätzen und Erklärungen. Es sollte dem Benutzer leicht und natürlich erscheinen, vom System beliebige Details zu erfragen. Es ist auch wichtig, den Schlußfolgerungsprozeß transparent zu machen, z.B. durch eine graphische Darstellung.

Ein gutes Entwicklungswerkzeug stellt eine Knowledge-Engineering-Schnittstelle bereit, die es dem Experten ermöglicht, Testfälle durchzuspielen, an denen er die Schlußfolgerungen des Systems überprüfen kann. Er kann damit auch Stellen herausfinden, an denen er zusätzliches Wissen eingeben muß.

Die bisherigen Erfahrungen weisen darauf hin, daß die Akzeptanzschwelle bei Experten niedrig ist, sobald sie sich davon überzeugt haben, daß das System brauchbare Ratschläge liefert. Um den Experten zu überzeugen, ist es notwendig, daß er selbst anhand von Testfällen die Arbeitsweise und Leistungsfähigkeit kennenlernt. Es ist wichtig, das Expertensystem als eine Hilfe einzuführen, die die Experten von lästigen Aufgaben befreit, ihnen aber nicht das Gefühl gibt, sie seien dadurch überflüssig geworden.

Neben der Benutzerschnittstelle ist die Erstellung von Schnittstellen zu vorhandenen Datenbanken ebenso wichtig. Damit kann der Zugriff auf bereits vorhandene Daten erfolgen.

Kapitel 7

Entwicklungswerkzeuge

Für die Entwicklung von Expertensystemen können die zur Verfügung stehenden Entwicklungswerkzeuge in drei Kategorien eingeteilt werden:

- KI-Sprachen
- Programmierumgebungen
- Knowledge-Engineering Werkzeuge

7.1 KI-Sprachen

KI-Sprachen weisen besondere eingebaute Merkmale auf, die den Aufbau von Expertensystemen stark vereinfachen. Sie sind beispielsweise besonders für die Symbolverarbeitung konzipiert. Die beiden Sprachen mit der größten Bedeutung sind Lisp ("List Processing Language") und Prolog ("Programming in Logic").

7.1.1 Lisp

Lisp [133] wurde von John McCarthy im Jahre 1958 geschaffen. Es hat sich seitdem zu einer Reihe von Lisp-basierten Umgebungen entwickelt, wie z.B. Mac-Lisp, FranzLisp und Interlisp. Eine vorgeschlagene Standard-Version ist derzeit Common Lisp.

Die Grundkonzepte von Lisp lassen sich wie folgt charakterisieren:

- Verarbeitung von symbolischen Ausdrücken statt Zahlen, . Bitmuster im Speicher können beliebige Symbole repräsentieren, nicht nur Zahlen
- Listen-Verarbeitung, d.h. die Darstellung von Daten als verknüpfte Listenstrukturen, die Listen können ineinander verschachtelt werden; Verwendung einer Zeigerstruktur ("pointer")
- Existenz einer Kontrollstruktur, beruhend auf der Zusammensetzung von Funktionen zur Bildung von komplexeren Funktionen

- Rekursion als Methode, um Prozesse und Probleme zu beschreiben
- Repräsentation von Lisp-Programmen intern als verknüpfte Listen und extern als mehrdimensionale Listen, d.h. in der gleichen Form, wie alle Daten dargestellt werden
- Die Funktion Eval, die selbst in Lisp geschrieben ist, dient als Interpreter für Lisp und als formale Definition der Sprache

Prinzipiell besteht kein Unterschied zwischen Daten und Programmen, da sowohl Daten als auch Programme als Listen repräsentiert werden. Deshalb können Lisp-Programme andere Lisp-Programme wie Daten verwenden.

In Lisp gibt es nur einige Grundfunktionen; alle anderen Funktionen werden durch diese Grundfunktionen definiert. Dadurch lassen sich neue Funktionen auf einem höheren Niveau leicht erzeugen. Lisp-Programme sind in hohem Maße rekursiv.

Aufgrund dieser hohen Flexibilität ist Lisp niemals so standardisiert worden wie z.B. Fortran. Stattdessen wurde ein Kern von Grundfunktionen dazu verwendet, ein großes Spektrum von Lisp-Dialekten zu erzeugen.

Lisp kennt nur zwei Typen von Strukturen : das Atom und die Liste. Atome können Symbole, Zahlen, Strings, Files und Objekte sein. Listen sind geordnete Sammlungen von Atomen oder anderen Listen.

Lisp wird verwendet, um die meisten Shells für Expertensysteme aufzubauen. Ebenso kann Lisp als Betriebssystem auf speziellen Rechnern, den sogenannten Lisp-Maschinen, eingesetzt werden. Beim Einsatz von Lisp sollte man bedenken, daß die Entwicklungsumgebung wichtiger ist als die elementaren Sprachkonstrukte. Lisp wird meistens in mächtigen Entwicklungsumgebungen angeboten. Heute existieren Versionen, die als Interpreter ablaufen, es gibt aber auch Versionen mit Compiler.

Nachfolgend sind einige Lisp-Dialekte aufgeführt. Diese Übersicht ist sicher nicht vollständig.

FranzLisp, Franz Inc.

- kommerzielle Implementation von public domain Lisp
- Interpreter und Compiler
- Flavors erlauben eine objektorientierte Programmierung
- Zugriff zu UNIX-Funktionen
- verfügbar für Apollo, Sun, Cadmus, Vax, IBM 370

Extended Common Lisp, Franz Inc.

- eingeführt 1986

- eine der schnellsten Versionen von Common Lisp
- Interpreter und Compiler-Code laufen identisch ab
- Flavors erlauben eine objektorientierte Programmierung
- Rechner mit Prozessoren des Typs 68xxx werden unterstützt sowie AT&T 3B, VAX

IBM Lisp/VM, IBM Inc.

- Interpreter und semantisch äquivalenter Compiler
- auf Maschinen mit VM/CMS und 370-Architektur

Lucid Common Lisp, Lucid Inc.

- vollständige Implementierung des Common Lisp Standards
- Flavors erlauben eine objektorientierte Programmierung
- Code ist portabel auf allen Maschinen
- Entwicklungsumgebung verfügbar
- auch vertrieben als Sun Common Lisp und Apollo Common Lisp

Vax Lisp, Digital Equipment Corp.

- Common Lisp Implementierung
- Source Code kompatibel zwischen VMS und ULTRIX-32
- VMS-Version erlaubt Zugriff zum Betriebssystem

Gold Hill Common Lisp, Gold Hill Computers Inc.

- Common Lisp Version für IBM-PC
- mit ausführlichen Tutorial und Dokumentation

7.1.2 Prolog

Prolog [21] wurde 1972 von A. Colmerauer und P. Roussel an der Universität von Marseilles entwickelt. Prolog ist eine Programmiersprache, die eine vereinfachte Version der Prädikatenlogik anwendet und deshalb eine Logik-Sprache darstellt.

Prolog ist wie Lisp für die Symbolverarbeitung und nicht für die numerische Verarbeitung konzipiert. Für die Programmierung sind folgende Vorgänge erforderlich:

1. Spezifikation von Fakten über Objekte und Relationen
2. Spezifikation von Regeln über Objekte und Relationen
3. Das Stellen von Fragen über Objekte und Relationen

Prolog ist derzeit die beste Implementierungssprache für die logische Programmierung, obwohl es nicht alle Deduktionen, die in der Prädikatenlogik theoretisch möglich sind, bewältigen kann. In der Praxis gibt es zwei Programmierstile für Prolog : einen deklarativen und einen prozeduralen Stil.

Bei der deklarativen Programmierung liegt der Schwerpunkt darin, dem System mitzuteilen, was es wissen muß, und es dann dem System zu überlassen, die Prozeduren anzuwenden.

Bei der prozeduralen Programmierung wird das spezifische Problemlösungsverhalten berücksichtigt, das der Computer anwendet. Mit den prozeduralen Aspekten von Prolog befassen sich die Wissensingenieure beim Aufbau von Expertensystemen. Die Anwender müssen sich jedoch nicht mit den prozeduralen Details abgeben, sondern brauchen nur Fakten einzugeben und Fragen zu stellen. Dieser deklarative Ansatz hat Prolog zu einer sehr populären Sprache gemacht.

Prolog enthält damit den Keim einer großartigen Idee. Ein Programmierer, der Prolog verwendet, legt nicht fest, wie der Computer seine Aufgaben erledigen soll, sondern er gibt vielmehr eine Beschreibung der Aufgaben als eine Folge von Bedingungen, die erfüllt werden müssen.

In Lisp muß man das "Wie" der Datenverarbeitung spezifizieren, während man in Prolog nur das "Was" anzugeben braucht - es ist dann die Aufgabe der Maschine, das "Wie" zu bestimmen.

Nachfolgend sind einige Prolog Implementierungen aufgeführt. Auch hier gilt, daß diese Übersicht sicher nicht vollständig ist.

MProlog, Logicware Inc.

- portabel für eine große Anzahl von Rechnern
- Interpreter und Compiler-Version
- sehr modular, Arbeit mehrerer Entwickler am gleichen Projekt möglich

Quintus Prolog

- verfügbar für eine Vielzahl von Rechnern: VAX, Sun, Apollo, Xerox, IBM-RT
- vollständige Kompatibilität zwischen Code des Interpreters und des Compilers
- automatische Speicherverwaltung

Arity Prolog

- Reputation für die robusteste Version von Prolog für den PC
- Interpreter und Compiler
- Virtuelle Speicherverwaltung wird unterstützt

Turbo Prolog, Borland Inc.

- Prolog für IBM-PC
- kein Interpreter, schneller inkrementeller Compiler
- Syntax ähnlich wie Pascal
- Code ist nicht kompatibel mit anderen Prolog Versionen !
- sehr preiswert

7.2 Programmierumgebungen

Direkt oberhalb der höheren Sprachen liegt die Ebene der schon speziell kodierten Software-Pakete, die als Programmierumgebungen bezeichnet werden. Eine Programmierumgebung ist in der Regel mit einer bestimmten höheren Sprache verknüpft und beinhaltet in dieser Sprache kodierte Informationseinheiten, die für bestimmte Programmierumgebungen von Nutzen sind.

7.3 Knowledge-Engineering Werkzeuge

Die heute verfügbaren Knowledge-Engineering Werkzeuge entsprechen im Prinzip Expertensystemen ohne Wissensbasis. Sie entstanden aus entwickelten Expertensystemen, indem man die Wissensbasis leer gelassen hat. Damit ist zu beachten, daß jedes Werkzeug für eine ganz bestimmte Aufgabenklasse sehr gut und für andere Aufgabenbereiche überhaupt nicht geeignet ist.

Diese Werkzeuge, auch als *Shell* bezeichnet, enthalten somit:

- Die Inferenzmaschine
- Ein Erklärungsprogramm
- Eine Benutzungssteuerung ("Consultation Manager")
- Einen Editor für die Wissensbasis
- Einen Debugger für die Wissensbasis ("break points", graphische Anzeige, etc.)

- Eine Verwaltungshilfe für die Wissensbasis

Der Einsatz von Shells beschleunigt die Entwicklung von wissensbasierten Programmen erheblich. Sie sind in den meisten Fällen vorteilhaft einzusetzen. Nur in Spezialfällen wird es angebracht sein, auf KI-Programmiersprachen zurückzugreifen. Die meisten Shells sind in Lisp oder Prolog entwickelt. Es ist allerdings die Tendenz zu beobachten, daß vermehrt die Sprache C eingesetzt wird. Dies hat den Vorteil einer höheren Verarbeitunsgeschwindigkeit, der Portabilität und der besseren Integrationsmöglichkeit in bestehende Rechnersysteme (z.B. VAX, IBM).

Repräsentationstechniken

Folgende Techniken der Wissensrepräsentation und der Ablaufsteuerung werden von den meisten Shells unterstützt:

- Fakten
- Regeln, Metaregeln
- Frames
- Logik
- Truth Maintenance
- Hypothetische Alternativen
- Vorwärts/Rückwärtsverkettung
- Unsicherheit bei Regeln und der Benutzereingabe
- prozedurale Kontrolle

Regelerzeugung

Regeln können auf verschiedene Arten eingegeben werden :

- Direkte Eingabe
- Verwendung eines Regeleditors
- Einsatz von Regel-Induktionssystemen

Die direkte Eingabe hat den Vorteil der Einfachheit. Spezielle Routinen müssen hierfür nicht entwickelt werden. Nachteilig sind die fehlenden Mechanismen, um die Konsistenz der Regelstruktur zu überprüfen und die fehlende Überprüfung der Regeln bei der Eingabe.

Der Einsatz eines Regeleditors hat die Vorteile, daß die Syntax der Regeln und die Konsistenz mit bestehenden Regeln bei der Eingabe überprüft werden können. Ebenso werden hier unerfahrene Benutzer unterstützt. Der Regeleditor kann ebenso als Browser eingesetzt werden, unterstützt durch eine graphische Ausgabe. Als Nachteile sind aufzuführen, daß Regeleditoren teilweise schwierig zu benutzen sind, daß Erfahrungen im Knowledge Engineering erforderlich sind und daß der Aufbau einer uneffizienten Wissensbasis möglich ist.

Regel-Induktionssysteme versuchen die Wissenbasis selbständig zu erstellen. Sie befragen dazu den Experten, welche Attribute wichtig sind, bitten um die Lösung eines Beispiels, versuchen die vorgegeben Attribute mit den Beispielen zu testen, generalisieren Regeln und versuchen einen optimalen Entscheidungsbaum aufzubauen. Damit ist eine enge Interaktion zwischen dem Experten und dem System gegeben.

Alle Strukturen werden durch das System verwaltet. Der Experte kann seine eigene Wissensbasis erzeugen. Die Anzahl von Fragen, die zum Aufbau der Wissensbasis benötigt wird, wird klein gehalten. Redundante Regeln werden schon bei der Eingabe zurückgewiesen. Die Pflege der Wissensbasis ist mit solchen Methoden vereinfacht durchzuführen.

Als nachteilig ist der Verlust von Flexibilität anzuführen. Der Experte ist gefangen in einer vorgegebenen Struktur. Dieses Verfahren kann sehr zeitaufwendig für die Entwicklung kleiner Systeme und u.U. ungeeignet für sehr große Systeme sein.

Aspekte bei der Auswahl

Im folgenden werden noch stichpunktartig wichtige Aspekte bei der Auswahl eines Knowledge-Engineering Werkzeugs gegeben:

Für die Entwicklungsumgebung sind wichtige Aspekte:

- Verfügbarkeit eines Browsers durch die Wissensbasis
- Zugriff zu Hochsprachen
- alpha-numerische Variablen, d.h. Zahlen und Literale
- variable Regeln
- Zugriff zum Benutzer-Interface

Beim Benutzer-Interface ist wichtig:

- verschiedene Interaktionsarten, wie z.B. Menüs, Graphik, Farbe, interaktive Graphik
- Verfügbarkeit eines run-time-Moduls
- kurze Antwortzeiten
- Verfügbarkeit von Erklärungen

Weitere Faktoren, die zu beachten sind :

- Art des Werkzeugs
- Implementierungssprache des Werkzeugs
- Voraussetzungen bei der Hardware
- Ausbildungs- und Trainingsmöglichkeiten
- Pflege und Unterhaltung des Werkzeugs
- Möglichkeiten zum Projekt-Consulting
- Preis mehrfacher Kopien, Verfügbarkeit von run-time-Versionen
- Aufwärts/Abwärts-Kompabilität
- Preis/Leistungsverhältnis

7.3.1 Verfügbare Werkzeuge

Bei den großen Werkzeuge sind derzeit die Shells ART, KEE, Knowledge-Craft und Nexpert-Object von Bedeutung.

7.3.2 ART

ART ("Automated Reasoning Tool") der Inference Corp., USA, ist ein sehr mächtiges Entwicklungssystem für Expertensysteme mit regel- und framebasierten sowie objektorientierten Wissensrepräsentationsmechanismen. Das Laufzeitverhalten ermöglicht Echtzeitanwendungen. Der Schwerpunkt der Anwendung von ART liegt in datengesteuerten, vorwärtsverkettenden Systemen, wie z.B. in Planungs- und Kontrollsystemen. Die Grundlage der Wissensbasis bilden Regeln. Damit geht aber Strukturierung verloren und auch die Trennung von Regel-und Kontrollwissen. Die Darstellung des Wissens und die Programmierung erfolgt in einer Lisp-nahen Notation und Denkweise. Damit ergeben sich einige Probleme an die Anforderungen der Benutzer. Sie müssen vertiefte Kentnisse im Programmieren besitzen.

Folgende Punkte charakterisieren ART :

- Einsatz von Produktionsregeln
- Vorwärtsverkettung beim Anwenden von Fakten
- Rückwärtsverkettung, wenn Ziele gesucht werden
- Logik-Programmierung möglich
- Hierarchisches frame-ähnliches Schema mit Vererbung, message passing

- nicht-monotones Schließen
- Viewpoints für alternative Lösungen
- Manipulation der Regel-Agenda (Regelauswahl, Konfliktlösung)
- ART Lisp ist garbage free
- C-Version angekündigt/verfügbar

7.3.3 KEE

KEE ("Knowledge Engineering Environment") der Fa. Intellicorp, USA, stellt ein mächtiges und benutzerfreundliches Entwicklungssystem für wissensbasierte Systeme dar. Es vereint die verschiedenen Wissensrepräsentationsmethoden. Zur Wisseneingabe und zur Wissensabfrage ist eine Schnittstelle vorhanden, die eine natürlichsprachliche Form gestattet. Das Konzept der hypothetischen Welten steht ebenfalls zur Verfügung. KEE läßt sich erweitern mit Programmpaketen zur zeitabhängigen Simulation, zur Gestaltung von Schnittstellen zu relationalen Datenbanken und zur Analyse von Daten. Nachteilig sind Schwachstellen im Dialog. Hier wird nicht zwischen dem Wissensingenieur und Benutzer unterschieden. Verschiedenes Kompetenzniveau wird ebenso nicht unterschieden.

Folgende Punkte charakterisieren KEE :

- Frames oder Schematas werden eingesetzt
- Produktionsregeln sind verfügbar
- objektorientierte Programmierung ist möglich
- offene Architektur für eigene Erweiterungen
- hochentwickelte Mechanismen für die truth-maintenance
- Vorwärts-und Rückwärtsverkettung mit backtracking
- Agenda erlaubt Eingriffe in die Regelauswahl und Konfliktlösung
- run-time-Versionen verfügbar
- Wissensbasis während der Entwicklung interpretiert, wird compiliert für run-time-Versionen

7.3.4 Knowledge Craft

Knowledge Craft der Fa.Carnegie Group, USA, gestattet den Aufbau von großen Wissensbasen durch geeignete Strukturierungs- und Vererbungsmechanismen. Je nach Applikation können verschiedene Systemkomponenten eingesetzt werden. Es gibt Problemlösungsmodule basierend auf einer regelorientierten und einer logikorientierten Wissensverarbeitung. Als Programmierumgebung steht ein objektorientiertes System, ein Agenda-System und ein graphikorientierter Editor zur Verfügung. Die Wissensdarstellung wird mit Hilfe von CRL ("Carnegie Representation Language") durchgeführt. Die Sprache CRL ist eine einheitliche Sprache zur Wissensdarstellung mit frameorientierten Strukturen und benutzerdefinierten Relationen.

Folgende Punkte charakterisieren Knowledge Craft :

- Schemata-basierte Sprache CRL
- Frames möglich, Vererbung wird unterstüzt
- Logik durch CRL-Prolog
- Regeln durch CRL-OPS5
- multiple agenda manager
- C-Version wird entwickelt/ist verfügbar

7.3.5 Nexpert Object

Nexpert Object bietet eine hybride Wissensrepräsentation. Es ist möglich, Wissen sowohl in Objekt-Hierarchien als auch in Knowledge-Islands zu strukturieren. Es ist möglich, eine Klassenstruktur mit IS-A und PART-OF-LINK mit mehrfacher Vererbung aufzubauen. Die Vererbungsstrategie ist dabei frei wählbar. Standardmäßig wird eine Rückwärtsverkettung verwendet, es ist aber auch möglich, eine datengetriebene Vorwärtsverkettung von Regeln einzusetzen. Die Priorisierung der Regeln ist möglich. Es besteht ferner die Möglichkeit des nicht-monotonen Schließens. Es bestehen verschiedene Schnittstellen zu externen Programmen. Nexpert Object wird nachfolgend noch näher vorgestellt.

7.3.6 Sonstige Werkzeuge

Für größere und kleinere Rechnersysteme existieren noch eine Reihe von weiteren Werkzeugen. Für größere Rechnersysteme sind erhältlich:

- Aion Development System, Aion Inc.
- Expert System Environment, IBM Inc.
- IN-ATE, Automated Reasoning Corp.
- KES, Software A a. E Inc
- OPS5+, Computer and Thougt Inc.
- RuleMaster, Radian Corp.

- S.1, Teknowledge Inc.
- TIMM, General Research Corp.
- VAX OPS5, DEC

Für Personal Computer existieren ebenfalls eine Reihe interessanter Werkzeuge. Die wichtigsten sind :

- 1-st class, Programs in Motion
- Arity Expert Systems Development Package, Arity Inc.
- ESP Advisor, Expert Systems International
- ExperOPS5-Plus, ExperTelligence Inc.
- Exsys, Exsys Inc.
- Guru, Micro Data Base Systems, Inc.
- KDS, KDS Corp.
- Level 5, Informations Builder
- M.1, Teknowledge Inc.
- Personal Consultant Series, TI
- UP Expert, Paperback Software Inc.
- Kappa-PC, IntelliCorp GmbH

Diese Listen sind aufgrund der raschen Entwicklungszyklen nur als Überblick gedacht. Auch ist die "Größe" eines Rechnersystems mittlerweile ein relativer Begriff, angesichts der rasanten Leistungssteigerungen der Rechner, verbunden mit einem erheblichen Preisverfall.

Teil II

Wissensbasierte Robotersimulation

Kapitel 8

Intelligente Robotersysteme

8.1 Roboter der 3. Generation

Gegenstand intensiver Forschungstätigkeit sind intelligente Roboter, die Roboter der 3. Generation.

Definition

Eine mögliche Definition eines Roboters der 3. Generation ist nach [79]:

"Ein Roboter der 3. Generation ist eine mit Sensoren ausgerüstete Maschine, die eine Klasse von definierten Aufgaben unter Bedingungen, die nicht a priori bekannt sind, selbständig lösen kann. Die hierzu notwendigen Planungs-, Durchführungs- und Überwachungsschritte können unter Eigenregie aufgebaut bzw. gelernt werden."

Damit ergeben sich für einen Roboter der 3. Generation als künftige Aufgaben:

- eine bestimmte Anzahl von Aufgaben selbständig planen, durchführen und überwachen zu können
- sich adaptiv verhalten zu können
- sowohl Aufgaben als auch Algorithmen zur Durchführung und Überwachung lernen zu können

Konzept

Das Konzept des intelligenten Roboters umfaßt die Fähigkeit, Anweisungen auf hoher Ebene zu empfangen. Diese werden als Befehle zur Verrichtung einer allgemeinen Aufgabe ausgedrückt und anschließend in die Aktionsfolge übersetzt, die zur Erledigung der Aufgabe auszuführen ist. Der zukünftige intelligente Roboter wird Informationen über seine Umgebung besitzen und in der Lage sein, die Interpretation seiner Umgebung für Entscheidungen über die Ausführung seiner Aktionen heranzuziehen.

Intelligente Roboter werden als Reaktion auf Veränderungen, die am Arbeitsplatz eintreten, ihren programmierten Ablauf modifizieren können. Sie werden aufgrund von Daten, die sie von einem Sensorsystem empfangen haben, logische Entscheidungen treffen können. Sie werden die Fähigkeit besitzen, während eines Arbeitszyklus mit Menschen oder Computersystemen kommunizieren zu können. Intelligente Roboter werden unter Benutzung einer der Umgangssprache ähnlichen Sprache (natürliche Sprache) oder einer symbolischen Sprache programmiert, die der Programmiersprache eines Computers ähnlich ist.

Eigenschaften

Folgende Eigenschaften kennzeichnen intelligente Roboter [80]:

- sie sind mobil und navigieren selbständig
- sie besitzen ein adaptives Verhalten
- die Programmierung ist aufgabenorientiert und implizit
- ein Planungsprogramm erzeugt eine Folge von Teilaufgaben und Aktionen
- sie nutzen KI-spezifische Modelle des Produktionsprozesses
- sie besitzen eine verbesserte Sensorausstattung: ein Multisensorsystem incl. Bildverarbeitung
- sie aktualisieren das Weltwissen ständig unter Verwendung von Sensordaten
- sie besitzen eine verbesserte mechanische Konstruktion; ein einzelner Roboter kann mehrere Arme besitzen, der Roboter ist insgesamt modular aufgebaut
- sie besitzen einen Universalgreifer, mit dem die Durchführung verschiedener Aufgaben möglich ist
- sie besitzen die Fähigkeit zur Kommunikation
- sie besitzen Schnittstellen zur Systemintegration und Systemvernetzung

Zur Schaffung dieser Fähigkeiten werden Methoden der Künstlichen Intelligenz eingesetzt. Betroffene Teilgebiete sind die Gebiete des Problemlösens, der Planung, der automatischen Programmierung und der Verifikation, des Lernens, des Verstehens von natürlicher Sprache und des Argumentierens.

8.2 Arbeitsablauf eines intelligenten Roboters

Der Arbeitsablauf eines intelligenten Roboters ist durch vier Schritte gekennzeichnet:

1. Auswertung multipler Sensorinformationen
2. Verdichtung der Informationen zu symbolischen bzw. abstrakten Aussagen
3. Ziehen von Schlußfolgerungen
4. Bestimmung von Aktionen

Neben diesen Schritten auf hohem Niveau sind zusätzliche roboternahe Funktionen erforderlich, wie z.B.:

- automatische Wegsuche
- automatische Trajektoriengenerierung
- Entwicklung von Greifstrategien
- Entwicklung von Feinbewegungen

8.3 Eigenschaften des Menschen

Da ein intelligenter Roboter die Fähigkeiten des Menschen nachahmen soll, ist nachfolgend aufgelistet, welche Eigenschaften der Mensch bei der Lösung technischer Probleme aufweist bzw. einsetzt. Ein Mensch:

- besitzt Mobilität
- besitzt visuelle, taktile, akustische und damit multiple Sinnesmodalitäten
- besitzt eine multisensorielle Bildverarbeitung; diese kann weiterhin verschiedene Sensoren zur Merkmalsextraktion kombinieren
- kann eine Verknüpfung von Erfahrungen und momentaner Wahrnehmung durchführen
- besitzt die Fähigkeit zur Selbstorganisation
- besitzt Lernfähigkeit durch Erfahrung, Analogie, etc.
- kann eine Aktionsfolge aus der Situationsanalyse und der Erfahrung generieren
- kann mit der Umwelt kommunizieren
- kann eine Veränderung der Umwelt durch Aktionen herbeiführen

8.4 Wissen über Fertigungsprozesse

Neben den Eigenschaften eines intelligenten Robotersystems ist für die Durchführung von Aufgaben Wissen über Prozesse erforderlich. Die hier angestellte Betrachtung ist auf den Bereich der Fertigung beschränkt. Sie klassifiziert die einzelnen Bereiche eines roboterisierten Fertigungsprozesses, für die Wissen erforderlich ist. Die Bereiche sind:

- das Entwurfsmodell (Funktion, Struktur, Beschaffenheit)
- das Weltmodell (Objekte, Relationen, Kontext)

- das Manipulatormodell (Kinematik, Dynamik, Greifer)
- das Werkzeugmodell (Struktur, Funktion)
- das Sensormodell
- das Steuerungsmodell
- die Aufgabenbeschreibung
- die Planungsstrategie
- das Monitormodell (Durchführung und Überwachung)

8.5 Steuerung der 3. Generation

Ein intelligentes Robotersystem benötigt ebenfalls einen neuen Typ von Steuerung, die Steuerung der 3. Generation. Die Struktur der Steuerung der 3. Generation umfaßt die folgenden Teilbereiche:

- Planung
- Wahrnehmung
- Ausführung
- Überwachung
- Weltmodell

Das gesamte System ist als hierarchisches System strukturiert. Zum Einsatz kommt KI-Software. Das Weltmodell stellt die Kopplung zwischen der Robotersteuerung und der Sensorverabeitung her.

Das hierarchische System kennzeichnen folgende Punkte:

- Einsatz mehrerer Abstraktionsebenen
- die Planung ist je nach Ebene aufgaben- oder objektbezogen
- Einsatz einer kanonischen Darstellung

Die Abstraktionsebenen sind so aufgebaut, daß die höheren Ebenen prinzipielle Aussagen enthalten und die tieferen Ebenen immer mehr Details enthalten und berücksichtigen.

Die kanonische Darstellung bewirkt, daß die Objekte, über die verschiedenen Abstraktionsebenen hinweg, nach dem gleichen Schema beschrieben werden.

8.6 Beispiel: Montagerobotersystem

Anhand eines einfachen Beispiels soll die komplexe Aufgabe, die der Aufbau eines intelligenten Robotersystems darstellt, verdeutlicht werden. Die zu lösende Aufgabe ist das Eindrehen einer Schraube. Ein menschlicher Monteur löst diese Aufgabe in Sekunden. Der menschliche Monteur:

- hat Erfahrung
- ist trainiert
- kennt elementare Operationen

Ein intelligentes Montagerobotersystem dagegen braucht:

- verschiedene Sensoren, wie z.B. ein Bildverarbeitungssystem, einen Kraft-/Momentsensor im Handgelenk des Roboters, Näherungs-, Berührungs- und Rutschsensoren
- einen Planer (z.B. ein Expertensystem) mit Umweltwissen, Wissen über die Montageaufgabe und die Zerlegung der Montageaufgabe
- ein Sensormodell
- einen Sensorplan

Das Eindrehen einer Schraube erfordert dann die Durchführung der folgenden Aufgaben:

- Laden des Bildverarbeitungssystems aus der CAD-Datenbank mit Informationen über die Schraube und das Montageobjekt. Damit können die Schraube und das Montageobjekt identifiziert werden.
- Bestimmung der Trajektorie für den Roboter zur Aufnahme des Montageobjektes und der Plazierung in die Montageposition. Berechung der Trajektorien, so daß eine kollisionsfreie Bewegung möglich ist.
- Generierung eines Sensorplans und der notwendigen Sensordaten zum Erfassen der Schraube und zum Verschrauben.
- Durchführung der Aufgabe mit Hilfe des Sensorsystems.

Kapitel 9

Wissensbasierte Ansätze

Es gibt zwei prinzipielle Methoden zur Vorhersage des Verhaltens eines Systems: Einsatz numerischer Simulationsverfahren und Einsatz wissensbasierter Verfahren. Die Unterschiede beider Verfahren liegen darin, wie ein System modelliert wird und wie das Modell verwendet wird. Typische Modelle einer numerischen Simulation sind mathematische Gleichungen oder Wahrscheinlichkeitsverteilungen von Ereignissen. Die Modelle der wissensbasierten Verfahren beruhen auf Regeln.

Eine klassische numerische Simulation kann als "black box" angesehen werden: numerische Daten werden zugeführt, verarbeitet und als Ergebnis liegen wieder numerische Daten vor. Die Interpretation und Erklärung bleibt dem Benutzer überlassen. Wissensbasierte Verfahren dagegen sind in der Lage, ihre Ergebnisse zu erklären. Von großem Interesse in der Zukunft ist deshalb das Gebiet der wissensbasierten Simulation. Hier werden beide Simulationsansätze miteinander verbunden.

Diese Vorgehensweise entspricht durchaus auch typischen Problemlösungsstrategien in komplexen Gebieten, in denen die Anwendung analytischer oder iterativer Methoden zur Berechnung von Lösungen nicht möglich ist. Hier wird oftmals ein Problem durch die präzise Analyse vorhandener Daten in Verbindung mit weniger präzisen Heuristiken gelöst.

Im folgenden wird zunächst in einer Übersicht der Stand des Einsatzes wissensbasierter Methoden auf dem Gebiet der Robotertechnik und speziell der Robotersimulation beschreiben. Diese Übersicht erhebt nicht den Anspruch auf Vollständigkeit.

9.1 Steuerungssysteme

Roboter lassen sich in drei wesentliche Teile untergliedern: die mechanischen Komponenten, die Sensorsysteme und die Robotersteuerung.

Intelligente Roboter erfordern ein anderes Konzept der Steuerung als die bisherigen Systeme. Hierzu existieren erfolgversprechende Ansätze. Das Konzept mit den derzeit größten Erfolgsaussichten ist der Aufbau eines hierarchischen Systems. Hierfür gibt es mehrere Vorschläge.

Albus [3,4] teilt das Steuerungssystem in mehrere Ebenen. Jede Ebene enthält drei Funktionskreise: Komponenten zur Aufgabendekomposition und zur Sensorverarbeitung sowie Teilkomponenten des hierarchischen Weltmodells. Im Rahmen der Hierarchie werden Aufgaben schrittweise unterteilt und an die niedrigeren Ebenen weitergeben.

Andere Ansätze sind von Harmon [56] und Orlando [94] bekannt. Das Verfahren von Harmon verwendet einen Blackboard-Mechanismus, eine Kommunikationsstruktur, die auch bei Expertensystemen verwendet wird.

Die Integration von zwei Robotern, einem Bildverarbeitungssystem und einem Expertensystem findet man bei Follin [39]. In diesem System werden auch "touch screens", Spracherkennungs- und Spracherzeugungsmodule eingesetzt.

Interessante Ansätze gibt es auch zum automatischen Beheben von Fehlern. Frelding [40] gibt hierzu einen Überblick. Er schlägt einen Ansatz vor, der auf erklärungsbasierten Lernverfahren beruht. Selke [114] verwendet eine Wissensbasis, die in Verbindung mit Sensordaten zur Fehlerbehebung eingesetzt wird. Beim realen Einsatz sind Aspekte wie Fähigkeit zu Echtzeit-Berechnungen von großer Bedeutung. Green [49] beschreibt Studien mit zwei Robotersystemen, die aufzeigen, wie Entscheidungen, zum automatischen Beheben von Fehlern, in kürzester Zeit getroffen werden können. Seine Methode beruht auf einer approximierten Auswertung eines Entscheidungsbaumes, verbunden mit der Verwendung mehrerer parallel ablaufender Entscheidungsprozeduren. Diese sind so strukturiert, daß Prozeduren vorhanden sind, die Entscheidungen schnell fällen können, die aber auf geringem Wissen basieren, und daß Prozeduren vorhanden sind, die längere Zeit benötigen, aber dabei größere Wissensmengen verarbeiten. Mit Hilfe von Evidenzfaktoren erfolgt dann die Auswahl unter den Prozeduren und eine Entscheidung.

9.2 Mobile Roboter

Eine Integration der verschiedenen Verfahren und Systeme für Roboter der 3. Generation findet derzeit verstärkt bei mobilen Robotern statt. Wesentliche Schwerpunkte sind hier die Entwicklung von Steuerungsstrukturen, Programmierverfahren, Datenbanken, Weltmodellen und verteilten Rechnersystemen.

Es gibt mittlerweile eine Vielzahl von mobilen Robotern. Das erste System, "Shakey", wurde am Stanford Research Institute 1969 entwickelt. Mittlerweile existieren in den USA die Projekte DARPA-ALV, Stanford-Cart, CMU-Rover und andere. In Japan und Frankreich existieren ebenso erfolgversprechende Projekte, wie MVR-1, Yamabiko-III sowie das Hilare- und Vesta-Projekt.

Ein Ansatz, der die Echtzeitverarbeitung der Informationen bezüglich der Umwelt beinhaltet, wird von Dudziak [33] verfolgt.

Für zukünftige Systeme ist die Fähigkeit zu lernen von großer Wichtigkeit. Hierzu beschreibt Metea [87] ein System, das während der Fahrt lernen kann und ebenfalls die Fähigkeit besitzt, aus Sackgassen wieder herauszukommen. Eine optimale Route wird mit Hilfe von Verfahren der dynamischen Programmierung ermittelt. Die Wissensbasis ist mit Hilfe von Produktionsregeln angelegt. Weitere Arbeiten findet man bei Crowley [23], Barhen [11] und Tang [119].

In der Bundesrepublik Deutschland gibt es als wesentliche Projekte das MICROBE- und MACROBE-Projekt [41,108] der TU München und das Projekt KAMRO der Universität Karlsruhe [29,62,102,103,104].

9.3 Greifer- und Sensorsysteme

Für den intelligenten Einsatz von Robotern ist die Existenz von leistungsfähigen Greifer- und Sensorsystemen von großer Wichtigkeit. Ein intelligenter Roboter wird mit einem Multisensorensystem ausgestattet sein, das Laserabtaster, Ultraschallsensoren, Kameras, Kraft/Momentsensoren, etc. enthalten kann. Dieses Multisensorensystem wird gesteuert durch den Sensorplan der Planungsphase. Wichtig scheint auch für das Sensorsystem eine Strukturierung zu sein, wie sie z.B. Hiraoka [60] vorschlägt.

Ein Ansatz, mit Hilfe von Sensoren die Umwelt zu erkennen und Aktionen sensorbasiert durchzuführen, wird von Kak [71] dargestellt. In [70] stellt Kak weiterhin einen Ansatz vor, der Sensorinformationen mit CSG-basierter Grafik verbindet.

Eine flexible Interaktion mit der Umwelt erfordert auch flexible Greifer. Bei der Entwicklung neuer Greifer sind die der menschlichen Hand nachempfundenen Finger-Greifer von großem Interesse [65,86]. Diese werden in den USA u.a. von der Utah University, in Japan u.a. von der Waseda University und in der Bundesrepublik von der Universität Karlsruhe [30,31] gebaut. Diese neuartigen Greifer können in der Zukunft zudem mit einer "künstlichen Haut", wie sie z.B. von Harmon [54] beschrieben wird, ausgestattet sein. Bild 9.1 zeigt als Beispiel einen der menschlichen Hand nachgebildeten Greifer, die Utah/MIT Hand.

Die Verarbeitung der Informationen eines Multisensorensystems stellt neue Aufgaben. Es ist vorteilhaft, die verschiedenen Sensoren so einzusetzen, daß sie eine kombinierte Information in einer gesamtheitlichen Darstellung liefern. Die Integration der Sensorinformationen hat den Vorteil, daß die Unsicherheiten in den Meßwerten kompensiert werden können. Weitere Vorteile treten bei partiellen Sensorausfällen auf.

Interessante Ansätze kommen hierzu auch aus der Raumfahrt. Krishen [75] stellt einen Ansatz für Weltraumroboter vor, der u.a. die Integration verschiedener Sensoren vorsieht. Forschungsarbeiten am Jet Propulsion Laboratory (JPL), USA, auf diesem Gebiet werden von Gennery [46] beschrieben.

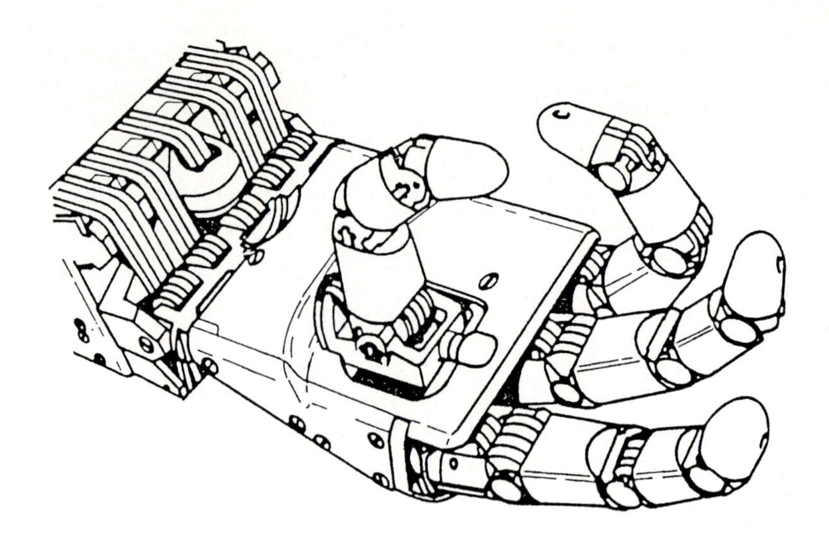

Bild 9.1: Utah/MIT Hand

9.4 Objektbasierter Zellentwurf

Jayaraman und Levas beschreiben in [67] ein "Workcell Application Design Environment" (WADE), welches bei dem Prozeß des "workcell application design" [1] helfen soll. Basis des Systems ist die Modellierung und die Simulation von Robotersystemen. Das System ist objektorientiert in AML/X implementiert. Als geometrischer Modellierer ist GDP integriert. Mit Hilfe dieses Systems kann ein Zellendesigner Modelle der Zellkomponenten entwerfen, das Layout erstellen, Kommunikationsverbindungen zwischen den Komponenten definieren, die einzelnen Komponenten programmieren, dynamische Simulationen ausführen und eine Analyse der Ergebnisse durchführen.

Das hier eingesetzte Prinzip der objektorientierten Programmierung besteht aus der Kombination von Prozeduren und Instanzen in einer Repräsentation, die als Objekt aufgefaßt wird. Das System benutzt generische Klassen, die prototyphaft die Komponenten und Verfahren, Datentypen, etc. darstellen. Ein Objekt wird durch das Senden einer Nachricht an die entsprechende Klasse erzeugt. Wird z.B. die Nachricht "new Puma1" an die Klasse Puma gesendet, so wird die Instanz Puma1 erzeugt. Durch eine hierarchische Anordnung werden Eigenschaften gezielt vererbt. So gehört die Klasse Puma zur Klasse Roboter und erhält von dort Eigenschaften, die zu allen Robotern gehören.

Das WADE System ist in drei Hauptteile gegliedert: Modellierung, Simulation und Benutzerschnittstelle ("user-interaction").

In WADE wird versucht, jede Komponente einer Roboterzelle durch ein einheitliches Modell zu beschreiben. Dieses besteht aus den Bereichen Geometrie, Kinema-

[1] Begriffe, bei denen eine Übersetzung zu Mißverständnissen führen könnte, sind entweder nicht übersetzt worden oder der verwendete englische Begriff ist in Klammern angegeben.

tik, Kommunikation, Sensorik und Prozesse ("process characteristics"). Der letzte Punkt beinhaltet den interessanten Ansatz, die möglichen Aktionen, welche die Komponenten ausführen können, in Form einer Sammlung ausführbarer Kommandos zu beschreiben.

Das System beinhaltet nach Angaben der Autoren ca. 50 Klassen mit 750 Prozessen. Typische Klassen sind: SOLID, FRAME, PARTASSEMBLY, LINK, PAIR, REVOLUTEPAIR, SENSOR, IOCONTROLLER, etc.

Auch die Simulation beinhaltet den objektorientierten Ansatz. Der Benutzer muß zu diesem Zweck ein Objekt "Simulator" erzeugen und dieses der Roboterzelle zuordnen. Weiterhin müssen ein "Event-" und ein "Analysis-" Objekt erzeugt und dem Objekt "Simulator" zugeordnet werden. Der Simulator benutzt die Programme, die den einzelnen Zellkomponenten zugeordnet sind, und koordiniert deren zeitlichen Ablauf. Die den Zellkomponenten zugeordneten Programme sind ausschließlich in AML/X geschrieben. Auch die Programmierung der Roboter hat in dieser Sprache zu erfolgen.

Nach Angaben der Autoren erfordern derartige Systeme leistungsfähige Benutzerschnittstellen. Das vorgestellte System verfügt derzeit über eine menüorientierte Benutzerschnittstelle. Diese wird durch die Klassen USERINTERACTIONMANAGER und MENUEITEM gesteuert.

Das beschriebene System ist in der Lage, Funktionen von Sensoren nachzubilden. Diese Funktionen beruhen auf geometrischen Berechnungen, im wesentlichen Kollisionsbetrachtungen.

9.5 Modellbasiertes System für Robotermanipulationen

Hasegawa, Suehiro und Ogasawara beschreiben in [57] ein modellbasiertes System für Robotermanipulationen, das am Electrotechnical Laboratory in Tsukuba, Japan, entwickelt wird. Das System besteht aus einem 6-Achsenroboter, einem 3D-Datenerfassungsgerät, einem Umweltmodellierer mit der Fähigkeit, Schlußfolgerungen über geometrische Verhältnisse zu ziehen, und einem Programmiersystem. In dieser Arbeit wird u.a. über das Konzept der "Skill-Programmierung" ("new concept of skill") berichtet. Hierbei werden die Aktionen eines Menschen, z.B. bei Montageaufgaben, beobachtet und klassifiziert. Daraus wird dann ein Repertoire künstlicher Skills ("parameterized artifical skill") hergeleitet. Mit Hilfe dieser Sammlung von Skills können dann komplexe Aufgaben gelöst werden. Informationen über Beschränkungen werden bei diesem Konzept aus dem Umweltmodell gewonnen. Nach Angaben der Autoren wird dieses Konzept derzeit erforscht; es stehen keine Angaben über eine Realisierung zur Verfügung.

9.6 Einsatz einer Datenbank

Dillmann und Huck beschreiben in [28] einen Ansatz, der auf dem Einsatz einer Datenbank basiert. Dieses Konzept der objektorientierten Datenbank ist auch näher in einer Veröffentlichung von Dadam, Dillmann, Lockmann und Südkamp [25] beschrieben. Die hier eingesetzte Datenbanktechnik erlaubt auch die Modellierung hierarchischer Beziehungen. In der Datenbank sind nicht nur Objekte der Roboterzelle, sondern auch Arbeitspläne abgelegt, die z.B. Montageaufgaben beschreiben. Es ist keine Aussage gemacht, ob diese Pläne automatisch erzeugt werden oder manuell eingegeben werden müssen. Die Arbeitspläne greifen wiederum zurück auf elementare Schemata, die einzelne Details beschreiben, wie z.B. Bewegungen mit compliance ("EO-Insert-With-Compliance") oder Trajektoriengenerierung ("Trajectory").

9.7 CAD-basierte Off-Line Programmierung

Ravani beschreibt in [101] das Modellierungssystem RWORLD ("Robot World"), welches die Basis bildet zur CAD-basierten Off-Line Programmierung von Robotern. Mit Hilfe dieses Systems können Modelle erstellt werden, die Daten über die Geometrie, die räumlichen Verhältnisse und das physikalische Verhalten enthalten. RWORLD benutzt zur Modellierung die abstrakten Primitive ("abstract primitives"): Device, Objekt, Frame und Sensor. Primitive des Typs Device haben mehrere Freiheitsgrade, Objekte dagegen keinen Freiheitsgrad. Zusätzliche Deskriptoren ("affixment descriptors") beschreiben die Relationen der Primitive untereinander. Frames werden unterschieden in natürliche Frames ("natural frames") und Hilfsframes ("auxiliary frames"). Hilfsframes sind objektgebunden und markieren spezielle Positionen bei Primitiven des Typs Objekt oder Device. Jeder Primitiv ist durch eine eigene Datenstruktur gekennzeichnet. Ein Objekt ist durch einen Namen, ein natürliches Frame, physikalische Eigenschaften, einen Verweis auf das zugehörige graphische Modell und Hilfsframes gekennzeichnet. Ein Device enthält darüber hinaus die Beschreibung möglicher Programmierkommandos, die Beschreibung des Greifermittelpunktes (tool center point), Daten über Bewegungsachsen und Daten über Bewegungsgrenzen. Das System ist in der Lage, parallele Vorgänge zu simulieren. Auch die Simulation von Sensoren ist möglich; diese basiert auf geometrischen Berechnungen.

9.8 System zur automatischen Programmierung

Thevenau und Pasquier beschreiben in [123] Konzepte und Modellierungstechniken, die im Rahmen des SHARP-Projektes entwickelt wurden. SHARP ist ein System zur automatischen Programmierung von Robotern, das am LIFA-Laboratorium in Grenoble entwickelt wird. Das Ziel des Systems ist die automatische Generierung von Montageprogrammen für Roboter, basierend auf einer symbolischen Beschreibung der Aufgabe. Die Autoren sehen die wesentlichen Probleme in der Art der Repräsentation der Roboterzelle und den Fähigkeiten, Schlußfolgerungen zu ziehen ("geometrical reasoning").

Ein interessanter Aspekt ist die Forderung, auch elementare physikalische Gesetze mit in das Modell einzubeziehen, um damit Effekte wie Gravitation und Stabilität beherrschen zu können.

Nach Ansicht der Autoren sollte die Modellierung gleichzeitig durch verschiedene Ansätze erfolgen ("multiple representation modeling system"). Das System beinhaltet deshalb:

- 3D-Festkörpermodelle
- BRep-Modelle
- spezielle Modelle für die Off-Line Simulation
- Modelle für die Positionsungenauigkeit
- Modelle für die lokale Bewegungsplanung
- Modelle nach der "Configuration Space"-Methode für die globale Planung
- Modelle für die physikalischen Eigenschaften
- Modelle zur Beschreibung des Verhaltens

Dieser Ansatz beinhaltet naturgemäß eine vielfach redundante Darstellung. Die Nachbildung elementarer physikalischer Prinzipien wird durch einen regelbasierten Ansatz gelöst. Eine Menge von Regeln wird benutzt, um die korrekten Aktionen in den jeweiligen Situationen durchzuführen. Die Regelausführung wird mit Hilfe von Dämonen durchgeführt.

9.9 Integration von Konstruktion und Fertigung

Gini hebt in [47] die besondere Bedeutung der Integration von Konstruktion und Fertigung hervor. Sie sieht es als wichtig an, eine Verbindung zwischen den Datenstrukturen von CAD-Systemen und den Datenstrukturen von Fertigungsplanungssystemen herzustellen, die immer mehr objektorientierte Modelle verwenden. Schwachstellen der Robotersimulation sieht Gini besonders darin, daß Robotersimulationssysteme

- Programme erzeugen, die unsicherer und fehleranfälliger sind als Programme, die mit bisherigen Programmiermethoden erstellt wurden
- erhebliche Probleme haben, die richtigen Positionen zu definieren oder zu verwenden
- keine physikalischen Effekte wie Gravitation oder Reibung einbeziehen
- die Toleranzen und Unsicherheiten der Umwelt nicht berücksichtigen

Gini schlägt vor, daß bei der Spezifikation einer Aktion auch beschrieben sein sollte, wie die Kontrolle durch Sensoren erfolgen kann.

Gini sieht auch erhebliche Probleme bei der Integration von KI-Techniken mit Modellen, die durch CAD-Verfahren gewonnenen wurden. Die Ursache liegt in unterschiedlichen Modellierungsverfahren. So werden z.B. in KI-Systemen Modelle verwendet, die auf sog. "generalized cones" [1,14] beruhen. Derartige Modellierungstechniken findet man bei derzeitigen CAD-Systemen nicht. Weitere Problem tauchen auf, weil CAD-Systeme Daten auf Massenspeichern oder Datenbanken ablegen, KI-Systeme dagegen alle Daten im Hauptspeicher halten.

9.10 Generierung von Roboterprogrammen

Spur, Kirchhoff, Bernhardt und Held beschreiben in [116] ein Konzept zur rechnerunterstützten Generierung von Roboterprogrammen. Dieses basiert auf einer Reihe von Hilfsmitteln, die den Programmierer bei der Programmentwicklung unterstützen. Die Aufgaben des Programmieres werden dabei teilweise von intelligenten Systemmodulen übernommen. Der Programmierer wird weiterhin von automatischen Planungshilfsmitteln unterstützt, z.B. zur Planung einer optimalen Trajektorie. Das System basiert auf der Zerlegung einer Aufgabe in eine Serie einzelner, weniger komplexer Aufgaben, die voneinander weitestgehend entkoppelt sein sollten.

Die Programmierung basiert bei diesem Konzept auf zwei Stufen. In der ersten Stufe werden Parameter spezifiziert, die sich allein an den Objekten, der Geometrie und den Werkzeugen orientieren. Hier werden auch Bewegungssequenzen und weitere Aktionen der Peripherie spezifiziert. In der zweiten Stufe werden alle Parameter ergänzt, die sich auf den Roboter bzw. die Roboterzelle beziehen.

Die Anwendung dieses Konzeptes soll insbesondere die Programmierung mehrerer kooperierender Roboter ermöglichen. Diese wird man insbesondere dann einsetzen, wenn komplexe Werkstückkonturen auftreten und extreme Beschränkungen der Umwelt vorliegen.

9.11 Produktbasierter Entwurf

Angermüller und Hardeck schlagen in [6] ein System vor, das aus einem CAD-Modell eines Produktes

- die Layout-Planung der Produktionsstraße vornimmt,
- das Layout und die Konfiguration der Roboterzellen vornimmt,
- die Simulation, Analyse und Verifikation des Montageprozesses gestattet und
- die Off-Line Programmierung der Roboter erlaubt.

Das vorgeschlagene System besteht aus sechs Hauptkomponenten:

- CAD-Systemmodul
- Produktanalysemodul
- Datenbankmodul für Montagewerkzeuge
- Konfigurationsmodul für die Produktionslinie und die Roboterzelle
- Programmiermodul
- Simulationsmodul

Das CAD-System erlaubt eine volumenorientierte Modellierung. Hier werden auch Technologiedaten berechnet. Das Produktanalysemodul analysiert und bearbeitet ein Produkt in 5 Stufen:

1. Sammlung der Daten
2. Aufbau eines Topologiegraphen
3. Aufbau eines Montagegraphen
4. Aufbau eines Rangfolgegraphen
5. Erzeugung einer detaillierten Beschreibung der Montage

Das Datenbankmodul für Montagewerkzeuge enthält detaillierte Informationen über die Werkzeuge. Diese Informationen betreffen Geometrie, Anwendbarkeit, Arbeitsbereich, kinematische und dynamische Eigenschaften sowie Ansteuermöglichkeiten.

Bei der Simulation sind die nachfolgenden Punkte wichtig:

- Ermittlung der korrekten Taktzeiten, Vermeidung von Kollisionen, Einhalten der Arbeitsräume, Anwendbarkeit der Werkzeuge und Synchronisation der Aktionen.
- Überprüfung des Roboterprogramms bezüglich der Bewegungen und des Sensoreinsatzes.
- Durchführung von Optimierungen.
- Einsatz von Analysefunktionen: z.B. Belastung einzelner Komponenten, Aussagen über das Auftreten von elektrischen Spitzenlasten während der Montage.

Die Autoren schlagen auch die gezielte Vorgabe von Fehlern vor sowie die zugehörige Simulation des Ablaufes. Alle Module basieren auf dem Einsatz von Expertensystemen. Darüber wird keine nähere Auskunft gegeben.

9.12 System zur Simulation intelligenter Roboter

Takegaki beschreibt in [118] ein System, das intelligente Roboter simuliert. Hierbei werden Techniken verschiedener Gebiete und Systeme integriert:

- objektorientierte Programmierung
- regelbasierte Systeme
- 3D-Computergraphik
- Modellierungstechniken nach dem Octtree-Prinzip

Die Autoren sehen die objektorientierte Programmierung als sehr geeignet an, um intelligente Robotersysteme zu modellieren. Ein Robotermodell besteht hier aus einer Summe von Einzelkomponenten, wobei jede Einzelkomponente einem Objekt entspricht. Der objektorientierte Ansatz verwendet besonders die Techniken der Verbreitung von Nachrichten ("message passing"), der Dekomposition in Klassen und Instanzen und der Verwendung des Prinzips der Vererbung.

Die mechanischen Strukturen werden definiert durch Verbindungsrelationen ("connective relations") der Objekte untereinander. Die Verbindungsrelationen werden dann in eine baumorientierte Datenstruktur umgeformt.

Jede Systemkomponente wird aktiviert, indem ihr eine Nachricht geschickt wird. Die intelligenten Funktionen des Robotersystems können auf transparente Weise in einem regelorientierten Stil programmiert werden. Aktionen des Roboters werden dann durch das Senden von Nachrichten an "rule-sets" ausgelöst. Dabei können auch mehrere dieser "rule-sets" gleichzeitig aktiviert werden.

Auch die graphische Simulation erfolgt objektorientiert. Jedes Graphiksegment wird als Objekt aufgefaßt. Auch alle anderen benötigten Daten, wie z.B. das Darstellungsfeld ("view port"), werden als Objekt abgelegt. Damit ist es möglich, regelbasierte und dadurch intelligente Graphikfunktionen zu realisieren. Auch die Menüführung wird durch Regeln gesteuert.

Das Gesamtsystem ist implementiert in den Sprachen C, Prolog und Fortran. Die Verbindung der einzelnen Systemkomponenten erfolgt durch den erwähnten Mechanismus des Sendens von Nachrichten.

9.13 Programmierung intelligenter Roboter

Tang und ElMaraghy beschreiben in [120] die Programmierung intelligenter Roboter. Die Autoren verwenden drei Phasen bei der Umsetzung einer Aufgabe in ein Roboterprogramm. Diese sind die Planung von Greifoperationen, Transferbewegungen und Feinbewegungen. Die Planung von Greifoperationen besteht aus den folgenden Schritten:

1. Ermittlung möglicher Greifpositionen, basierend auf geometrischen Überlegungen.
2. Einschränkung der möglichen Greifpositionen durch Analyse der Erreichbarkeit, sowohl am Aufnahmepunkt als auch am Ablagepunkt.
3. Bilden einer Rangfolge nach heuristischen Gesichtspunkten, z.B. nach Stabilitätskriterien.

Für die Planung von Transferbewegungen schlagen die Autoren bekannte Verfahren vor, wie die "Configuration Space"-Methode oder den Einsatz von "generalized cones".

Bei Montageprozessen bereitet gerade die Berücksichtigung von Alltagswissen und dessen Kodierung die größten Probleme. Der Einsatz eines Expertensystems ist für die Autoren ein geeigneter Weg. Sie schlagen vor, daß die Wissensbasis die Geometriedaten enthalten soll. Wissen über den Montageprozeß soll in Form von Produktionsregeln beschrieben werden. Bei der realen Anwendung schlagen die Autoren Vereinfachungen vor. So soll z.B. beim Greifen die Greifposition aus einer Liste ausgewählt werden. Bei einer Transferbewegung soll der Zugriff auf vorberechnete Bahnen erfolgen.

In [35] beschreibt ElMaraghy für eine Montage elementare Aktionen:

- Annäherung ("approach")
- Greifen ("grasp")
- Wegfahren ("depart")
- Bewegen ("move") bis Kontakt erreicht
- Einfügen ("insert") mit Kraft
- Loslassen ("release")

9.14 Einsatz von Expertensystemen

Soroka beschreibt in [115] den Einsatz von Expertensystemen in der Robotertechnik auf folgenden Gebieten:

- Kinematik und mechanischer Entwurf
- Auswahl eines Roboters
- Entwurf der Roboterarbeitszelle
- Wartung des Roboters

Das erste Gebiet, Kinematik und mechanischer Entwurf, beinhaltet automatisierte Lösungen der inversen Kinematik und der Unterstützung beim Entwurf des Roboters. Das zweite Gebiet, Auswahl des Roboters, umfaßt eine Lösung zum Problem der Auswahl eines geeigneten Roboters, wenn das Umfeld vorgegeben ist. Dieser Fall ist dann von Interesse, wenn Tätigkeiten, die bisher von Menschen ausgeführt wurden, automatisiert werden sollen. Das dritte Gebiet umfaßt den Entwurf von neuen Roboterarbeitszellen. Hier kann ein Expertensystem die Heuristiken eines Experten beinhalten. Das letzte Gebiet entspricht einem "klassischen" Einsatzfeld von Expertensystemen. Hier kann ein Expertensystem gezielt die Wartung steuern und auch die Durchführung von Reparaturen im Fehlerfall unterstützen.

9.15 Wissensbasierte Montage

Selke und Mitautoren beschreiben in [114] einen wissensbasierten Ansatz zur Montage mit Robotern. Sie geben bei einem Montageprozeß drei Zustände an: Teilezufuhr ("feeding"), Teiletransport und Teileverbindung. Eine wichtige Eigenschaft von Teilezufuhreinrichtungen ist die flexible Anpassung an unterschiedliche Teile. Aspekte beim Teiletransport sind: sicherer Griff, Kollisionsvermeidung und minimale Zeitdauer des Transportvorganges. Die Autoren sehen die Verbindung der Teile als den eigentlichen Montageprozeß an. Als Kennzeichen geben sie ein klassifizierendes Muster an auftretenden Kräften und Momenten an. Wichtige Punkte bei der roboterisierten Montage sind:

- die Überwachung des Montagefortganges
- die Identifikation von Fehlern
- die selbständige Fehlerbehebung oder/und Fortsetzung des Montagevorganges

Ein wichtiges Problem, welches wesentlich die Taktzeit beeinflußt, ist die Koordination von Montage- und Sensorzyklen. Selke und Mitautoren schlagen den Einsatz mehrerer unterschiedlicher Sensoren vor, die verschiedene Informationen liefern können. Aus dem Vergleich der Sensorsignale zum Sollzustand leiten sie Schlußfolgerungen über den Zustand der Montage her.

Ein wichtiger Punkt ist das Verhalten im Fehlerfall. Die Autoren geben an, daß während einer Montage 81 % der Produkte richtig montiert worden sind, in 11 % Fehler automatisch beseitigt werden konnten und daß in 8 % der Eingriff eines Operateurs notwendig war. Ihre Erfahrungen zeigen, daß viele Fehler klassifizierbar sind und auch periodisch auftauchen. Sie sind durch die gleichen Maßnahmen zu beheben. Daraus ziehen die Autoren die Schlußfolgerung, daß ein Sensoreinsatz nur bei wichtigen Phasen erforderlich ist. Ein ständiger Sensoreinsatz und auch die ständige Überprüfung verlängert die Taktzeit in erheblichem Umfang. Zur Realisierung schlagen die Autoren den Einsatz eines Expertensystems vor.

9.16 Robotertechnik und Künstliche Intelligenz

Brady gibt in [15] eine Übersicht über die Verbindung von Robotertechnik mit den Methoden der Künstlichen Intelligenz. Er sieht konventionelle Roboter als Bindeglieder zwischen "sensing" und "action". Bild 9.2 zeigt dazu das abstrakte Interaktionsmodell eines konventionellen Robotersystems.

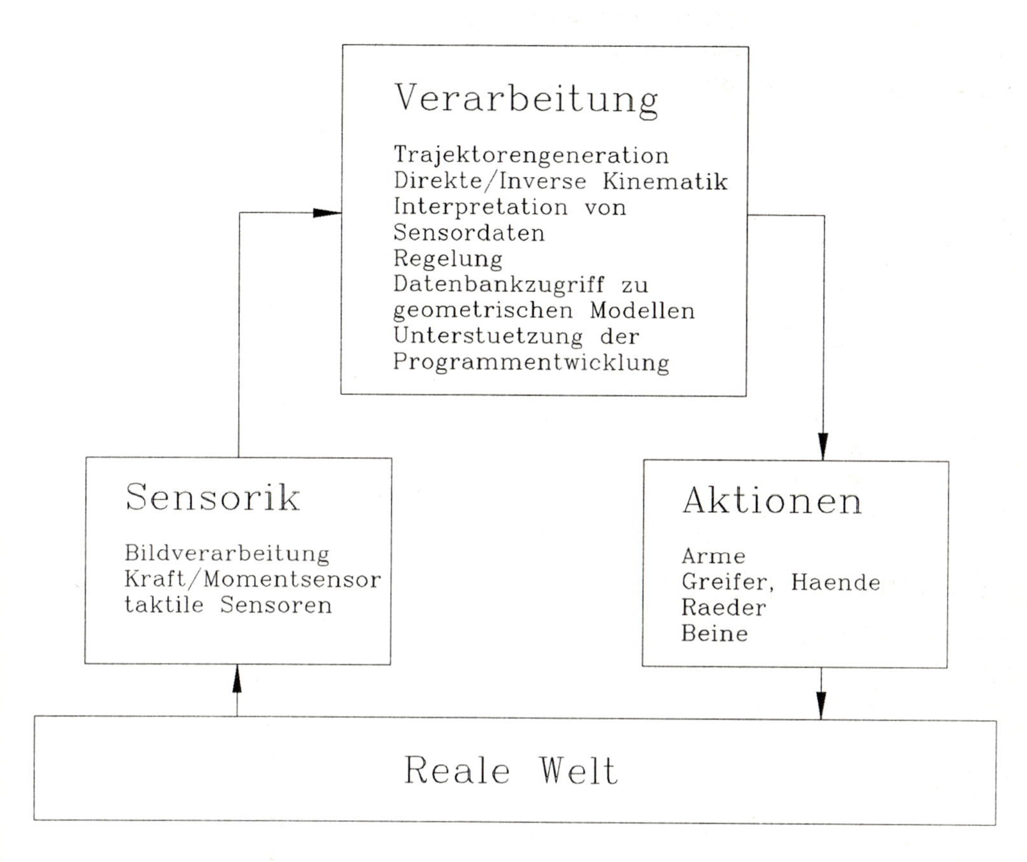

Bild 9.2: Abstraktes Interaktionsmodell eines konventionellen Robotersystems

Der Zugang zur realen Welt erfolgt über Sensoren ("sensing"). Ein Verarbeitungsmodul setzt die erhaltenen Daten um. Es beinhaltet Funktionen wie Trajektoriengenerierung, Lösungsalgorithmen zur direkten und inversen Kinematik, Interpretation der Sensordaten, Regelung, Datenbankzugriff und Unterstützung der Programmentwicklung. Das Verarbeitungsmodul löst dann die Aktionen des Roboters aus, mit diesen wird gezielt die reale Welt verändert.

Ein intelligenter Roboter nach Brady verbindet "perception" mit "action". Bild 9.3 zeigt dazu das abstrakte Interaktionsmodell eines intelligenten Robotersystems. Nach der Sensorebene ist hier eine weitere Ebene vorhanden, die "perception"-Ebene. Hier wird aus den Sensordaten eine einheitliche Darstellungsform gewonnen, die nachfolgend durch KI-Methoden verarbeitet wird.

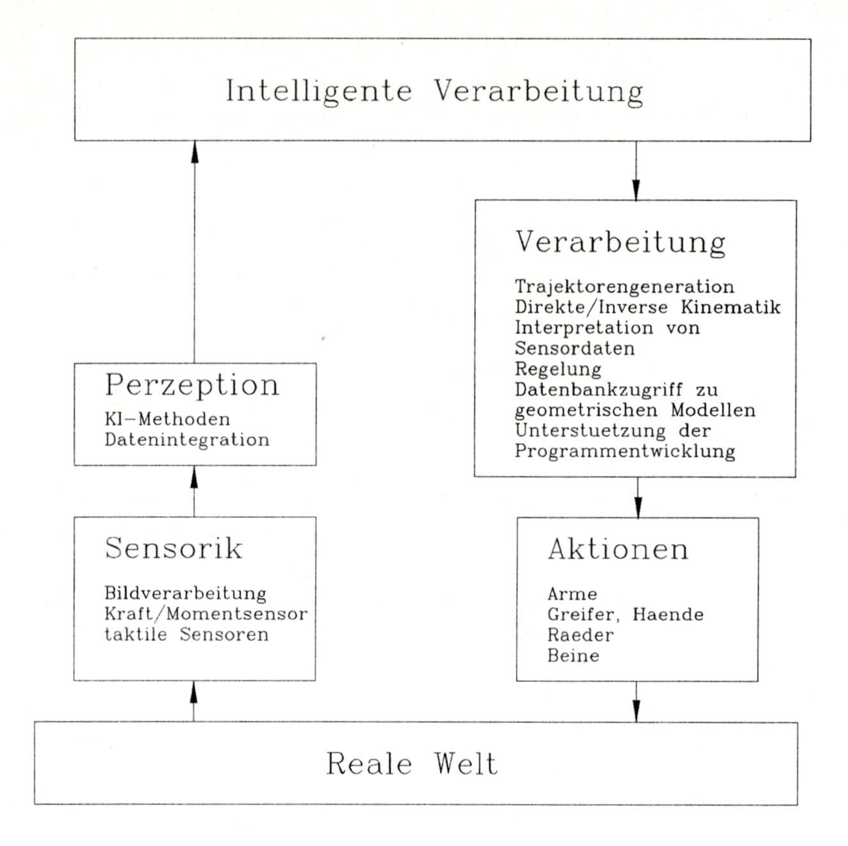

Bild 9.3: Abstraktes Interaktionsmodell eines intelligenten Robotersystems

Die Steuerung eines intelligenten Roboters ist nach Brady gekennzeichnet durch die folgenden Punkte:

- Nutzen und Verarbeitung der räumlichen Objektbeziehungen ("spatial reasoning")
- Umgang mit Unsicherheiten
- Verarbeitung der Geometrie der Objekte ("geometrical reasoning")
- gezielte Modifikation der Roboterparameter
- Einsatz von Lernverfahren

Brady sieht beim Einsatz von Verfahren der Künstlichen Intelligenz folgende Fragen als wichtig an:

- Welches Wissen wird benötigt ?
- Wie wird das Wissen dargestellt ?
- Wie wird das Wissen verwendet ?

Er sieht hier speziell beim Einsatz von Expertensystemen Probleme mit dem Kontakt des Systems zur Außenwelt. Dies betrifft Schnittstellen und die Fähigkeit zum Echtzeitbetrieb.

9.17 Stufenplan bei der Programmierung von Robotern

Fukuchi, Awane und Sugiiyama schlagen in [44] einen Stufenplan vor, um das Programmieren von Robotern zu verbessern. In der ersten Stufe soll das Einlernen verbessert werden, indem der Roboter mit geeigneten Eingabemethoden durch den Prozeß geführt wird ("direct teaching"). In der zweiten Stufe soll ein Expertensystem zum Einsatz kommen. Dieses hat Wissen über einzelne Arbeitsvorgänge. Nach Eingabe aktueller Parameter führt das Expertensystem den Rest der Programmieraufgabe selbständig durch. In der dritten Stufe wird der reale Roboter zum Off-Line Programmieren nicht mehr benötigt. Hier kommen dann auch leistungsfähige Korrekturmaßnahmen zum Einsatz, um Positionsabweichungen zu kompensieren. Die vierte Stufe setzt ein CAD/CAM-System ein. Hier werden Roboterprogramme mit Hilfe von CAD-Daten erzeugt. Eine Validierung erfolgt mit Hilfe von Simulationsverfahren.

Kapitel 10

Planen

10.1 Selbständige Programmierung

Die Komplexität eines intelligenten Robotersystems wirft die Frage auf, ob es in vertretbaren Zeiten noch mit heutigen Programmiermethoden programmiert werden kann. Schon heute wird oftmals nur ein Bruchteil des z.T. sehr vielfältigen Sprachumfangs einer Roboterprogrammiersprache genutzt. Das möglichst rasche Erfüllen der Programmieraufgabe hat stets Vorrang vor allen anderen Aspekten einer Programmentwicklung wie Optimalität, Strukturiertheit, Dokumentation, etc.

Die allgemeine Tendenz der Entwicklung von Programmiersprachen geht hin zu einer Programmierform, die allein das gewünschte Ziel beschreibt. Diese "very high level"-Programmiersprachen sind also vollständig zielorientiert.

Auch in der Robotertechnik wird seit langem versucht, diesem Weg zu folgen. Die Entwicklung impliziter Programmiersprachen ist hier zu nennen. Hierbei soll es dem Programmierer ermöglicht werden, Kommandos auf sehr hohem und abstrahierten Tätigkeitsniveau zu geben, z.B. "Greife Welle". Alle dazu notwendigen Aktionen und Details werden dann durch das Roboterprogrammiersystem selbständig ermittelt. An derartigen Systemen wird derzeit intensiv geforscht.

Bei Robotersimulationssystemen, die mit einer eigenen Programmiersprache auf höherem Niveau arbeiten, läßt sich die erfolgreiche Weiterentwicklung in diese Richtung mittelfristig durchaus vorstellen.

Stellt man einem Programmierer Kommandos auf hohem und abstraktem Niveau in einer natürlichsprachigen Form zur Verfügung und ermöglicht durch einen einfachen, menüunterstützten Aufbau des Dialoges mit dem Programmiersystem die Vorgabe der Kommandosequenzen, benötigt der Programmierer keinerlei Vorkenntnisse mehr im Umgang mit Programmiersprachen. Dies würde den Einsatz dieser Programmiersysteme unter den heutigen industriellen Rahmenbedingungen ermöglichen.

Die nächste Stufe der Programmierung ist der Einsatz von Planungsverfahren. Ausgehend von der spezifizierten Aufgabe werden alle Aktionen des Robotersystems durch dieses selbständig geplant und durchgeführt. Derartige Systeme werden im Zusammenhang mit dem Aufbau intelligenter Robotersysteme entwickelt.

Kennzeichnend für ein typisches Planungsverfahren ist eine dreistufige Vorgehensweise. In der ersten Stufe wird die gesetzte Aufgabe in Unteraufgaben gegliedert. In der zweiten Stufe werden die Details jeder einzelnen Aufgabe festgelegt, die dann in der dritten Stufe überprüft werden. Ergebnis des zweiten Teils sind der Manipulations- und der Sensorplan.

Wesentliche Ansätze sind RAPT (Robot Automatically Programmed Tool) [99], ACSL (Analog Concept Learning System) [88] , APOM bzw. TOPAS (Task Oriented Planner for Optimal Assembly Sequences) [77] und ATLAS [84].

Die Integration von Simulations- und Planungsverfahren wird an der Universität Karlsruhe mit dem Planungsprogramm GRIPS [42,63] zum automatischen Entwurf von Montageroboterprogrammen versucht. Hier wird das Expertensystem ASP (Action Sequence Planner) aufgebaut.

Ein System, das mehrere parallele Prozesse und ein sensorbasiertes hierarchisches Steuerungssystem verwendet, wird von Yamamoto [141] beschrieben. Die Sensordaten werden hierbei in abstrahierter Form verwendet.

Weitere Arbeiten findet man von Chang [20], Hawker [58], Waldon [127] und Mina [90].

Es ist in der Zukunft auch denkbar, daß, ausgehend von einem konstruierten Produkt, die zur Montage notwendigen Schritte durch ein Programmiersystem selbständig geplant, ein Zellenlayout erstellt und die Roboter programmiert werden.

10.2 Planungsverfahren

Aktionen intelligenter Roboter, z.B. autonomer mobiler Roboter, werden mit Hilfe von integrierten Planungsalgorithmen bestimmt. Nachfolgend ist deshalb eine Einführung in das Planen von Aktionen gegeben.

Planen ist der Vorgang der Planerzeugung: "Ein Plan ist eine Darstellung, bei der eine oder mehrere Folgen von Aktionen (Zielen, Aufgaben) entworfen werden, um von einem Anfangszustand über eine Menge von Zwischenzuständen zu einem Endzustand zu gelangen".

Diese Aktionenfolge ist unter Randbedingungen, die sich ändern können, zu generieren. Aktionen werden durch die Anwendung von Operatoren auf Zustände erzeugt. Es ist wichtig zu beachten, daß der Planungsaspekt auch eine dynamische Komponente besitzt. Durch die äußeren Randbedingungen vorgegeben, können verschiedene Zwischenzustände auftreten und selbst der Zielzustand kann Änderungen unterworfen sein.

Für die automatische Planerzeugung ist die Darstellung von Wissen für die folgenden Bereiche notwendig:

- Darstellung sicherer Zustände (Situation, Weltmodell)

- Darstellung unsicherer und unbestimmter (vager) Zustände
- Darstellung der Ausführbarkeit (Vorbedingung), der Durchführung (Zwischenbedingungen) und der Wirkung (Nachbedingung) einzelner Aktionen auf Zustände
- Darstellung der nichtzeitlichen Abhängigkeit einzelner Aktionen bzw. Aktionsmengen untereinander, d.h. Darstellung der Abhängigkeit der Vor- und Nachbedingungen untereinander
- Darstellung der zeitlichen Abhängigkeit einzelner Aktionen bzw. Aktionsmengen untereinander
- Darstellung des Zeitaspektes einer Aktion und Beschreibung der zeitlichen Abläufe

Bild 10.1 zeigt die Vorgehensweise bei einem Planungs-Aktionszyklus. Von einer Zielsetzung aus gelangt man durch die Planung, Entscheidung und Ausführung von Aktionen hin zur Zielrealisierung. Zeigt die Überwachung daß das Ziel nicht erreicht werden kann, so erfolgt eine Neuplanung.

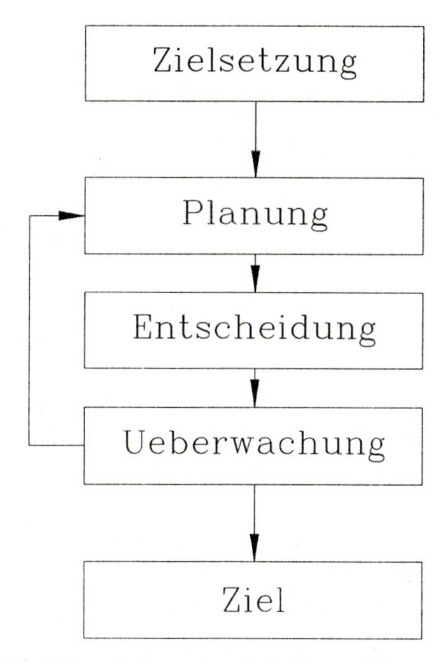

Bild 10.1: Vorgehensweise bei einem Planungs-Aktionszyklus

10.3 Planung von Roboteraktionen

Bei der Planung von Roboteraktionen muß man stets beachten, daß das Roboterumfeld einem steten Wandel unterworfen ist, es ist eine nicht-deterministische Umwelt.

Frühe Verfahren zur Planung von Roboteraktionen setzten Produktionssysteme und Mittel-Zweck-Analysen ein. Als Beispiel ist hier das System STRIPS [38] zu nennen. Der Roboter agiert in STRIPS in einer Klötzchenwelt. Unsicherheiten und Fehler werden bei diesem System nicht berücksichtigt. Bild 10.2 zeigt eine typische Situation in einer Klötzchenwelt.

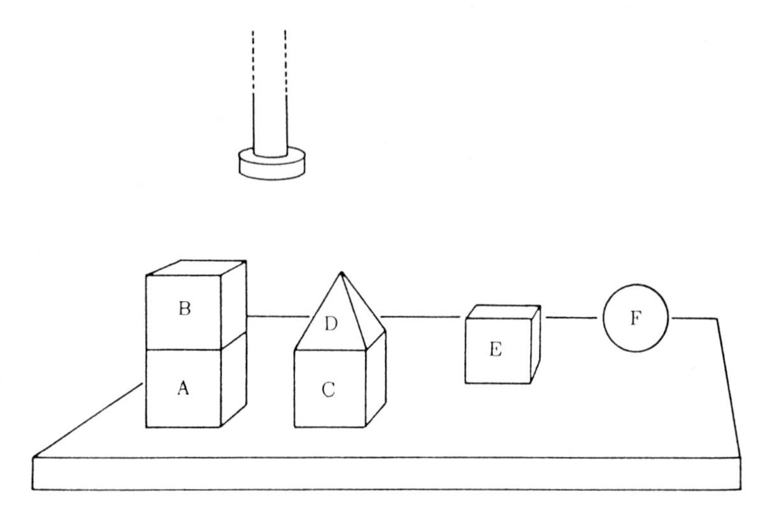

Bild 10.2: Typische Situation in einer Klötzchenwelt

Neuere Verfahren zur Planung von Roboteraktionen nutzen den Ansatz der schrittweisen Bedingungsausbreitung ("constraints propagation"). Die Planung bei Roboteraktionen erfolgt hier zunächst Off-Line, also vor der Bewegung des Roboters. Es sind sowohl aufgaben- als auch objektorientierte Aspekte zu berücksichtigen.

Typische aufgabenorientierte Aspekte sind:

- Aufgabenzerlegung
- Bestimmung alternativer Aktionen zur Erreichung eines bestimmten Ziels
- Entwicklung alternativer Pläne bei variierenden Bedingungen
- Planung auf der Basis von strukturellen Unbestimmtheiten
- Planung von Aktionen mit restriktiven zeitlichen Bedingungen
- Berücksichtigung von kausalen Abläufen von Gesamtprozessen
- Planung auf der Basis von Funktions-Strukturzusammenhängen

- Schnelle Neuplanung
- Aufgabenkodierung

Objektorientierte Aspekte sind:

- Einsatzplanung der Manipulatoren
- Bewegungsplanung (Hindernisumgehung)
- Bestimmung der Feinbewegung
- Festlegung der Greifstrategie
- Bestimmung der Operationsfolge in Abhängigkeit des benutzten Werkzeugs und der Objektsymmetrie
- Erkennung der Funktion eines Werkzeugs aufgrund seiner Struktur
- Planung auf der Basis von parametrischen Unbestimmtheiten

10.4 Planungsvorgang für eine Montage

Bild 10.3 zeigt das Prinzipschema des Planungsvorgangs für eine Montage.

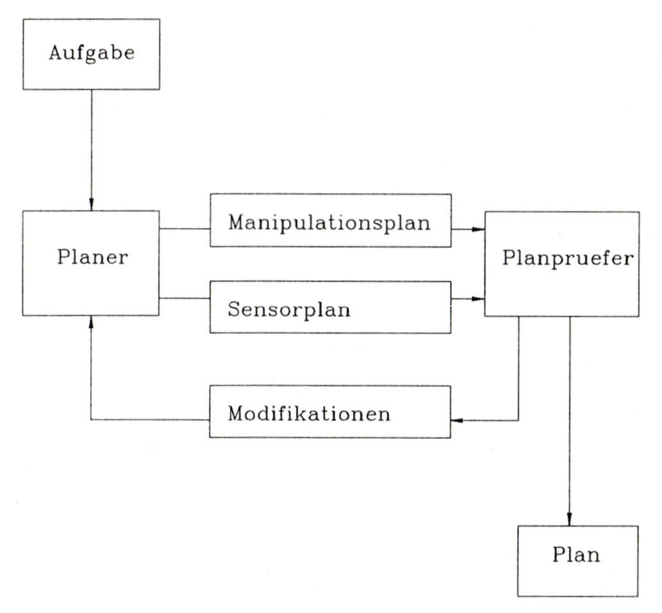

Bild 10.3: Prinzipschema des Planungsvorgangs für eine Montage

Der Planer besteht aus den Komponenten:

- Aufgabenzerleger
- Aktionsplaner

Der Ablauf des Planungsvorgangs geschieht in folgenden Schritten:

- Zerlegung der globalen Aufgabe in einzelne durchführbare Unteraufgaben (Aufgabenzerlegung)
- Detaillierung der Unteraufgaben (Bahnplanung, Aktionsplanung)
- Erstellen des Sensor- und Manipulationsplans
- Planüberprüfung

Für die planbasierte Aktionsdurchführung gibt es mehrere Möglichkeiten. Diese sind:

- vollständige Vorplanung
- schrittweise Planung/Ausführung
- variable Kombination beider Verfahren

Bei der vollständigen Vorplanung werden alle Schritte der Aktionsdurchführung vollständig vorgeplant. Nach dem Ende der Planung erfolgt die Ausführung. Dieses Verfahren setzt eine perfekte Umweltmodellierung und ein fehlerloses Agieren des Roboters voraus. Der Ablauf kann optimal (u.U. rechenintensiv) geplant werden, bei sich wiederholenden Sequenzen wird eine mehrfache Planung vermieden.

Bei der schrittweisen Planung und Ausführung folgen abwechselnd Planungs- und Ausführungssequenzen. Dies ist von Vorteil bei einer variablen Umwelt, da eine flexible Adaption möglich ist. Nachteilig wirkt sich aus, daß die Planungszeit in die Ausführungszeit mit eingeht (Taktzeit !). Dies bedeutet heute, daß ein langsamer Gesamtablauf stattfindet. Ebenso ist keine Parallelität zwischen Planung und Ausführung möglich.

Die Kombination beider Verfahren liefert eine leistungsfähige Struktur. Auf höchster Ebene wird detailunabhängig und aufgabenorientiert geplant. Kommandosequenzen werden ohne Warten auf eine Antwort abgesetzt. In den unteren Ebenen findet eine abwechselnde Planungs- und Aktionssequenz statt. Hier sind die Kommandos sehr eng mit dem aktuellen Zustand des Roboters und der Umgebung verbunden.

10.4.1 Aktionsplaner

Die Grundmodule eines Aktionsplaners sind:

- Grobbewegungsplaner
- Greifplaner
- Feinbewegungsplaner

Grobbewegungsplaner

Der Grobbewegungsplaner erzeugt eine kollisionsfreie Bahn für den Roboter und seine Last. Eingaben sind die Start- und Zielkonfiguration des Roboters, Unsicherheitsangaben des Roboters (Genauigkeit) und Randbedingungen für die Trajektorien (z.B. bestimmte Orientierung des Effektors).

Feinbewegungsplaner

Der Feinbewegungsplaner erzeugt die fehlenden Details der Bahn. Eingaben sind die Position der Objekte, zulässige Bereiche der Zielkonfiguration, Schranken für die Unsicherheit der Manipulation, Schranken für Geschwindigkeiten, Beschleunigungen, Kräfte und Momente sowie Bewegungsbedingungen.

Greifplaner

Der Greifplaner plant das Greifen und Loslassen der Objekte. Eingaben sind die Greif- und Ablagepositionen der Objekte, Schranken für Positionsunsicherheiten und Greifpositionen der Objekte bzw. Greif-Restriktionen.

Beim Greifen ist die Erreichbarkeit aller Greifpositionen wichtig. Auch die Stabilität des Griffes muß gewährleistet sein, es darf kein Verrutschen des Objektes während der Bewegung stattfinden.

10.4.2 Manipulationsplan

Der Manipulationsplan verfeinert die in den einzelnen Teilaufgaben geplanten Vorgänge. Mögliche Detailaspekte hierfür sind:

- Objektpositionen
- Zuführung neuer Objekte
- Greifpunkte
- kollisionsfreie Trajektorien
- Arbeitsbereiche
- Grob- und Feinbewegung

Der Manipulationsplaner braucht Detailwissen über:

- geeignete Wissensrepräsentationsformen
- Detaillierungsstufen des Wissens
- geometrische Beziehungen der Objekte

- kinematische Abhängigkeiten (Roboter, Maschinen)
- physikalische Parameter (Gewicht, Materialeigenschaften)
- Restriktionen
- Fertigungsprinzipien und Montagevorschriften
- Werkzeuge und deren Handhabung

10.4.3 Sensorplan

Der Sensorplan gibt die Aktivierung der einzelnen Sensoren vor. Einsatz von Sensorik findet statt bei der Erkennung von Objekten und Objektkonfigurationen, bei spezifischen Bewegungsdurchführungen, der Kompensation der Unsicherheit der Welt und der Situationsanalyse zur Planung der Ausführungsdetails, da oft eine Feinplanung nicht möglich ist.

Folgende Aspekte sind maßgeblich für die Erstellung eines Sensorplans:

- Definition des Sensoreinsatzes bezogen auf den Gesamtablauf: Art des Sensors, Notwendigkeit eines Sensoreinsatzes
- Definition einer Sensorhierarchie und Aufbau einer Multisensorik: wieviele Sensortypen werden wo eingesetzt, wie geschieht die Integration der einzelnen Sensorinformationen (Bild + Kraft = ?)
- Anpassung der Sensorsysteme an die vorhandene Aufgabe
- Generierung von impliziten Sensoranweisungen : nur Definition des Resultates (Teil vorhanden ?)
- Generierung von expliziten Sensoranweisungen : Aktivierung von bestimmten Sensortypen, genaue Vorgabe der Messung

10.4.4 Planprüfung

Die Überprüfung des Aktionsplanes muß in folgenden Punkten geschehen: ist der Plan durchführbar, werden die gewünschten Resultate erzeugt, und wie ist der Zusammenhang und die Auswirkung der einzelnen Planschritte?

10.4.5 Ausführungsüberwacher

Der Ausführungsüberwacher (Monitor) ist für die Aktivierung und Koordination der Prozeßausführung zuständig. Hier können auch Modifikationen des Ablaufes anhand von Sensordaten durchgeführt werden.

10.5 Planungssysteme

Es gibt eine Vielzahl von Systemen, die Planungsverfahren einsetzen, um Roboteraktionen zu generieren. Im folgenden sind einige Vertreter kurz beschrieben. Diese Übersicht erhebt keinen Anspruch auf Vollständigkeit.

10.5.1 RAPT

Das System RAPT ("Robot Automatically Programmed Tool") [99] wurde entwickelt von R. Poppelstone an der University of Edinburgh. Es benutzt die NC-Sprache APT. RAPT verwendet symbolische Beziehungen, um die räumliche Konfiguration von Objekten zu beschreiben. Typische Operatoren sind "against", "coplanar", "aligned", "parallel" und "fits". Bild 10.4 zeigt ein Beispiel für die Beschreibung der räumlichen Beziehung. Die Position von Block 1 relativ zu Block 2 wird in RAPT durch die Relationen f_3 "against" f_1 und f_4 "against" f_2 angegeben.

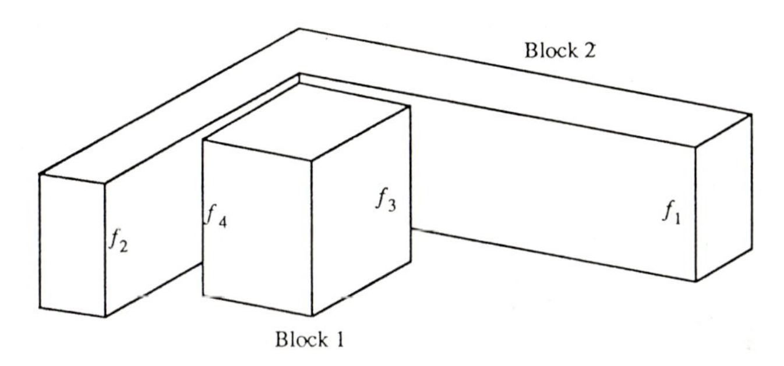

Bild 10.4: Beispiel für die Beschreibung der räumlichen Beziehung in RAPT

Für Montageaufgaben ist die Beschreibung räumlicher Beziehungen, die Angabe von Bewegungen und die Entwicklung allgemeiner Montageprogramme möglich.

Das RAPT-Inferenzsystem arbeitet in folgenden Schritten:

- Anfangszustand aus Weltmodell entnehmen
- Zustand als Netzwerk darstellen: Knoten als Instanzen des Objektes, Kanten als räumliche Beziehungen
- Manipulation des Netzwerkes zur Lokalisierung der Objektinstanzen und zur Ermittlung der nach einer Manipulation verbleibenden Freiheitsgrade

Als nachteilig von RAPT ist die Spezifikation der räumlichen Konfiguration anzusehen und die Tatsache, daß Sensorinformationen nur in geringem Umfang eingesetzt werden können.

10.5.2 ACSL

Das System ACSL ("Analog Concept Learning System") [88] wurde von D. Mitchie entwickelt. In ACSL wird der Versuch unternommen, aus Beispielen zu lernen, um regelbasierte Pläne zu erstellen. Aus jedem Beispiel wird eine Liste charakteristischer Merkmale mit zugehörigen Attributswerten erstellt sowie spezifiziert, zu welcher Situation dieses Beispiel gehört. ACSL wurde erfolgreich demonstriert am Bau einer Klötzchenbrücke mit 2 Robotern.

10.5.3 ATLAS

Das System ATLAS ("Automatic Task Level Assembly Synthesizer") [84] wurde von T. Lozano-Perez entwickelt. In ATLAS findet die Definiton der Aufgabenstellung durch Sequenzen von Operationen in Form von Skelettprogrammen statt. Details werden in das Skelettprogramm schrittweise eingeführt: Sensoreinsatz, Zuführungen, Halterungen für Werkstücke, notwendige Bewegungstypen.

ATLAS verwendet Vorwärts- und Rückwärtsverkettung mit Bedingungsausbreitung. Unter einer Bedingung wird hier eine Ungleichung mit drei Arten von formalen Variablen verstanden. Physikalische Variablen können z.B. aktuelle Objektpositionen sein, Planvariablen z.B. Erwartungswerte für eine Position und Unsicherheitsvariablen z.B. Toleranzen.

Teile eines Skelettprogramms sind:

- die geometrische Beschreibung der Objekte
- der aktuelle Zustand dieser Objekte
- Anwendbarkeitsbeschränkungen
- Ausbreitungsbeschränkungen

Kapitel 11

Systemkonzepte

Die Entwicklung eines wissensbasierten Systems zur Robotersimulation erfordert die Kombination von Verfahren der Künstlichen Intelligenz und der Robotersimulation. Die hier benötigten Verfahren der Künstlichen Intelligenz stammen u.a. aus den Bereichen Expertensysteme, Bildverstehen, Planen und Problemlösen. Verfahren der Robotersimulation stammen aus den Gebieten Modellierung, Programmierung, Simulation und Animation.

Der Entwurf und der Aufbau eines wissensbasierten Systems zur Robotersimulation erfordert zum einen die Verfügbarkeit der Verfahren, in Form von Rechnerprogrammen, und zum anderen die Kombination beider Bereiche.

In diesem Kapitel werden Strategien aufgezeigt, die zur Entwicklung eines wissensbasierten Systems zur Robotersimulation denkbar sind. Die wichtigsten Fragen betreffen die Integration von wissensbasierter und numerischer Simulation und die Wahl der Systemstruktur.

11.1 Entwicklungsstrategien

Für die Entwicklung eines wissensbasierten Systems zur Robotersimulation stellen sich folgende Fragen (vergleiche auch Round [106]):

- Sollen alle Systemkomponenten selbst entwickelt und programmiert werden?
- Welche verfügbaren Hilfsmittel können verwendet werden?
- Welche Struktur soll für das System gewählt werden?
- Soll die Simulation durch Inferenzverfahren oder durch numerische Verfahren durchgeführt werden?
- Wie soll eine wissensbasierte mit einer numerischen Simulation kombiniert werden?

- Wie können vorhandene numerische Simulationsmodelle verwendet werden, um eine wissensbasierte Simulation aufzubauen?
- Wie soll der Benutzer mit dem Programm interagieren?
- Wie wird das entwickelte Programmsystem verifiziert?
- Wie groß ist der Entwicklungsaufwand?

Die eigenständige Entwicklung aller Systemkomponenten erscheint als der selbstverständliche Weg. Angesichts der Komplexität und des enormen Umfangs eines solchen Systems ist er nur gangbar, wenn ausreichende Ressourcen vorhanden sind. Die vollständige Eigenentwicklung kann wie folgt bewertet werden:

- Interne Strukturen können problemorientiert entwickelt werden
- Das Gesamtsystem ist in seiner internen Struktur und seinen Abläufen bekannt
- Die Programmiersprache kann problemorientiert gewählt werden
- Die Benutzeroberfläche kann einheitlich gestaltet werden
- Der Entwicklungs- und Programmieraufwand ist sehr hoch

Kennzeichnend für Rechnerprogramme im Bereich der Künstlichen Intelligenz ist die Verwendung spezieller Sprachen wie Lisp, Prolog oder OPS5. Diese sind in diesem Bereich konventionellen Programmiersprachen vorzuziehen, da sie für die Strukturen und Verfahren der Künstlichen Intelligenz besonders geeignet sind. Allerdings erfordern diese Sprachen zum Teil spezielle Rechnerarchitekturen, um effizient eingesetzt werden zu können.

Rechnerprogramme im Bereich der Robotersimulation sind ausschließlich mit konventionellen Programmiersprachen, wie Fortran und Pascal, entwickelt worden.

Trends bei der Programmierung gehen zunehmend zum Einsatz der Programmiersprache C. Diese hat den Vorteil, mit dem Vordringen des Betriebssystems Unix, weit verbreitet zu sein. Programme in C sind zudem in konventionellen Rechnerumgebungen ablauffähig. Eine Weiterentwicklung von C, C^{++}, steht für die Programmierung mittlerweile ebenfalls zur Verfügung.

11.2 Nutzen kommerzieller Systeme

Im Bereich der Robotersimulation existieren sehr leistungsfähige, kommerziell vertriebene Systeme. Diese sind allerdings aus der Sicht der Integration mit externen Routinen als abgeschlossene Systeme anzusehen und stehen nicht allgemein als Basis für weitere eigene Entwicklungen zur Verfügung. Der Einsatz eines solchen Systems ist nur dann möglich, wenn eine Zusammenarbeit mit dem Hersteller erfolgt und dieser einen Einblick in das System gestattet.

Eine Systementwicklung im Bereich der Robotersimulation kann somit nur auf zwei Arten erfolgen:

- Ein kommerzielles System kann im Rahmen einer Kooperation genutzt werden
- Alle Verfahren werden selbst entwickelt und implementiert

Im Bereich der Künstlichen Intelligenz ist die Situation ähnlich. Standardisierte Routinen in Form von Programmsammlungen stehen auch hier nicht zur Verfügung. Eine Ausnahme bildet jedoch der Bereich der Expertensysteme. Hier stehen Hilfsmittel in Form der sogenannten Expertensystemshells zur Verfügung. Diese haben sich mittlerweile zu sehr mächtigen und leistungsfähigen Hilfsmitteln entwickelt. Sie ermöglichen den Aufbau eines Expertensystems dadurch, daß der Entwickler "nur noch" das Wissen in einer Wissensbasis spezifizieren muß.

11.3 Strukturvarianten

Ein Problem beim Aufbau eines wissensbasierten Systems zur Robotersimulation ist die Wahl der Gesamtstruktur. Ein weiteres Problem ist die Integration und die Interaktion von numerischen und wissensbasierten Systemkomponenten.

11.3.1 Integration numerischer und wissensbasierter Systemkomponenten

Es gibt verschiedene Arten, wie numerische und wissensbasierte Systemkomponenten kombiniert werden können [93]:

- als sequentielle Struktur
- als parallele Struktur
- als Schnittstellenstruktur

Bei einer sequentiellen Struktur generiert eine wissensbasierte Komponente numerische Daten; diese werden anschließend von einer numerischen Simulationskomponente ausgewertet. Dies ist auch umgekehrt möglich: eine numerische Komponente generiert Daten; diese werden von einer wissensbasierten Komponente ausgewertet. In beiden Fällen ist aber jeweils nur eine Komponente aktiv. Es ist hier auch denkbar, daß die wissensbasierte Komponente das Simulationsmodell oder verschiedene Szenarios generiert, die dann numerisch ausgewertet werden.

Bei einer parallelen Struktur werden Daten kontinuierlich ausgetauscht, beide Systemkomponenten sind stets aktiv.

Bei einer Schnittstellenstruktur ("Front-end System") dient die wissensbasierte Komponente als intelligente Schnittstelle zum Simulationssystem.

11.3.2 Wahl der Gesamtstruktur

Für die Entwicklung ist weiterhin die Wahl der Gesamtstruktur des Systems von Bedeutung. Je nach Ausgangsbasis der Entwicklung sind als Gesamtstruktur folgende Varianten denkbar:

- Gesamtsystem in einheitlicher Sprache
- Gesamtsystem in unterschiedlicher Sprache
- modulares System in einheitlicher Sprache
- modulares System in unterschiedlicher Sprache

Die ideale Struktur stellt ein Gesamtsystem dar, welches in einheitlicher Sprache implementiert ist, eine einheitliche Benutzeroberfläche besitzt und auf konventionellen Rechnerarchitekturen effizient lauffähig ist. Dieser Idealfall setzt die Verfügbarkeit der Quellprogramme aller Systemkomponenten voraus. Diese müssen zudem in einer einheitlichen Sprache geschrieben sein. Eine solche Struktur kann nur dann erreicht werden, wenn alle Teile des Systems selbst entwickelt und programmiert werden.

In der Realität dürfte wohl eher der Fall auftreten, daß verschiedene Systemkomponenten bereits vorhanden sind. Diese sind aber meistens in verschiedenen Entwicklungsumgebungen, wie KI-Umgebungen oder konventionellen Umgebungen, und in verschiedenen Sprachen entwickelt worden.

Strebt man einen einheitlichen Programmcode für alle Systemkomponenten an, so kann dies auf zwei Wegen erfolgen:

- Reimplementation einzelner Systemkomponenten
- Einsatz von Code-Umsetzern

Je nach Umfang der einzelnen Systemkomponenten scheidet der erste Weg nahezu immer aus. Es macht zudem keinen Sinn, Verfahren in einer Sprache zu implementieren, die für diese nicht geeignet ist. Der Einsatz von Code-Umsetzern ist somit der wünschenswerte Weg. Leider stehen solche Umsetzer nicht für jeden Code zur Verfügung.

Es bietet sich in solchen Fällen somit der Aufbau eines Systems in unterschiedlicher Sprache an. Stehen von allen Modulen die Quellprogramme zur Verfügung, kann auch ein Gesamtsystem entwickelt werden. Dieser Schritt sollte allerdings nur gewagt werden, wenn das Rechnersystem, auf dem die Entwicklung betrieben wird, ausgereift ist und bei den Entwicklern genügend Erfahrungen vorhanden sind. Da bei solchen Entwicklungen Grenzbereiche von Compilern und Linkern benutzt werden, kann es bei unzuverlässigen Systemen zu erheblichen Fehlfunktionen kommen.

Der Aufbau eines modularen Systems bedeutet, daß Systemkomponenten durch eigenständige Programme realisiert werden. Für die Gesamtfunktion des Systems spielt daher die Implementierungssprache des einzelnen Moduls keine Rolle mehr. Es sollten jedoch zumindest alle Module auf einem einzigen Rechner verfügbar sein. Eine modulare Struktur hat den Vorteil, daß bestehende Programme nicht oder nur geringfügig modifiziert werden müssen.

Ein modulares Konzept hat aber auch erhebliche Nachteile. Alle Schnittstellen müssen bekannt sein. Alle Daten müssen von Modul zu Modul durch einen externen Koppelmechanismus gebracht werden. Da Module zum Teil nur als ablauffähige Programme vorliegen, können erforderliche Ergänzungen von Modelldaten unter Umständen nicht dort erfolgen, wo sie am sinnvollsten sind, nämlich innerhalb des entsprechenden Moduls, sondern sie müssen durch Hilfsmodule vorgenommen werden. Damit ist die Transparenz und Effizienz des Systems in keiner Weise gewährleistet. Der Datentransport, die ständige Aktivierung und Deaktivierung der einzelnen Module erschwert einen interaktiven Betrieb erheblich. Ob dies störend wirkt, ist von der Rechnerleistung abhängig.

Die Frage, welche Entwicklungsstrategie und welche Struktur nun gewählt werden sollte, kann nicht endgültig beantwortet werden. Die Antwort ist abhängig von dem jeweiligen Rechnerumfeld und den zur Verfügung stehenden Ressourcen.

Kapitel 12

Expertensystemshell Nexpert Object

Im vorherigen Kapitel wurde gezeigt, daß die Entwicklung eines wissensbasierten Systems zur Robotersimulation die Kombination von Verfahren der Künstlichen Intelligenz und der Robotersimulation erfordert. Verschiedene Möglichkeiten der Entwicklung und des strukturellen Aufbaus wurden diskutiert.

Der hier gewählte und in den folgenden Kapiteln näher beschriebene Ansatz besteht aus der Integration wissensbasierter Verfahren mittels eines Expertensystems in ein vorhandenes Robotersimulationssystem. Hierfür wurde das Robotersimulationssystem ROBSIM [66,134,135,136,137,139] gewählt, da hierfür der Quellcode zur Verfügung stand.

Dieser Ansatz wurde gewählt, da die bestehenden Entwicklungswerkzeuge für Expertensysteme, die sog. Expertensystemshells, mittlerweile sehr leistungsfähig sind und alle für die Entwicklung eines Expertensystems erforderlichen Komponenten beinhalten.

Der bei dieser Vorgehensweise wichtigste Punkt ist die Art und Weise, wie die Integration des Expertensystems in die bestehenden Programme erfolgen kann. Die Analyse der kommerziell verfügbaren Expertensystemshells zeigt, daß fast alle Expertensystemshells die Integration von Rechnerprogrammen [1] ermöglichen. Die Integration ist bei manchen Expertensystemshells nur über komplizierte Hilfsprogramme, bei anderen wiederum sehr einfach möglich. Als Ergebnis einer Integration entsteht aber in den meisten Fällen ein Expertensystem mit speziellen Fähigkeiten und der Benutzeroberfläche der Expertensystemshell. Die Entwicklung eines solchen Systems ist ungünstig, da der Benutzer nun ein Expertensystem bedienen muß.

Nach einer eingehenden Studie der verfügbaren Expertensystemshells, speziell bezüglich der Fähigkeit zur Integration von Rechnerprogrammen, wurde zum Aufbau

[1] Unter Rechnerprogramm oder externem Programm wird hier jede Art von Programm verstanden, welches mit Hilfe konventioneller Programmiersprachen entwickelt wurde. Bei technischen Applikationen sind dies Programme, die mit Hilfe der Programmiersprachen Fortran, Pascal oder C entwickelt wurden und hauptsächlich numerische Berechnungen ausführen.

eines wissensbasierten Systems zur Robotersimulation die Expertensystemshell Nexpert Object ausgewählt. Nexpert Object beinhaltet umfangreiche Möglichkeiten der Wissensdarstellung und vor allem eine sehr einfache Möglichkeit, die Fähigkeiten von Nexpert Object in vorhandene Rechnerprogramme zu integrieren. Das Ergebnis ist ein Programm mit eigener Benutzeroberfläche und den, nach außen nicht sichtbaren, Fähigkeiten eines Expertensystems. Diese Eigenschaften machen Nexpert Object zur geeigneten Expertensystemshell, um bestehende Programme bezüglich wissensbasierter Fähigkeiten zu ergänzen.

In diesem Kapitel werden die wichtigsten Eigenschaften von Nexpert Object und speziell die Möglichkeiten der Integration dargestellt.

Die Leistungsfähigkeit eines Expertensystems ist gekennzeichnet zum einen durch den Umfang des Expertenwissens und zum anderen durch die Art und Weise, wie der Prozeß der Verarbeitung des Wissens nachgebildet wird.

Zum Verarbeiten von Wissen sind zwei Bereiche erforderlich. Im ersten Bereich muß das Wissen erfaßt und geeignet formalisiert werden. Dies geschieht in Nexpert Object durch Regeln. Der zweite Bereich umfaßt die Repräsentation der "Dinge" [2], auf die das Wissen angewendet werden soll. Dies ist in Nexpert Object durch eine objektorientierte Darstellungsweise möglich. Die Existenz und das Zusammenwirken beider Bereiche wird als hybrides Konzept bezeichnet. Zusammen mit dem Inferenzmechanismus erlaubt das hybride Konzept eine sehr leistungsfähige Nachbildung kognitiver Prozesse.

Bei der wissensbasierten Robotersimulation sind Bereiche der Wissensdarstellung und Wissensverarbeitung ("reasoning dimension") sowie Bereiche der Repräsentation von Dingen ("representation dimension") erforderlich.

12.1 Wissensdarstellung und Wissensverarbeitung

Die Darstellung von Wissen erfolgt in Nexpert Object mit Hilfe von Regeln. Der Regelaufbau folgt folgender Struktur:

```
if ... then ... and do ...
```

Dieser Aufbau entspricht einer Gliederung der Regel in eine linke (LHS) und eine rechte (RHS) Seite. Der if-Teil entspricht der linken, der then-Teil und der do-Teil der rechten Seite. Dem if-statement folgt eine Menge von Bedingungen, dem then-statement folgt eine Hypothese und dem do-statement eine Reihe von Aktionen, die im Fall der Bestätigung der Hypothese durchgeführt werden.

[2] Ein Ding wird hier sowohl als Gegenstand als auch als Träger von Eigenschaften verstanden.

Die Verknüpfung von Regeln kann dadurch geschehen, daß Hypothesen im Bedingungsteil anderer Regeln verwendet werden. Regeln sind weiterhin miteinander verbunden, wenn sie ein gleiches Datum verwenden oder zur gleichen Hypothese führen. Nexpert Object definiert diese Verbindung als starke Kopplung ("strong link"). Es ist aber bei einem Experten durchaus denkbar, daß er intuitiv, vielleicht auch durch eine Analogie motiviert, sich plötzlich mit einem anderen Aspekt des Problems beschäftigt. Diese mehr heuristisch begründbaren Änderungen in der Anwendung von Regeln können in Nexpert Object durch das Konzept der schwachen Kopplung ("weak link") nachgebildet werden. Mit Hilfe des sogenannten Kontext-Editors kann eine solche schwache Kopplung für eine Hypothese definiert werden. Sie bewirkt, daß nach Abarbeitung der zugehörigen Regeln der Inferenzprozeß sich den im Kontext angegebenen Hypothesen zuwendet. Für die Inferenzmaschine bedeutet die Anwendung dieses Konzepts eine bedeutende Beschränkung des Suchraumes und damit eine Effizienzsteigerung.

Regeln können durch Vorwärtsverkettung und durch Rückwärtsverkettung abgearbeitet werden. Die Regelsyntax unterscheidet beide Fälle nicht. Die Art der Abarbeitung kann sogar während einer Sitzung ("session") wechseln. Die Regelstruktur wird deshalb in Nexpert Object "Augmented Rule Format" (ARF) genannt. Jeder Regel kann ein Faktor zugeordnet werden ("rule category"), der beim Inferenzprozeß zur Steuerung der Inferenzmaschine verwendet wird.

Folgende Aktionen können im do-Teil ausgelöst werden:

- Änderung der Werte von Variablen
- Rücksetzen von Werten
- Erzeugen und Löschen von Objekten und deren Verbindungen
- Zugriff auf Datenbanken
- Ausgabe von Graphiken und Texten
- Steuereingriffe in die Inferenzmaschine
- Ausführung externer Programme
- Laden neuer Regeln

Regeln können in Nexpert Object auch im Sinn eines nicht-montonen Schließens verändert werden. Dazu gehört, daß eine Regel sich selbst rücksetzen kann. Ebenso kann eine Regel die Bedingungen anderer Regeln verändern. Dies bewirkt, daß diese Regeln erneut evaluiert werden.

Für die Verkopplung mit einem anderen Programm ist es aber wichtig, daß Regeln auch durch externe Programme beeinflußt werden können. Auch im linken Teil der Regel ist deshalb der Aufruf externer Programme erlaubt. Daten können auf diese Weise an Nexpert Object übergeben werden und in die Abarbeitung der Regel einfließen. Diese Eigenschaft kann zudem durch die Vergabe von Prioritäten gezielt gelenkt werden.

Regeln können in Nexpert Object zu Regel-Verbänden ("knowledge islands") zusammengefaßt werden. Ein Regel-Verband ist dadurch gekennzeichnet, daß in den zugehörigen Regeln Daten oder Hypothesen mehrmals verwendet werden. Zwei Regel-Verbände nutzen also keine Daten oder Hypothesen gemeinsam.

Die Bildung von Regel-Verbänden ist ein Strukturierungshilfsmittel, welches es gestattet, Wissen über ein Gebiet zusammenzufassen. Die Regelauswertung ist somit zunächst auf den aktuellen Regel-Verband beschränkt.

12.2 Repräsentation von Dingen

Eine Repräsentation von Dingen kann in Nexpert Object durch Klassen ("classes"), Objekte ("objects") und Eigenschaften ("properties") erfolgen. Ein Objekt entspricht der elementaren Form einer Repräsentation eines Dinges, gemäß der Aussage: "everything is an object".

Objekte sind in Nexpert Object nach folgender Struktur aufgebaut:

```
Objekt = {Name, Klasse, Subobjekte, Eigenschaften, Metaabteile}
```

Jedes Objekt hat zur Kennzeichnung einen Namen. Objekte können zu Klassen zusammengefaßt werden, wenn sie gemeinsame Eigenschaften haben. Diese können dann einfach für die Klasse definiert und durch einen Vererbungsmechanismus an die Objekte weitergegeben werden. Weiterhin können die Eigenschaften eines Objektes auch explizit spezifiziert werden. Das "Verhalten" der Eigenschaften, z.B. das Verfahren zur Ermittlung des Wertes, wird in den Metaabteilen beschrieben.

Ein Objekt kann auch aus einzelnen Teilobjekten bestehen, diese werden im Sprachgebrauch von Nexpert Object als Subobjekte bezeichnet. Die Ausbildung von Klassen erlaubt die hierarchische Strukturierung der Objekte.

Das Setzen von aktuellen Werten der Objekteigenschaften kann in Nexpert Object auf vielfältige Weise geschehen. Die Art und Weise, wie der Wert zu ermitteln ist, kann explizit in einer tabellenförmigen Aufzählung möglicher Quellen erfolgen ("order of sources"). Mit Hilfe dieses Mechanismus ist die Ausbildung komplexer Kommunikationsstrukturen zwischen Objekten, Klassen und externen Routinen möglich.

Ein Wert kann z.B. durch Vererbung zugewiesen werden. Er kann auch durch eine Anfrage an den Benutzer ermittelt werden oder durch die Aktivierung eines externen Programms. Auch der Zugriff auf eine Datenbank ist möglich.

Die Verarbeitung eines Wertes kann weitere Aktionen auslösen. Jedem Wert sind sogenannte "if change"-Abteile zugeordnet. Damit können beliebige Aktionen spezifiziert werden, z.B. die Modifikation des Inferenzprozesses oder die Generierung neuer Objekte.

Objekte können in Nexpert Object während des Inferenzlaufes dynamisch erzeugt und wieder gelöscht werden. Die Erzeugung von Objekten ist auch durch Regeln möglich. Damit ist eine enge wechselseitige Kopplung des Bereichs Wissensdarstellung und Wissensverarbeitung und des Bereichs Repräsentation gegeben.

12.3 Integration von Nexpert Object in Rechnerprogramme

In diesem Abschnitt wird die Integration von Nexpert Object in Rechnerprogramme vorgestellt.

Für die Integration von Nexpert Object in Rechnerprogramme ist die Kopplung mit den Rechnerprogrammen erforderlich. Hierfür gibt es zwei Varianten:

- Aufruf einer Kommandoprozedur
- Aufruf einer Routine

Im ersten Fall kann die Kommandoprozedur Funktionen des Rechnerbetriebssystems aktivieren, z.B. ein Programm starten. Im zweiten Fall kann sowohl Nexpert Object Routinen des Rechnerprogramms als auch das Rechnerprogramm Routinen von Nexpert Object aufrufen.

12.3.1 Aufruf einer Kommandoprozedur

Beim Aufruf einer Kommandoprozedur durch eine Regel von Nexpert Object werden Funktionen des Rechnerbetriebssystems aktiviert. Das nachfolgende Beispiel soll dies verdeutlichen:

Regel testextcalls:

```
RULE:  Rule testextcalls (#3)
If   action is "docall"
Then calling is confirmed.
And  Execute "@hugo"(@TYPE=EXE;@WAIT=TRUE;)
```

Kommandoprozedur Hugo.com:

```
$ run prgm1
```

Programm prgm1.for:

```
program prgm1
write (*,*) 'Start von Programm prgm1 '
```

```
write (*,*) 'Wert fuer Var1 = ? '
read  (*,*)  Var1
write (*,*) 'Dies ist der Wert fuer Var1: ',Var1
stop
end
```

Die Regel "testextcalls" wird gefeuert, wenn die String-Variable "action" gleich "docall" ist. Dies setzt den Wert der Hypothese "calling" als wahr und löst die Aktivierung der Kommandoprozedur "hugo" aus [3]. Diese wiederum aktiviert das eigenständige Programm "prgm1". Nach Beendigung von "prgm1" wird die Kontrolle wieder an Nexpert Object gegeben.

Mittels des Aufrufs von Kommandoprozeduren wird also die direkte Kopplung beider Programme vermieden. Dies ist von Vorteil, wenn nur das ausführbare Programm vorhanden ist. Der Datenaustausch kann über einen File-Mechanismus erfolgen. Nachteilig ist diese Art der Kopplung in Fällen, in denen große Datenmengen ausgetauscht werden müssen. Hier ist ein Filetransfer zu langsam.

12.3.2 Aufruf einer Routine

Das sog. Nexpert Object Callable Interface (NOCI) erlaubt die Integration der Funktionalität von Nexpert Object in Rechnerprogramme. Dieses Interface stellt eine Sammlung von speziellen Unterprogrammen dar, welche einfach von einem Rechnerprogramm aus aufgerufen werden können. Es ermöglicht ferner den umgekehrten Weg, den Aufruf von Routinen des Rechnerprogramms durch Nexpert Object.

Der direkte Aufruf einer Routine erfordert ein gemeinsames Programm, in dem Nexpert Object mit Hilfe des Nexpert Object Callable Interface gestartet und die verwendeten Routinen in Nexpert Object eingebunden werden.

Diese Art der Kopplung ermöglicht einen direkten Datenaustausch und den vollen Zugriff auf die Möglichkeiten von Nexpert Object.

Das nachfolgende Beispiel (entnommen aus [91] und gekürzt) verdeutlicht die direkte Kopplung:

```
PROGRAM HELLO6

INCLUDE 'NXP$LIBRARY:NXPVMSDEF.FOR'
EXTERNAL HELLO

INTEGER*4 TESTKB
INTEGER*4 TESTHYPO
INTEGER*4 RETVAL
```

[3] Für den realen Betrieb ist noch das Umsetzen der Eingabekanäle erforderlich. Dies geschieht z.B. in VMS mit dem Kommando "define sys$input sys$command".

```
      CALL NXP$CONTROL(NXP$_CTRL_INIT)
C     * set handlers *
      CALL NXP$SETHANDLER(NXP$_PROC_EXECUTE, HELLO, 'Hello')
C     * load knowledge base *
      RETVAL = NXP$LOADKB('hello6.tkb',TESTKB)
C     * set hypothesis *
      RETVAL = NXP$GETATOMID('test_hello', TESTHYPO,
     *                        NXP$_ATYPE_SLOT)
      RETVAL = NXP$SUGGEST(TESTHYPO, NXP$_SPRIO_SUG)
C     * Starting session *
      CALL NXP$CONTROL(NXP$_CTRL_KNOWCESS)
      END

C     ************************************
C     HELLO - Displays a message
C     ************************************

      INTEGER*4 FUNCTION HELLO()
      INCLUDE 'NXP$LIBRARY:NXPVMSDEF.FOR'

      PRINT 10
10    FORMAT (' hello world!')
      HELLO = 1
      END
```

Das Programm "HELLO6" stellt ein Rechnerprogramm dar, welches Nexpert Object aktiviert und den Inferenzprozeß startet. Es handelt sich hier um ein Programm, welches in der Programmiersprache Fortran geschrieben ist.

Die Routine NXP$CONTROL initialisiert Nexpert Object. Mit Hilfe der Routine NXP$SETHANDLER wird die Routine "Hello" als Routine, die in Nexpert Object aufgerufen wird, deklariert. Mit Hilfe von NXP$LOADKB wird die Wissensbasis "hello6.tkb" geladen, mit NXP$GETATOMID und NXP$SUGGEST wird die Hypothese "test_hello" als Ziel des Inferenzprozesses gesetzt. Die Inferenzmaschine wird dann durch NXP$CONTROL mit dem zugehörigen Argument NXP$_CTRL_KNOWCESS gestartet.

Die Wissensbasis enthält eine einzige Regel, welche die Routine "Hello" aktiviert:

Regel R1:

```
RULE:  Rule R1
If    Execute "hello"
Then test_hello is confirmed.
```

Der Inferenzprozeß sucht nun nach einer Regel, welche die Hypothese "test_hello" enthält. Dies ist Regel 1. Um die Hypothese zu bestätigen, wird die linke Seite der Regel aktiviert. Damit wird die Routine "Hello" gestartet. Damit ist nun ein konventionelles Rechnerprogramm gestartet worden. Nach der Abarbeitung von "Hello" wird die Kontrolle wieder an Nexpert Object gegeben und hier sofort der Inferenzprozeß gestoppt, da in diesem Fall nun der Wert der Hypothese ermittelt wurde. Dieses Beispiel zeigt gleichzeitig, wie einfach Werte zu übertragen sind.

In komplexeren Fällen kann mit diesem Mechanismus ein ständiges Wechselspiel zwischen dem Inferenzprozeß und den externen Routinen gesteuert werden. Wie man an diesem Beispiel sieht, ist mit Hilfe des Nexpert Object Callable Interface die Einbindung eines Expertensystems einfach möglich, selbst in so KI-ferne Sprachen wie Fortran.

Der Aufruf von Routinen von einem Rechnerprogramm aus dient im wesentlichen zur gezielten Ablaufsteuerung von Nexpert Object.

Das Nexpert Object Callable Interface (NOCI) erlaubt somit die Integration der Nexpert Object-Funktionalität in existierende Programme. Typische Anwendungsbereiche des Nexpert Object Callable Interface sind :

- Herstellung von Kommunikationsmöglichkeiten mit anderen Prozessen. Nexpert Object kann diese auslösen, wenn bestimmte Schlußfolgerungen erreicht sind oder externe Programme in Nexpert Object eingreifen.
- Anpassung der Nexpert Object Interface-Routinen. Hiermit können die Interface-Mechanismen der Zielapplikation und die Strukturen der dortigen Benutzeroberfläche verwendet werden.
- Erweiterung der Verarbeitungskapazitäten, z.B. Integration in existierende Pakete zu numerischen Berechnungen oder Aufruf von Spezialroutinen.
- Ankopplung von Datenbanken.
- Versteckte Einbettung eines Expertensystems in große Softwaresysteme.

Die offene Architektur des Nexpert Object Callable Interface erlaubt die flexible Nutzung in verschiedenen Bereichen. Hierzu gehören :

- Kontrolle von Nexpert Object durch ein externes Programm : Laden einer Wissensbasis, Start der Inferenzmaschine, Interrupt einer Sitzung ("session"), Fortführung einer Sitzung, Rücksetzen und Neustart der Inferenzmaschine.
- Zugriff auf den Arbeitsspeicher von Nexpert Object, Zugriff auf Hypothesen, Objekte, Klassen, Status und Wert von Variablen und Zugriff auf Informationen über die Relationen zwischen Klassen, Objekten und Eigenschaften.

- Änderung des Inferenzprozesses, Vorgabe neuer Hypothesen, Änderung des Wertes von Variablen, Generierung neuer Objekte und Veränderung der Zuordnung zwischen Klassen und Objekten.
- Aufruf externer Prozeduren und Übergabe von Werten, Einbindung in den linken oder rechten Teil einer Regel.
- Einbindung in die Metaslots, Definition generischer Routinen auf Klassenniveau, Weitervererbung an Subklassen oder Objekte.

Mit Hilfe dieser Kopplungsmechanismen steht die volle Funktionalität eines Expertensystems in einem konventionellen Programmsystem zur Verfügung. Die vorgestellten Fähigkeiten von Nexpert Object sowie das leistungsfähige Interface machen Nexpert Object zu einem gut geeigneten Entwicklungswerkzeug für ein wissensbasiertes System zur Robotersimulation.

Kapitel 13

Wissensbasiertes Modell

Für den Aufbau eines wissensbasierten Robotersimulationssystems sind zwei Problembereiche zu lösen:

- Aufbau eines geeigneten wissensbasierten Modells, in das sich Daten der Roboterzelle abbilden lassen und das als Grundlage der wissensbasierten Verfahren dient
- Aufbau von Wissensbasen, die Wissen über Prozesse und Abläufe enthalten

Die ROBCEL zugrundeliegende Datenstruktur bei der Modellierung von Roboterzellen ist die eines geometrisches Modells. Um wissensbasierte Ansätze realisieren zu können, ist dieses Modell um Wissensrepräsentationsformen in Form eines wissensbasierten Modells zu ergänzen.

Das hier gewählte Konzept besteht darin, aus dem geometrischen Datensatz diejenigen Daten zu extrahieren, die für wissensbasierte Ansätze notwendig und geeignet sind.

In diesem Kapitel werden zunächst Probleme diskutiert, die bei der Verbindung numerischer und wissensbasierter Modelle auftreten können. Dann wird gezeigt, welche Repräsentationsform für ein wissensbasiertes Modell einer Roboterzelle geeignet ist und wie ein solches aufgebaut werden kann.

13.1 Verbindung geometrischer und wissensbasierter Modelle

Bei der Verbindung von geometrischen und wissensbasierten Modellen sind die verschiedenen Arten der Datenhaltung zu beachten. Geometrische Modelle werden in konventionellen Programmen verwendet. Hier werden Datenbanktechniken und File-Mechanismen angewandt, um Modelldaten bereitzustellen und zu verwalten. Die Daten sind also auf Massenspeichern abgelegt. Bei wissensbasierten Systemen müssen alle Modelldaten im Kernspeicher des Rechners zur Verfügung stehen. Probleme die bei der Kombination beider Bereiche bei einer Modellerstellung zu lösen sind, liegen in der Verwaltung der Modelldaten, dem Problem der Strukturierung der Modelldaten, der Redundanz der Modelldaten und ihrer Konsistenz.

13.2 Alternativen im Aufbau eines wissensbasierten Modells

Der Aufbau eines wissensbasierten Modells, das in einem Expertensystem verwendet werden soll, kann durch verschiedene Verfahren geschehen. In der Expertensystemshell Nexpert Object kann der Modellaufbau durch zwei Verfahren geschehen, die auch gemeinsam verwendet werden können:

- expliziter, manueller Entwurf
- impliziter, automatischer Entwurf

13.2.1 Expliziter Entwurf

Expliziter Entwurf bedeutet, daß für eine Roboterzelle ein geeignetes wissensbasiertes Modell entworfen, dieses mit Hilfe der Nexpert Object-Editoren implementiert und das Modell in einer Wissensbasis gespeichert wird. Diese Vorgehensweise hat den Vorteil, daß das Modell problemorientiert aufgebaut werden kann. Als nachteilig ist anzuführen, daß das Modell so allgemein und universell sein muß, daß es alle Zelltypen beherrschen kann. Ebenso wird bei kleineren Zellen mit wenigen Komponenten nur ein geringer Teil des Modells tatsächlich benutzt.

Beim expliziten Entwurf können aber gezielt alle Möglichkeiten der Erzeugung neuer Objekte und der Wertzuweisung genutzt werden. Der Wert eines Abteils eines Objektes kann auf folgende Weise zugewiesen werden:

- Vorbesetzung durch einen gewählten Wert
- Zuweisung durch Vererbung
- Abruf aus einer Datenbank
- Aufruf einer externen Prozedur
- Anfrage an den Benutzer

Auch die Unterscheidung der Kategorien der Objektabteile kann in dem Entwurf gezielt genutzt werden. Für Abteile gibt es prinzipiell zwei verschiedene Kategorien:

- statische Werte
- dynamische Werte

Statische Werte entsprechen Werten, die sich während einer Simulation nicht ändern, z.B. die Masse einer Roboterachse. Dynamische Werte ändern sich dagegen, z.B. die aktuelle Achskoordinate einer Roboterachse.

13.2.2 Impliziter Entwurf

Das wissensbasierte Modell kann durch Nexpert Object auch selbständig aufgebaut werden. Dies wird bewirkt durch eine besondere Eigenschaft von Nexpert Object. Wird ein Objekt in einer Regel referenziert und ist dieses Objekt bisher nicht bekannt, so wird dieses Objekt dynamisch erzeugt. Mit Hilfe von Regeln können somit Objekte erzeugt werden. In dem hier vorliegenden Anwendungsfall überwiegen allerdings die Nachteile bei einem solchen Vorgehen:

- Die Effizienz des Modells ist von den Eigenschaften von Nexpert Object abhängig
- Auf die Struktur des Modells kann nur sehr schwierig Einfluß genommen werden
- Bei der Formulierung der Regeln müssen Modellierungsaspekte berücksichtigt werden
- Das Problem der Wertzuweisung für die Eigenschaften der Objekte ist bei der Formulierung der Regeln zu berücksichtigen

Der letzte Punkt ist bei umfangreichen Modellen besonders schwerwiegend. Nicht bekannte Werte werden während des Ablaufs von Nexpert Object erfragt, so daß der Benutzer u.U. ständig große Datenmengen eingeben muß. Die vielfältigen Möglichkeiten, einem Objekt einen Wert zuzuweisen, werden bei dieser Methode nicht genutzt.

Die Unterschiede in der Datenhaltung und die Existenz verschiedener Entwurfsverfahren müssen nun beim Aufbau eines wissensbasierten Modells berücksichtigt werden.

13.3 Modellerzeugung

In vielen Fällen wird ein geometrisches Modell mit Hilfe eines CAD-Systems gewonnen. Gini [47] zeigt die allgemeinen Nachteile von Modellen aus CAD-Systemen auf:

- sie enthalten keine Technologiedaten (z.B. Massenmittelpunkt eines Objektes)
- sie enthalten keine Handhabungsdaten (z.B. beste Greifposition)
- sie sind nicht für Roboterprogrammierung angepaßt
- sie enthalten keine Abstraktionsstufen
- sie enthalten zu wenig oder keine Informationen über geometrische Beziehungen der konstruierten Teile (dies verhindert später das sog. "geometric reasoning" bei intelligenten Robotersystemen)

Es ist somit nicht empfehlenswert, zur Robotersimulation benötigte Modelle nur mit einem CAD-System zu erstellen. Geeignete Modelle liefern dagegen die Modellierer von Robotersimulationssystemen. Bei den Modellen werden aber derzeit meist noch keine KI-Ansätze berücksichtigt. Will man diese unterstützen, so ist der Modellierer dafür entsprechend zu ergänzen.

13.4 Komponenten einer Roboterzelle

Kempf [73] zeigt, daß es drei wichtige Aspekte bei der Modellierung von Robotern in wissensbasierten Systemen gibt. Ein wissensbasiertes Modell sollte:

- vollständig und kanonisch sein,
- präzise sein und
- sich mit anderem Wissen integrieren lassen.

Die Forderung einer kanonischen Darstellung bedeutet, daß bei der Verwendung mehrerer Abstraktionsstufen für jede Stufe des Modells die gleiche Art der Repräsentation verwendet wird. Die Forderung, anderes Wissen integrieren zu können, ist wichtig, wenn Wissen über Prozesse und Abläufe zusammen mit dem Modell verwendet werden soll.

Eine Roboterzelle besteht aus realen Komponenten wie Robotern und Werkstücken. Bei ihrer Simulation werden weiterhin abstrakte Größen, z.B. Frames [1], verwendet und diese zum Teil bildlich dargestellt.

Eine Analyse der derzeit verfügbaren Repräsentationsformen zeigt, daß die realen Komponenten und die abstrakten Größen derzeit am besten durch ein objektorientiertes Modell repräsentiert werden können.

Der zweite Problembereich der wissensbasierten Modellierung, der Aufbau von Wissensbasen, die Wissen über Prozesse und Abläufe enthalten, kann mit Hilfe von Produktionsregeln kodiert und in strukturierten Wissensbasen niedergelegt werden.

Dieses Konzept sieht also eine hybride Datenstruktur in der Wissensbasis vor: die Roboterzelle wird mit Hilfe eines objektorientierten Modells nachgebildet und die Abläufe mit Hilfe von Produktionsregeln.

Dieses Konzept erfordert die Verfügbarkeit eines Expertensystems, welches es gestattet, ein solches hybrides Konzept zu realisieren. Mit Nexpert Object steht ein solches Expertensystem zur Verfügung.

Im folgenden wird nun gezeigt, wie ein wissensbasiertes Modell der Komponenten einer Roboterzelle erstellt werden kann. Die für die Modellierung zu lösende Aufgabe besteht darin, eine geeignete Struktur für ein objektorientiertes Modell zu finden. Dieses kann bei einem objektorientierten Ansatz mit Hilfe von Objekten, Subobjekten,

[1] In der Robotertechnik wird unter Frame eine Transformation in homogenen Koordinaten verstanden [97,138].

Klassen und Subklassen gebildet werden. Es stellt sich die Frage, welche Struktur geeignet ist und wie zugehörige Daten eingebracht werden können. Die Beziehungen der Objekte, der Subobjekte, der Klassen und Subklassen untereinander wird im folgenden als Relation bezeichnet.

In einem objektorientierten Expertensystemen können derzeit drei Relationstypen unterschieden werden:

- Klassen-Subklassen Relation
- Klassen-Objekt Relation
- Objekt-Subobjekt Relation

Die Klassen-Subklassen Relation ergibt bei der Erzeugung einer Subklasse eine Spezialisierungs-Relation, bei der Erzeugung einer Klasse eine Generalisierungs-Relation.

Die Klassen-Objekt Relation ergibt bei der Erzeugung eines Objektes eine Erzeugungs-Relation, bei der Erzeugung einer Klasse eine Klassifizierungs-Relation.

Die Objekt-Subobjekt Relation ergibt bei der Erzeugung eines Subobjektes eine Dekompositions-Relation, bei der Erzeugung eines Objekts eine Kompositions-Relation.

Es stellt sich die Frage, welche Relationen geeignet sind. Um eine Antwort zu finden, ist es sinnvoll, die einzelnen Komponenten einer Roboterzelle nach strukturellen Gesichtspunkten zu analysieren. Es zeigt sich, daß sich die Komponenten einer Roboterzelle in einzelne Komponententypen untergliedern lassen:

- Komponententyp 1: Aufbau aus komplexen Unter-Komponenten; diese haben wenige oder keine Eigenschaften gemeinsam (z.B. kompliziertes Werkstück, Robotersteuerung)
- Komponententyp 2: Aufbau aus komplexen Unter-Komponenten; diese sind strukturell ähnlich (z.B. Roboter mit seinen Achsen, diese haben gleiche Eigenschaften)
- Komponententyp 3: keine Unter-Komponenten, einfache Struktur, Anzahl gering (z.B. Werkstückträger, Sicherheitszaun)
- Komponententyp 4: keine Unter-Komponenten, einfache Struktur, Anzahl groß (z.B. Komponenten bei einer Massenfertigung: Bolzen, Schraube)

13.5 Klassenorientiertes Modell

Wie die Analyse der Komponenten einer Roboterzelle zeigt, gibt es mehrere Komponententypen in einer Roboterzelle. Weiterhin muß beachtet werden, daß eine hierarchische Struktur aufzubauen ist, um gegenseitige Abhängigkeiten der Zellkomponenten berücksichtigen zu können.

Die Nachbildung der einzelnen Komponententypen kann durch die Schaffung zugehöriger Klassen erfolgen. Jeweils vorhandene Komponenten können dann als Objekte dieser Klassen aufgefaßt werden.

Ein wissensbasiertes Modell einer Roboterzelle kann durch die Bildung folgender Klassen aufgebaut werden:

```
Modell
Roboter
Roboterachse
Robotersteuerung
Greifer
Werkzeug
Sensor
Handhabungsobjekt
```

Für die einzelnen Klassen müssen nun die sie charakterisierenden Eigenschaften ermittelt und den Klassen zugewiesen werden. Die Eigenschaften können dann vollständig oder nur teilweise an die Objekte der Klassen vererbt werden. Die Eigenschaften der Klassen sind bei dem hier vorgestellten Prototyp eines wissensbasierten Modells einer Roboterzelle ausschließlich an der Verwendung des Modells zur Lösung von Programmieraufgaben orientiert. Die einzelnen Klassen werden nun im folgenden näher beschreiben.

13.6 Klasse Modell

Die Klasse Modell enthält allgemeine Daten eines Simulationsmodells. Diese werden benutzt, um die Art des Modells festzulegen und Überprüfungen zu ermöglichen.

Als charakteristische Daten eines Modells werden spezifiziert:

```
Modellname
Modelltyp
Anzahl der Roboter
Anzahl der Greifer
Anzahl der Werkzeuge
Anzahl der Handhabungsobjekte
Anzahl der Sensoren
Anzahl der kinematisch aktiven Mechanismen
Anzahl der funktionellen Segmente
```

Das Datum Modelltyp gibt eine intern verwendete Kodierung wieder. Diese erlaubt die Unterscheidung der einzelnen, im vorherigen Kapitel vorgestellten, Modelle und gibt damit an, welchen Grad an Tiefe ein Modell besitzt. Bild 13.1 zeigt die Visualisierung dieser Datenstruktur. Aus technischen Gründen sind in diesem Bild alle Wörter mit Unterlängen verbunden. Hier und in entsprechenden Bildern sind die Namen der Eigenschaften alphabetisch aufgeführt, da sie durch Nexpert Object automatisch so angeordnet werden.

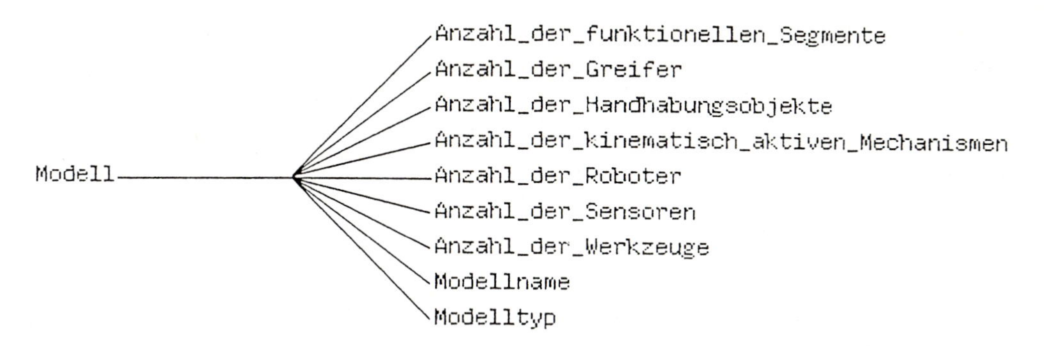

Bild 13.1: Visualisierte Datenstruktur der Klasse Modell

13.7 Klasse Roboter

Ein Roboter ist dem Komponententyp 2 zuzuordnen, da er aus einzelnen Roboterachsen besteht, die alle strukturell ähnlich sind, im Sinne der Modellierung und der Art der Parameter. Es ist deshalb sinnvoll, sowohl für Roboter als auch für Roboterachsen eine eigene Klasse zu erzeugen. Die Klasse Roboterachse enthält alle Daten einer Roboterachse. Ein Roboter, der im allgemeinen aus mehreren Achsen besteht, kann dann die Eigenschaften seiner Roboterachsen einfach durch Vererbung erhalten. Diese Aufteilung ist effizienter als die Beschreibung der Roboterachsen innerhalb der Klasse Roboter.

Für die Klasse Roboter werden die folgenden Eigenschaften festgelegt, sie geben technische und sonstige Daten eines Roboters wieder:

```
Bezeichnung
Roboterklassifizierung (ID-Nummer)
Aktuelle Steuerung
Tragkraft
Wiederholgenauigkeit
Bewegungsinkrement
Maximale Lineargeschwindigkeit
Gesamtgewicht der Mechanik
Zulaessige Umgebungstemperatur
Anzahl der Achsen
Anzahl der Freiheitsgrade
Elektrischer Anschlußwert
Einbaulage
Weg-Meß-System
TCP-Position
Greiferstatus
Greifertyp
```

Die Roboterklassifizierung (ID-Nummer) ist eine intern verwendete Kodierung. Sie dient zur Auswahl roboterspezifischer Algorithmen. Die Eigenschaft aktuelle Steuerung erlaubt die Angabe der aktuell an einem Roboter verwendeten Steuerung. Dies ist für Untersuchungen interessant, bei denen ein Roboter mit mehreren Steuerungen betrieben werden kann und für die Aufgabenstellung die erforderliche Steuerung ermittelt werden soll. Der elektrische Anschlußwert gibt kodiert die erforderliche Spannung und die Anschlußleistung an. Diese Informationen sind insbesondere während des Entwurfs der Roboterzelle von Bedeutung. Die Eigenschaft Weg-Meß-System gibt kodiert an, welcher Typ von Achsgeber eingebaut ist und welche Auflösung dieser besitzt. Greiferstatus gibt an, ob sich ein Greifer am Roboter befindet.

13.8 Klasse Roboterachse

Roboterachsen sind dem Komponententyp 1 zuzuordnen. Sie besitzen komplexe Unter-Komponenten wie interne Sensoren, Motoren und Getriebe. Hier wird eine Roboterachse aber nur aus der Sicht der kinematischen Modellierung betrachtet und ihr werden als Eigenschaften zugewiesen:

```
Minimaler Achsbereich
Maximaler Achsbereich
Maximale Achsgeschwindigkeit
Maximale Achsbeschleunigung
Achstyp
Achsmasse
Denavit-Hartenberg-Parameter
Achsvariable
Achsoffset
Maximale Kraft/Moment
Aktuelle Kraft/Moment
```

Achstyp gibt an, welche Art der Bewegung eine Achse ausführen kann, z.B. eine translatorische oder eine rotatorische Bewegung. Ein Achsoffset wird benutzt, wenn der Roboter in einer anderen, als der durch die Denavit-Hartenberg-Parameter vorgegebenen, Nullstellung verwendet wird. Die Nullstellung ist die Stellung des Roboters, bei der alle Achsvariablen Null sind. Die Eigenschaft maximale Kraft/Moment gibt an, welche Kraft bzw. welches Moment eine Roboterachse maximal aufbringen kann, die Eigenschaft aktuelle Kraft/Moment gibt den aktuellen Wert an.

13.9 Klasse Robotersteuerung

Eine Robotersteuerung kann dem Komponententyp 1 zugeordnet werden, da sie aus verschiedenen und komplexen Komponenten aufgebaut ist. Die hier aufgeführten Eigenschaften beschreiben typische Eigenschaften einer Robotersteuerung:

```
Bezeichnung
Steuerungsklassifizierung (Steuerungs-ID)
```

```
Gewicht
Kabellänge zum Roboter
Anzahl analoger Ein/Ausgänge
Anzahl digitaler Ein/Ausgänge
Anzahl definierbarer TCP
Programmkapazität
Bewegungsbefehle
Art der Rechnerschnittstelle
Art des Kommunikationsprotokolls
Programmierart
Programmiergerät
Typ der Dialogsprache
```

Steuerungsklassifizierung (Steuerungs-ID) ist eine intern verwendete Kodierung für die einzelnen Steuerungen. Die Eigenschaft Anzahl definierbarer TCP gibt an, wieviele verschiedene Tool-Center-Punkte(TCP) in der Steuerung gespeichert werden können. Der Tool-Center-Punkt ist der Ursprung des im Effektor definierten Koordinatensystems.

13.10 Klasse Greifer

Greifer werden dem Komponententyp 1 zugeordnet, aber es werden hier keine weiteren Unter-Komponenten betrachtet. Es ist denkbar, als Eigenschaften auch noch mögliche Tätigkeiten anzuführen, die mit einem Greifer ausgeführt werden können. Die unten aufgeführte Klassifizierung dient nicht diesem Zweck, sie wird verwendet, um den Greifer in einer Zelle einfach identifizieren zu können.

Als Eigenschaften von Greifern werden definiert:

```
Bezeichnung
Klassifizierung (Greifer-ID)
Gewicht
Greiferstatus
Objektpositionen
```

Klassifizierung (Greifer-ID) ist eine intern verwendete Kodierung, um einzelne Greifer unterscheiden zu können. Greiferstatus gibt an, in welchem Betriebszustand sich der Greifer befindet.

13.11 Klasse Werkzeug

Werkzeuge werden ebenfalls dem Komponententyp 1 zugeordnet und auch hier werden keine weiteren Unter-Komponenten betrachtet. Es ist auch hier denkbar, als Eigenschaften auch noch mögliche Tätigkeiten anzuführen, die mit einem Werkzeug ausgeführt werden können. Die unten aufgeführte Klassifizierung dient nicht diesem Zweck, sie wird wiederum verwendet, um Werkzeuge in einer Zelle einfach identifizieren zu können.

Als Eigenschaften von Werkzeugen werden definiert:

```
Bezeichnung
Klassifizierung (Werkzeug-ID)
Gewicht
Werkzeugstatus
Objektpositionen
```

Klassifizierung (Werkzeug-ID) ist eine intern verwendete Kodierung, um einzelne Werkzeuge unterscheiden zu können. Werkzeugstatus gibt an, in welchem Betriebszustand sich das Werkzeug befindet.

13.12 Klasse Sensor

Sensoren können verschiedenen Komponententypen zugeordnet werden. Komponententyp 3 erfaßt einfache Sensoren, z.B. Schalter. Komponententyp 1 erfaßt dagegen komplexe Sensoren, z.B. Bildverarbeitungssysteme. Bei den hier aufgeführten Eigenschaften für Sensoren sind nur solche Eigenschaften angegeben, die für die Lösung von Programmieraufgaben ohne Simulation der Sensorfunktion erforderlich sind.

Für Sensoren werden folgende Eigenschaften spezifiziert:

```
Bezeichnung
Klassifizierung (Sensor-ID)
Gewicht
Sensorstatus
Montageort
```

Klassifizierung (Sensor-ID) ermöglicht eine Kodierung von verschiedenen Sensoren. Sensorstatus gibt den Betriebszustand des Sensors wieder.

Die Simulation von Sensorfunktionen erfordert einen sehr viel umfangreicheren Datensatz, in den auch die Art der Daten einfließen kann, die ein Sensor erfassen kann, ebenso Angaben über die Bedienung, Programmierung und Art der Schnittstelle.

13.13 Klasse Handhabungsobjekt

Bei einem Handhabungsobjekt ist die Angabe eines Komponententyps nur anwendungsbezogen möglich. Für Handhabungsobjekte ist eine Klassifizierung nach den Typen 3 oder 4 möglich.

Als Eigenschaften eines Handhabungsobjektes werden festgelegt:

```
Bezeichnung
Handhabungsobjekt-Klassifizierung (Handhabungsobjekt-ID)
Gewicht
Anzahl der Objektpositionen
Objektpositionen
Handhabungsvorgaben
```

Handhabungsobjekt-Klassifizierung (Handhabungsobjekt-ID) ist eine Kodierung der einzelnen Handhabungsobjekte. Wichtig bei einem Handhabungsobjekt sind Informationen über Objektpositionen und Handhabungsvorgaben. Die hier aufgeführten Daten sind als Zeiger zu verstehen, die auf entsprechende Datenstrukturen im geometrischen Datensatz zeigen. Mit ihrer Hilfe können z.B. geeignete Greifpositionen für das Handhabungsobjekt ermittelt werden.

Handhabungsvorgaben beschreiben Beschränkungen, die für das Handhabungsobjekt beachtet werden müssen: Beibehaltung der Orientierung, maximal zulässige Greifkraft oder maximal zulässige Beschleunigung.

13.14 Beispiel

Um den Aufbau eines wissensbasierten Modells zu verdeutlichen, wird nachfolgend als Beispiel die in Bild 13.2 vorgestellte Zelle zur Montage eines Rotors betrachtet.

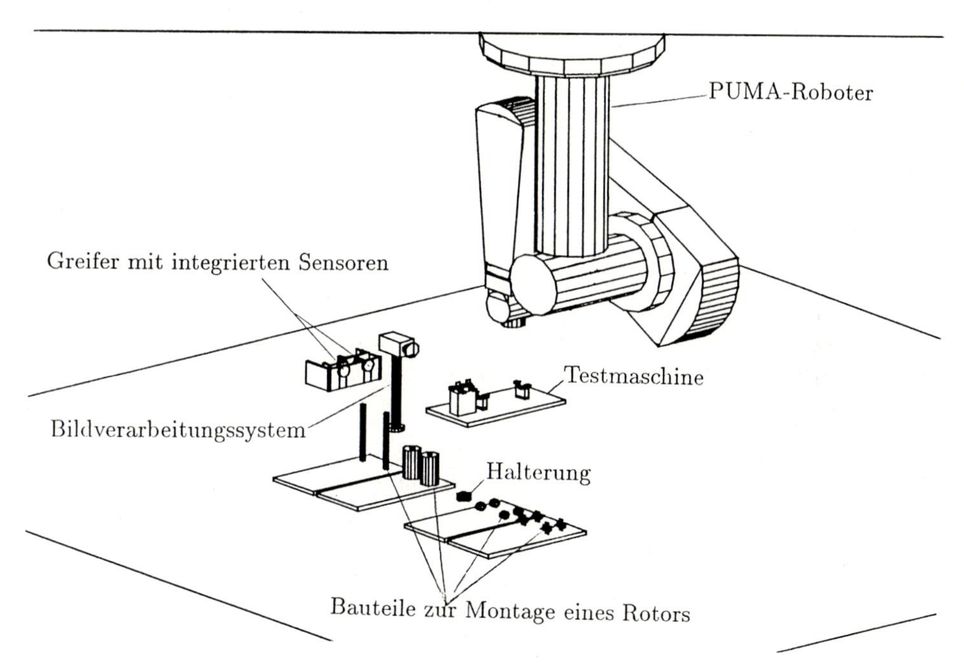

Bild 13.2: Komplexe Roboterzelle zu Montagestudien

Bei dem in diesem Kapitel beschriebenen Verfahren zum Aufbau eines wissensbasierten Modells werden zunächst die geometrischen Modelle erzeugt. Dies kann z.B. interaktiv mit Hilfe des Modellieres ROBCEL erfolgen. Danach erfolgt die automatische Generierung des wissensbasierten Modells anhand der vorhandenen Komponenten einer Roboterzelle und gemäß den entworfenen Klassen und ihrer Eigenschaften. Die einzelnen Objekte werden automatisch nach ihrer Klasse bzw. mit Hilfe einer Abkürzung benannt, und der indiviuelle Objektname wird durch Anhängen einer Zahl gebildet. Der erste Roboter einer Roboterzelle wird Roboter_1, der zweite Roboter_2, usf. genannt. Bei Roboterachsen wird sowohl die Nummer des Roboters als auch die Achsnummer angegeben. Die dritte Achse des ersten Roboters wird z.B. als R_1_Achse_3 bezeichnet.

Dieses Modell wird in den Kernspeicher des Rechners geladen und steht dann für weitere wissensbasierte Anwendungen mit Hilfe der Routinen des Nexpert Object Callable Interface zur Verfügung.

Die im folgenden gezeigten Bilder wurden mit Hilfe von Nexpert Object erzeugt. Hier können auf verschiedene Arten die vorhandenen Objekte und Klassen graphisch ausgegeben werden. Auf die graphische Anordnung hat der Benutzer von Nexpert Objekt keinen Einfluß. Es kann deshalb vorkommen, daß manche Linien sich kreuzen, obwohl dies nicht notwendig ist.

Die Zelle, die hier betrachtet wird, besteht aus einem Roboter, zwei Greifern, einer Robotersteuerung, acht Sensoren und zwölf Handhabungsobjekten. Bild 13.3 zeigt im Überblick das erstellte wissensbasierte Modell dieser Zelle. Die Klasse Greifer wurde durch zwei Objekte, Greifer_1 und Greifer_2, besetzt. Die Klasse Roboter wurde durch ein Objekt, den Roboter Roboter_1, besetzt. Dieser Roboter hat sechs Roboterachsen, die Klasse Roboterachse hat entsprechend sechs Objekte. Die Klasse Sensor wurde mit den Objekten Sensor_1 bis Sensor_8 besetzt, und die Klasse Handhabungsobjekt wurde mit zwölf Objekten besetzt.

Die Vererbung der Klasseneigenschaften an die einzelnen Objekte ist exemplarisch in Bild 13.4 dargestellt. Das Bild zeigt rechts neben dem Eintrag Handhabungsobjekt die zwölf Objekte dieser Klasse. Welcher Mechanismus der Vererbung gelten soll, kann vorgeben werden, diese Vorgaben werden durch die Anordnung graphisch dargestellt. Hier sind alle Eigenschaften der Klasse Handhabungsobjekt über den Objekten dargestellt. Dies bedeutet, daß alle Eigenschaften auch an die Objekte vererbt werden. Im rechten Teil des Bildes sind die einzelnen Eigenschaften der jeweiligen Objekte aufgeführt. Man sieht, daß diese den vollständigen Eigenschaften der Klasse entsprechen. Es findet also eine vollständige Vererbung der Klasseneigenschaften statt.

Als letzte Komponente dieser Zelle soll noch der Roboter betrachtet werden. Der aktuelle Typ, der als Objekt in der Klasse Roboter vorhanden ist, ist ein Roboter des Typs PUMA 560. Die zugehörigen Technologiedaten sind in Tabelle 13.1 angegeben. Weitere Daten kann man z.B. in [7] finden.

Bild 13.5 zeigt die Klasse Roboter. Sie ist besetzt durch ein Objekt, den Roboter Puma_560. Hier wurde der Name Roboter_1 durch Puma_560 ersetzt. Auch hier zeigt die Anordnung des Objektes und der Klasseneigenschaften, daß die Eigenschaf-

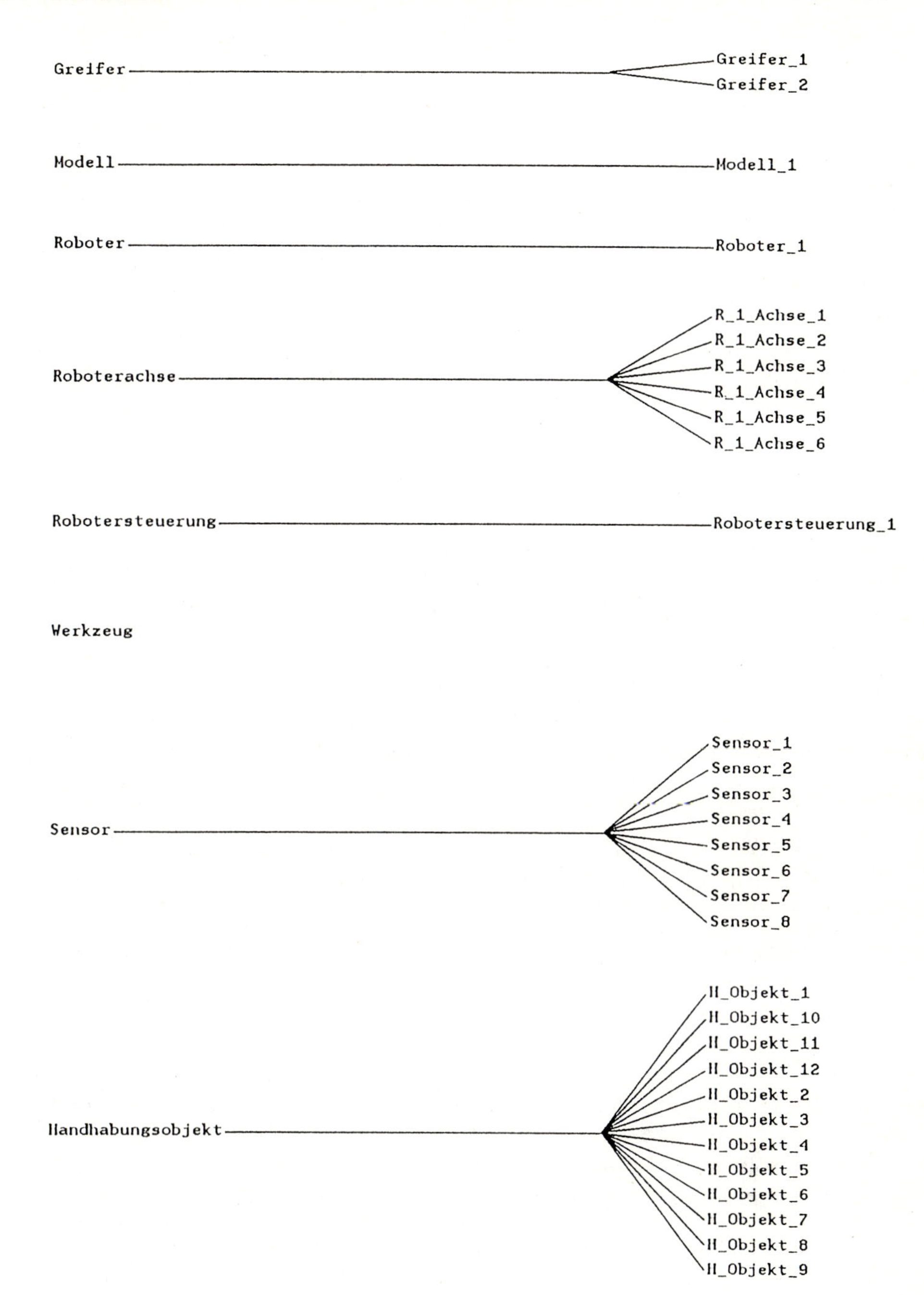

Bild 13.3: Wissensbasiertes Modell einer Roboterzelle

Bild 13.4: Vererbung der Klasseneigenschaften an die Objekte

Eigenschaft	Aktueller Wert
Bezeichnung	PUMA 560
ID-Nummer	33
Tragkraft	2.5 kg
Wiederholgenauigkeit	0.1 mm
Bewegungsinkrement	0.009 Grad
Maximale Lineargeschwindigkeit	500 mm/s
Gesamtgewicht der Mechanik	63.5 kg
Zugehörige Steuerung	MARK II
Zulässige Umgebungstemperatur	45 ^oC
Anzahl der Achsen	6
Anzahl der Freiheitsgrade	6
Elektrischer Anschlusswert	1.5 kVA
Einbaulage	senkrecht, über Kopf
Weg-Meß-System	Winkelgeber
TCP-Position	aktueller Wert
Greiferstatus	aktueller Wert
Greifertyp	aktueller Wert

Tabelle 13.1: Technische Daten eines Roboters PUMA 560

ten der Klasse vollständig weitervererbt werden. Dies wird in Bild 13.6 gezeigt. Der Roboter Puma_560 besitzt alle Eigenschaften der Klasse Roboter. Gemäß den technischen Daten sind den Eigenschaften des Objektes Puma_560 die zugehörigen Werte zugewiesen. Die Werte für Greiferstatus, Greifertyp und TCP-Position werden erst während des Betriebs des Roboters bekannt, sie sind deshalb hier auf "Unknown" gesetzt.

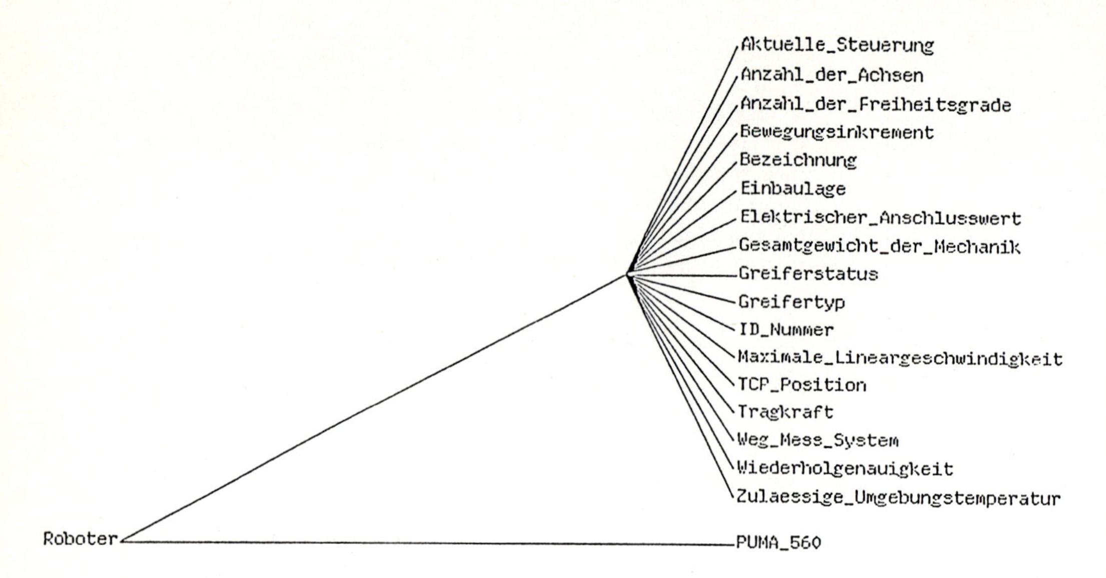

Bild 13.5: Klasse Roboter mit Objekt Puma_560

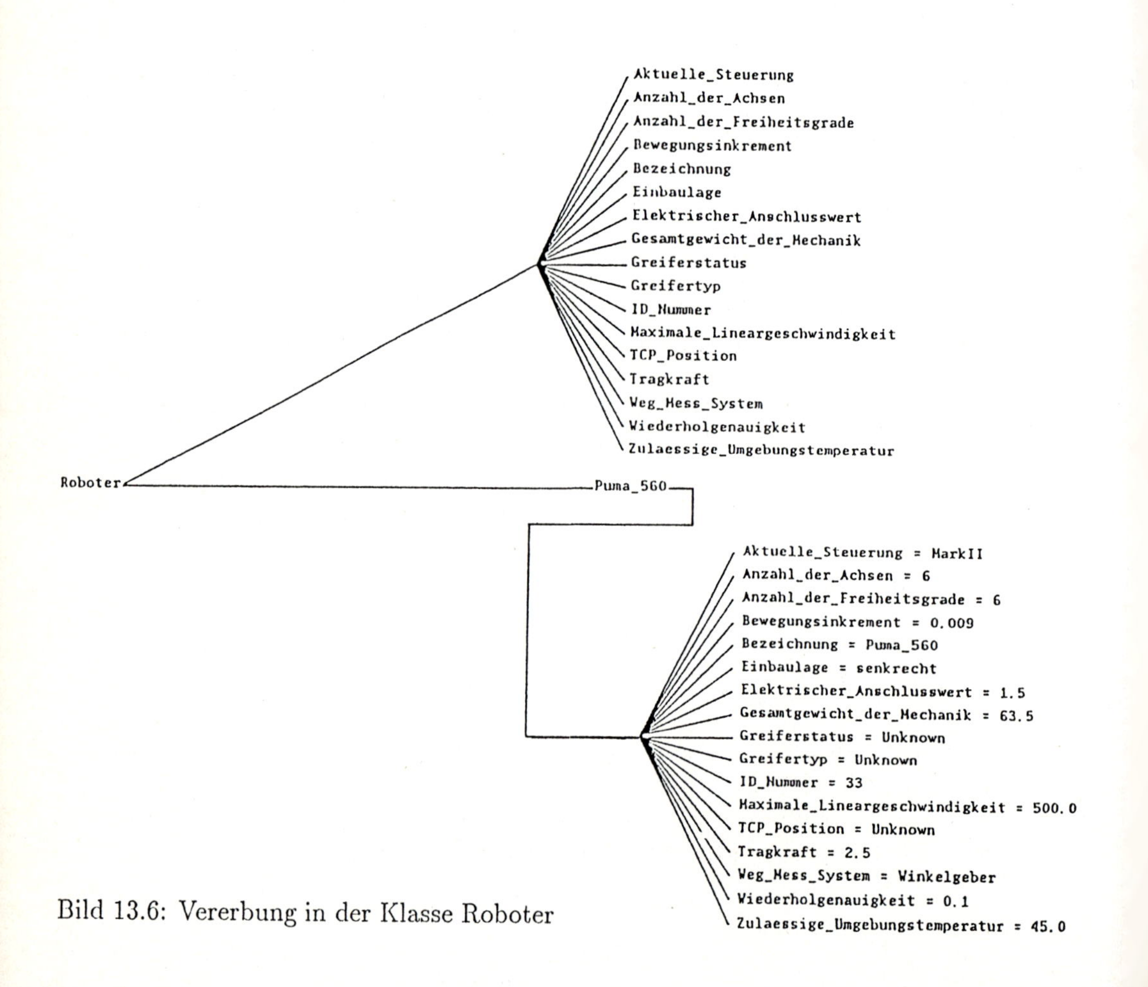

Bild 13.6: Vererbung in der Klasse Roboter

Kapitel 14

Skriptgesteuerte Programmierung

Bestehenden Programmiermethoden für Roboter, wie Vormachen, Anfahren von Stützpunkten und Verfahren der textuellen Programmierung, ist gemeinsam, daß die mit ihnen entwickelten Programme stets auf die Bewegungen der Roboter und die Aktionen der einzelnen Zellkomponenten bezogen sind. Dies wurde als Konzept der expliziten Programmierung vorgestellt. Ein Programm beschreibt nicht, *was* getan werden soll, sondern vielmehr alle Details der Bewegungsabläufe, also, *wie* etwas getan werden muß.

Ziel der Entwicklung von Programmiermethoden für Roboter sind Methoden zur impliziten Programmierung. Einen Ansatz bieten die für autonome mobile Roboter [102] entwickelten Planungsverfahren [17,78,79,83]. Sie benötigen eine Beschreibung, was getan werden soll, und generieren das Roboterprogramm selbständig. Jedoch ist heute noch keines der bestehenden Systeme in der Lage, in realen Umwelten und in vertretbaren Zeiten Programme zu erzeugen.

Der Einsatz wissensbasierter Modelle kann hier eine Abhilfe schaffen. In einem vorhergehenden Kapitel wird gezeigt, wie mit Hilfe des Konzepts des objektorientierten graphischen Einlernens die von einem Programmierer benötigte Zeit zur Vorgabe von Positionen drastisch reduziert werden kann. Der Programmierer muß bei dieser Art der Programmierung aber immer noch alle Einzelheiten des Programms selbst vorgeben.

In diesem Kapitel wird deshalb gezeigt, wie ein wissensbasiertes Modell um Wissen bezüglich Prozesse und Abläufe ergänzt werden kann und wie hiermit eine neuartige Form der Programmierung von Robotern geschaffen werden kann: die skriptgesteuerte Programmierung.

14.1 Repräsentation von Aktionsfolgen

Untersucht man Roboterprogramme für Montageaufgaben, so zeigt sich, daß in den Programmen stets gleiche Aktionsfolgen auftreten: Aufnehmen eines Effektors, Greifen eines Handhabungsobjektes, Bewegen eines Handhabungsobjektes bezüglich eines bestimmten Pfades und Montage von Handhabungsobjekten.

Die Erstellung eines Roboterprogramms kann deshalb stark vereinfacht werden, wenn ein Programmierer Zugriff auf solche Aktionsfolgen hat und diese nach einer Aktivierung automatisch in ein Programm umgesetzt werden. Um ein solches Programmierverfahren zu realisieren, ist es erforderlich, Aktionsfolgen geeignet zu beschreiben und sie in einer wissensbasierten Beschreibungsform zu kodieren.

Die Untersuchung geeigneter Beschreibungsformen zur Vorgabe von Aktionsfolgen, die im Rahmen dieser Arbeit durchgeführt wurde, ergab, daß die Technik der Skripten [32] hierfür geeignet ist.

Der Begriff Skript wurde aus der Terminologie der Filmbranche übernommen. Ein Skript kann definiert werden als eine Wissensstruktur, die eine stereotype Folge von Aktionen in einem speziellen Kontext beschreibt [32].

Skripten erlauben es in vorteilhafter Weise, kausale Ketten ereignisorientierter Vorgänge zu beschreiben. Ein Ereignis kann nach Dorn [32] als eine Zustandsänderung definiert werden, die zu einem definierten Zeitpunkt beginnt und eine gewisse Zeit dauert.

Ein Mensch kennt eine Vielzahl von Aktionen, die in ihrem Ablauf festgelegt sind und die nach einem Anstoß automatisch, wie durch ein Skript gesteuert, ablaufen. Nachdem eine Aktion bei einem Menschen durch das Bewußtsein aktiviert wurde, wendet sich die Aufmerksamkeit anderen Dingen zu, und die eingeleitete Aktion läuft selbständig ab. Erst im Fehlerfall wird das Bewußtsein wieder auf die Aktion gelenkt. Stimmen die beim Auslösen der Aktion erforderlichen Eingangsvoraussetzungen für die Aktivierung nicht, so kann dies zu unbeabsichtigten Fehlhandlungen führen.

Als Beispiel sei hier das Öffnen einer Tür angeführt. Nachdem die Aktion "öffne Tür" bewußt angestoßen ist, läuft bei den meisten Menschen der Rest der Aktion im Unterbewußtsein ab: Identifikation der Türklinke, Ergreifen der Türklinke, Öffnen der Tür, Tür aufdrücken, usw.

Wird die Tür von der Person häufig benutzt, so kennt die Person den wahrscheinlichen Zustand der Tür, d.h. ob sie meistens verschlossen ist oder nicht. Ist die Tür in den allermeisten Fällen unverschlossen, so wird eine Handlungssequenz gewählt, die das Öffnen von unverschlossenen Türen einleitet. Ist die Tür jedoch überraschenderweise verschlossen, so erfolgt mit hoher Wahrscheinlichkeit eine Kollision. Bis die Wahrnehmung "Tür ist unerwartet verschlossen" die Aufmerksamkeit des Bewußtseins auf sich gezogen hat, ist der Rest der Aktionsfolge meistens schon am Ablaufen: der Körper ist in Bewegung und kann kaum noch gebremst werden. Das Auftreten einer Kollision ist u.a. ein Beweis dafür, daß ein Skript automatisch abläuft und daß die Aktionsfolge des Skripts im Unterbewußtsein durchgeführt wird.

Die Verwendung von Aktionsfolgen, die im Unterbewußtsein ablaufen, hat für den Menschen den großen Vorteil, daß das Bewußtsein von Routinevorgängen entlastet wird.

Formal kann ein Skript durch einen Namen, durch Eintrittsbedingungen, Resultate, Requisiten und Rollen beschrieben werden. Eintrittsbedingungen ("entry conditions") geben alle Bedingungen vor, die erfüllt sein müssen, bevor die Aktionen des Skripts auszuführen sind. Sie beschreiben also den Zustand der Umwelt, der gegeben sein muß, damit das Skript anwendbar wird. Im Fall des Restaurants muß der Gast z.B. genügend Geld besitzen, um sein Essen bezahlen zu können.

Rollen ("rolls") stellen die Akteure dar, die an den Aktionen teilnehmen und die Requisiten ("probs") manipulieren.

14.2 Programmierung von Robotern

Nachfolgend wird ein Konzept zur Programmierung von Robotern entwickelt, welches auf dem Einsatz von Skripten beruht. Der Einsatz von Skripten bietet bei der Programmierung zwei wesentliche Vorteile:

- Routineaufgaben werden dem Programmierer abgenommen und stets vollständig und richtig durchgeführt
- Komplexe Aufgaben werden skriptbasiert in Unteraufgaben zerlegt, und der Benutzer wird anhand der Skripten geführt

Unter komplexen Aufgaben werden hier Programmieraufgaben verstanden, die einen großen Zeitaufwand bei der Programmierung erfordern, bei denen ein Roboter komplizierte Pfade abfahren muß, schwierige Manipulationen von Handhabungsobjekten stattfinden, Sensoren eingesetzt werden und mehrere Roboter verwendet werden.

Bei der Programmierung einer komplexen Aufgabe wird ein erfahrener Programmierer die Aufgabe in einzelne Unteraufgaben zerlegen, die einfach zu lösen sind. Bei jeder Unteraufgabe lassen sich wiederum einzelne Aktionen spezifizieren, die stets wiederkehren, z.B. die Bewegung des Roboters oder das Greifen eines Handhabungsobjektes.

Ein routinierter Programmierer wird die einzelnen Aktionen in einer ihm eigenen, seinem Expertenwissen entsprechenden, Art erledigen. Er wird dabei auch die Besonderheiten des Roboters oder anderer Zellkomponenten berücksichtigen.

Die Programmierung von Robotern kann stark vereinfacht werden, wenn man wiederkehrende Aktionen elementarer Art identifiziert und für sie Skripten entwickelt. Diese Art von Skripten werden im folgenden Elementarskripten genannt.

In die Elementarskripten kann nun das Wissen eines routinierten Programmierers eingebracht werden. Dieses steht dann jedem Benutzer des Systems zur Verfügung. Diese Art der Programmierung wird hier als skriptgesteuerte Programmierung bezeichnet.

Mit Hilfe der skriptgesteuerten Programmierung ist auch eine aufgabenbezogene, also eine implizite Programmierung möglich. Bei der impliziten Programmierung möchte ein Programmierer nur noch die durchzuführenden Tätigkeiten angeben. Eine solche aufgabenbezogene Programmierung kann erreicht werden, wenn man mit Hilfe der Elementarskripten aufgabenbezogene Skripten entwickelt. Diese werden, in Anlehung an den Begriff Metawissen, im folgenden als Metaskripten bezeichnet. Metaskripten stellen also Wissen über die Verwendung der elementaren Aktionen dar.

Der Einsatz von Skripten kann somit in einem hierarchischen Verbund gesehen werden. Die unterste Ebene bilden die Elementarskripten. Aus ihnen können wiederum Skripten gebildet werden, die eine höhere Abstraktionsstufe darstellen. Die Hierarchie kann soweit aufgebaut werden, bis Skripten erreicht werden, die aufgabenbezogene Kommandos ermöglichen.

Im folgenden soll der Einsatz von Skripten deshalb auf zwei Ebenen betrachtet werden:

- der Ebene der Elementarskripten
- der Ebene der Metaskripten

Ein Skript besteht eigentlich aus einer vorgegebenen Handlungsfolge. Diese ist bei Programmieraufgaben aber nicht immer einzuhalten. Das Konzept eines Skripts muß deshalb durch Eigenschaften ergänzt werden, welche die dynamische Anpassung an die jeweilige Situation erlauben.

Dies kann durch die Dynamisierung des Skripts erreicht werden. Hierbei wird der starre Ablauf des Skripts unterbrochen durch Phasen, in denen eine situationsbezogene Analyse stattfindet. Je nach Ergebnis der Analyse kann danach eine der Situation angepaßte Aktionen eingeleitet werden. Nachfolgend ist die Struktur eines dynamisierten Skripts aufgeführt:

```
Skript: <Name>


1. Hauptsequenz

1. Eingangsbedingungsteil
1. Sequenzteil
1. Fallunterscheidungsteil
1. Fallsequenz

  .
  .
  .

n. Hauptsequenz

n. Eingangsbedingungsteil
n. Sequenzteil
n. Fallunterscheidungsteil
n. Fallsequenz


Skriptende
```

Ein dynamisiertes Skript besteht aus einem Namen und aus einzelnen Hauptsequenzen. Diese repräsentieren die Hauptaktionen eines Skripts. Jede Hauptsequenz besteht aus vier Teilen: dem Eingangsbedingungsteil, dem Sequenzteil, dem Fallunterscheidungsteil und der Fallsequenz.

Im Eingangsbedingungsteil wird überprüft, ob, ausgehend von den aktuellen Zuständen bzw. der Wissenslage, der Sequenzteil durchlaufen werden kann. Ist dies nicht der Fall, werden Aktionen eingeleitet, welche die erforderlichen Voraussetzungen schaffen, oder die Ausführung des Skripts wird abgebrochen. Der Sequenzteil beinhaltet eine Handlungskette, die sequentiell durchlaufen wird. Sie löst Aktionen aus und bewirkt Zustandsänderungen in der Roboterzelle. Die Zustandsänderungen bewirken Aktualisierungen der Wissenslage. Tritt nun der Fall ein, daß eine Aktion nicht ausgeführt werden kann, wird der Fallunterscheidungsteil aktiviert. Dieser aktiviert einzelne Sequenzen. Diese führen zu einem Zustand, der es gestattet, die gewünschte oder eine alternative Aktion auszuführen.

Die Implementierung der skriptgesteuerten Programmierung kann im Rahmen eines Simulationssystems durch die Kombination der graphischen Darstellung der aktuellen Zellensituation und der menügesteuerten Aktivierung der Skripten erfolgen.

Die graphische Darstellung der aktuellen Zellensituation ermöglicht die Erfassung komplexer Zusammenhänge und visualisiert die Auswirkungen der durchgeführten Manipulationen mit und an den Handhabungsobjekten.

Die Implementierung eines Skripts erfordert ein Rechnerprogramm, mit dem sequentielle Programmteile durchlaufen werden können. Das Rechnerprogramm muß weiterhin fähig sein, Entscheidungen zu treffen. Ein solches Rechnerprogramm kann durch die Kombination konventioneller Programmiertechnik und durch den Einsatz eines Expertensystems geschaffen werden. Der konventionelle Programmteil dient zum Durchlaufen des sequentiellen Skriptteils, das Expertensystem dient zur Entscheidungsfindung.

Mit Hilfe von Hypothesen können Regeln für den Fallunterscheidungsteil eines Skripts formuliert werden, die dann mit Hilfe eines Inferenzalgorithmus verarbeitet werden können.

Bei einer solchen Verkopplung konventioneller Programmiertechnik mit einem Expertensystem ist es wichtig, Hypothesen setzen und wieder rücksetzen, die Inferenzmaschine steuern und den Durchlauf von Schleifen beherrschen zu können.

Mit Hilfe von Nexpert Object wurde ein solches Rechnerprogramm entworfen und implementiert. Damit wurde das Konzept der skriptgesteuerten Programmierung getestet. Der erstellte Prototyp [126] umfaßt eine Regelbasis mit 75 Regeln. Mit Hilfe dieses Prototyps konnte gezeigt werden, daß dieser Ansatz eine neuartige Form der Roboterprogrammierung ermöglicht. Um dieses Konzept industriell einsetzen zu können, muß allerdings die Regelbasis erweitert werden.

Für die Realisierung des Konzepts der skriptgesteuerten Programmierung ist es erforderlich, geeignete Hypothesen zu formulieren. Diese werden im folgenden jeweils anhand von typischen Fällen abgeleitet.

14.3 Elementare Aktionen

Nach Laugier [76] besteht die Aufgabe, einen Roboter für Montageprozesse zu programmieren, darin, zu spezifizieren, welche Aktionen der Roboter durchführen soll, welche Sensoren verwendet werden müssen und wie Aktionen und Sensordaten gemeinsam verwendet werden.

Er formuliert die Programmieraufgabe in allgemeiner Form: "Given a description of the initial and of the goal situations along with a complete model of the robot world, find a robot motion allowing to reach the goal situation without generating collision between the robot (the arm and the payload) and the objects belonging to the robot workspace; moreover, the generated solution must verify various constraints (contacts, accuracy, velocity, robustness ...) depending on the context of the motion to be executed."

Die Lösung einer solchen Programmieraufgabe im Rahmen eines globalen Ansatzes ist derzeit nicht möglich. Es existieren hierfür weder geeignete Algorithmen noch würden die derzeit notwendigen Rechenzeiten in vertretbaren Größenordnungen liegen.

Ein möglicher Weg ist deshalb die Aufteilung in Unteraufgaben und deren separate Lösung. Ein zusätzlicher Schritt ist die Identifikation stets wiederkehrender Aktionen, die dann nach den gleichen Prinzipien durchgeführt werden können. Nach Laugier lassen sich drei Elementaraktionen bei Montageaufgaben klassifizieren:

- Transferbewegungen ("transfer motions")
- Greifoperationen ("grasping operations")
- Feinbewegungen ("fine motions")

Für diese elementaren Aktionen sollen im folgenden Skripten entwickelt werden, die den Ablauf bei der Programmierung steuern.

Da der Begriff Transferbewegung den Transport von Handhabungsobjekten suggeriert, ein Roboter aber auch ohne gegriffenes Handhabungsobjekt verfahren werden kann, wird hier stattdessen der Begriff "Raumbewegung" verwendet.

Die vorgeschlagenen Elementaraktionen werden weiterhin um die Aktion Zellenanalyse ergänzt.

Somit ergeben sich bei der Programmierung von Montageaufgaben folgende elementare Aktionen, die hier weiter betrachtet werden sollen:

- Zellenanalyse
- Raumbewegung
- Feinbewegung
- Greifen und Loslassen

Die Aktion "Zellenanalyse" beinhaltet die Kontrolle des Modells der Roboterzelle auf Vollständigkeit und Funktionsfähigkeit. Dies ist wichtig, da es bei großen Zellen durchaus vorkommen kann, daß Teile der Zelle fehlen oder daß Daten des Simulationsmodells inkonsistent sind oder fehlen.

Diese Funktion erlaubt weiterhin auch die Analyse des Aufbaus einer Roboterzelle, z.B. ob für Handhabungsobjekte Greifpositionen spezifiziert und diese auch erreichbar sind.

Die Aktion "Raumbewegung" wird durchgeführt, wenn weite Strecken zurückgelegt werden müssen. Die Aktion "Feinbewegung" wird durchgeführt, wenn in räumlich beschränkten Gebieten Bewegungen ausgeführt werden müssen oder besondere Anforderungen an die Bahn gestellt werden.

Die Aktion "Greifen" bewirkt die gewollte Interaktion des Robotereffektors mit seiner Umwelt. Hierzu gehört natürlich auch die Aktion "Loslassen".

14.4 Zellenanalyse

Bevor ein Programmierer die eigentliche Programmieraufgabe durchführt, wird er die Roboterzelle inspizieren. Dies beinhaltet die Überprüfung, ob alle Komponenten vorhanden sind und richtig funktionieren.

Auch bei der Simulation kann es vorkommen, daß Teile der Zelle fehlen, wenn diese beim Aufbau der Zelle vergessen wurden. Ebenso ist es möglich, daß wichtige Daten der Zellkomponenten fehlen oder inkonsistent sind.

Deshalb wird die Aktion "Zellenanalyse" bei der Programmierung als erstes gestartet. Die Analyse erfolgt mehrstufig und anwendungsbezogen, da nicht in allen Fällen der vollständige Datensatz erforderlich ist. Für die Zellenanalyse ist das folgende Skript [1] entwickelt worden:

Skript ZELLENANALYSE

Eingangsbedingungsteil: DATENSATZ IST GELADEN

Sequenzteil:

- ÜBERPRÜFUNG DER ALLGEMEINEN TECHNOLOGIEDATEN
- ÜBERPRÜFUNG DER EINLERNDATEN
- ÜBERPRÜFUNG DER DYNAMIKDATEN
- ÜBERPRÜFUNG DER HANDHABUNGSOBJEKTDATEN

Fallunterscheidungsteil: FALL A)

FALL A): DATENSATZ UNVOLLSTÄNDIG, INKONSISTENT

[1] Im folgenden wird die Skriptstruktur in "sans serif"-Schrift geschrieben; der Inhalt des Skripts wird in Großbuchstaben und eingeschobene Erläuterungen, die eigentlich nicht zum Skript gehören, in normaler Schrift geschrieben.

- Aufzeigen der fehlenden oder inkonstistenten Daten

- Vorschlag zur Korrektur

Skriptende

Die Überprüfung der Daten umfaßt die für den jeweiligen Anwendungsbereich minimal notwendigen Daten, z.B. das Vorhandensein eines Roboters, eines Greifers oder eines Werkzeugs beim Einlernen.

Ist der Datensatz unvollständig oder inkonsistent, erhält der Bediener Hinweise, welche Daten fehlen oder welche Daten als inkonsistent erkannt wurden. Er erhält dann einen Vorschlag, welche Maßnahmen er zur Korrektur ergreifen kann.

14.5 Raumbewegung

Charakteristisch für Raumbewegungen ist das Zurücklegen von sehr großen Strecken. Bei Montageaufgaben [26,48,61,81,89,140] bewirkt eine Raumbewegung den schnellen Transport der Montageobjekte von Anfangspositionen zu Zielpositionen bzw. zu deren jeweiligen Annäherungspositionen. Dieser Typ von Bewegung wird meistens so programmiert, daß die Bewegung in Bereichen mit wenigen räumlichen Beschränkungen stattfindet. Dadurch sind Kollisionsbetrachtungen vereinfacht und schnell durchzuführen.

Es gibt zahlreiche Ansätze, derartige Bewegungen zu planen. Derzeitige Lösungsansätze lassen sich in zwei Kategorien einteilen:

- lokale Ansätze
- globale Ansätze

Lokale Ansätze verfolgen die Strategie der schrittweisen Vorplanung und Ausführung. Globale Ansätze nutzen intensiv ein Modell, welches die Positionsbeschränkungen der Umwelt wiedergibt, und planen die Bewegung vollständig vor.

Für die Analyse einer Raumbewegung wurden die folgenden Aspekte herausgearbeitet. Sie sind die Basis für die Ableitung geeigneter Hypothesen. Folgende Aspekte müssen berücksichtigt werden:

- Art der Bewegungsbahn
- Auftreten von Singularitäten
- Zielbeschränkungen
- Handhabungsrestriktionen
- Art der Greifer und Werkzeuge

- Achsbelastung und Verschleiß
- Teiltaktzeit
- Annäherungspositionen
- Konfigurationswechsel
- Kollisionen

14.5.1 Hypothesen der Raumbewegung

Anhand der nachfolgend durchgeführten Betrachtungen und untersuchten Fälle lassen sich wichtige Hypothesen für eine Raumbewegung ableiten. Die gefundenen Hypothesen können dann in einem Expertensystem zur Formulierung von Regeln verwendet werden.

Bewegungsbahn

Als Bahntypen für eine Bewegung eines Roboters werden hier zugelassen: Punkt-zu-Punktbewegung (PTP), synchronisierte Punkt-zu-Punktbewegung (SPTP) und lineare Bahn (CP). Die Kenntnis des Bahntyps wird mit der Hypothese *bahntyp_bekannt* [2] erfaßt. Für jeden Bahntyp wird eine eigene Hypothese eingeführt: *ptp_bahn*, *sync_ptp_bahn* und *cp_bahn*. Auch ein Wechsel des Bahntyps (Hypothese: *bahntyp_wechsel*) wird berücksichtigt.

Treten Hindernisse auf, so können Zwischenpositionen spezifiziert werden. Diese werden im folgenden auch als Viapositionen bezeichnet. Für diesen Fall wird die Hypothese *bahn_um_hindernisse* eingeführt. Zwischenpositionen erlauben es auch, nahezu beliebige Bahnformen zu erzeugen (Hypothese: *viapositionen_bekannt*). Auch die Realisierung von Pendelbewegungen ist damit möglich. Für die Generierung der Bahn sind weiterhin die Bahnparameter wichtig (Hypothese: *bahnparameter_bekannt*). Damit ergeben sich insgesamt die folgenden Hypothesen:

- *bahntyp_bekannt*
- *bahntyp_wechsel*
- *ptp_bahn*
- *sync_ptp_bahn*
- *cp_bahn*
- *bahnparameter_bekannt*

[2] Alle Hypothesen werden in geneigter Kleinschrift und mit Verbindungsstrichen '_' geschrieben. Sie entsprechen damit einem Characterstring und können in dieser Form direkt im Expertensystem verwendet werden.

- *viapositionen_bekannt*
- *bahn_um_hindernisse*

Singularitäten

Liegt die Zielposition oder eine Zwischenposition nahe einer Position, in der der Roboter Freiheitsgrade verliert, so sind hier große Achsgeschwindigkeiten und u.U. Probleme mit der Steuerungssoftware zu erwarten. Man spricht hier auch von einer Singularitätsposition, im folgenden kurz als Singularität bezeichnet. Es ist deshalb zu empfehlen, solche Positionen zu vermeiden. Als Maß für den Abstand von einer Singularität kann z.B. die Kondition der Jacoby-Matrix [138] verwendet werden. Für Bewegungen in der Nähe einer Singularität wird als Hypothese verwendet:

- *nahe_singularität*

Zielbeschränkungen

Es ist denkbar, daß die Zielposition oder eine Zwischenposition überhaupt nicht oder nur mit Beschränkungen erreicht werden kann. Ein einfacher Fall liegt vor, wenn die Zielposition nicht erreicht werden kann. Für diesen Fall wird die Hypothese *position_nicht_erreichbar* eingeführt. Ist der Ort nicht zu erreichen, wird dies mit der Hypothese *ort_nicht_erreichbar* erfaßt. Es ist aber auch denkbar, daß zwar der Ort, aber nicht mehr die Orientierung erreicht werden kann. Diesen Fall erfaßt die Hypothese *orientierung_nicht_erreichbar*. Damit ergeben sich als Hypothesen:

- *position_nicht_erreichbar*
- *ort_nicht_erreichbar*
- *orientierung_nicht_erreichbar*

Handhabungsrestriktionen

Für die Ermittlung der Bahnparameter und die Festlegung des Bahntyps ist es wichtig zu wissen, ob die Bewegung mit oder ohne Handhabungsobjekt erfolgen soll. Dies erfaßt die Hypothese *objekt_in_greifer*.

Das gegriffene Handhabungsobjekt kann ebenfalls Restriktionen auf den Bahntyp und die Bahnparameter ausüben. Ein Handhabungsobjekt kann eine bestimmte Orientierung erfordern (Hypothese: *orientierungs_vorgabe*) oder sie einschränken (Hypothese: *orientierungs_einschränkung*). Das Handhabungsobjekt kann eine Geschwindigkeits- und/oder eine Beschleunigungsobergrenze bewirken (Hypothesen: *objektgeschwindigkeits_obergrenze*, *objektbeschleunigungs_obergrenze*). Es ist aber auch denkbar, daß ein Handhabungsobjekt eine bestimmte Transportgeschwindigkeit erfordert (Hypothese: *objektgeschwindigkeits_vorgabe*). Damit ergeben sich die folgenden Hypothesen:

- *objekt_in_greifer*
- *orientierungs_vorgabe*
- *orientierungs_einschränkung*
- *objektgeschwindigkeits_obergrenze*
- *objektbeschleunigungs_obergrenze*
- *objektgeschwindigkeits_vorgabe*

Greifer und Werkzeuge

Bevor eine Tätigkeit ausgeführt wird, ist es wichtig zu wissen, ob ein Greifer, ein Werkzeug oder keines von beiden montiert ist. Für diese Fälle werden die Hypothesen *roboter_mit_greifer* und *roboter_mit_werkzeug* eingeführt. Damit ergeben sich die folgenden Hypothesen:

- *roboter_mit_greifer*
- *roboter_mit_werkzeug*

Achsbelastung und Verschleiß

Bei der Handhabung von schweren Teilen ist es wichtig, Aussagen über den Anteil und die Belastung der einzelnen Roboterachsen zu erhalten. Keine Roboterachse darf überlastet werden. Dies erfaßt die Hypothese *achsbelastung_zu_groß*. Werden räumlich sehr ausgedehnte Handhabungsobjekte bewegt, so kann es vorkommen, daß kritische Stellungen auftreten, in denen eine Überlastung auftritt. Auch dieser Fall wird durch die obige Hypothese erfaßt.

Für das Erreichen einer langen Lebensdauer und großer Wartungsintervalle ist es wichtig, daß sich alle Roboterachsen gleichmäßig an den Bewegungen beteiligen. Tritt ständig die alleinige Nutzung weniger Roboterachsen auf, so ist entweder das Programm mangelhaft oder der Roboter ist von der Achsanzahl her überdimensioniert. Der Fall der alleinigen Nutzung einzelner Roboterachsen wird durch die Hypothese *achsbeteiligungs_ungleichgewicht*, der Fall der ungleichen Belastung durch die Hypothese *achsbelastungs_ungleichgewicht* erfaßt. Damit ergeben sich die Hypothesen:

- *achsbelastung_zu_groß*
- *achsbeteiligungs_ungleichgewicht*
- *achsbelastungs_ungleichgewicht*

Teiltaktzeit

In bestimmten Anwendungsfällen kann man die Zeit für bestimmte Bahnen vorgeben. Damit kann die benötigte Zeit mit der vorgebenen Zeit verglichen werden. Im Fall der Unstimmigkeit können dann Gegenmaßnahmen eingeleitet werden. Als Hypothese wird hierfür eingeführt:

- *teiltaktzeit_zu_groß*

Annäherungspositionen

Bei schnellen Raumbewegungen ist es nicht ratsam, eine Position, z.B. eine Greifposition, direkt anzufahren. Überschwinger des Effektors an der Zielposition führen dann bei engen Toleranzen zu Kollisionen. Diesen Fall erfaßt die Hypothese *ziel_ist_greifposition*. Es ist empfehlenswert, zunächst eine Annäherungsposition anzufahren. Hier muß dann u.U. auch der Bahntyp modifiziert und die Bahnparameter verändert werden. Als Hypothese ergibt sich:

- *ziel_ist_greifposition*

Konfigurationswechsel

Es ist denkbar, daß eine Zielposition nur durch den Wechsel der Konfiguration des Roboters erreichbar ist. Dieser kann ebenfalls notwendig werden, wenn die Konfiguration an der Zielposition dem Programmierer als ungünstig erscheint. Für diesen Fall wird die Hypothese *konfigurationswechsel* eingeführt. Als Hypothese ergibt sich also:

- *konfigurationswechsel*

Kollisionen

Die Vermeidung von Kollisionen ist wichtig für einen störungsfreien Ablauf eines Roboterprogramms. Das Auftreten einer Kollision wird durch die Hypothese *kollision* erfaßt. Kollisionen des Greifers oder eines Werkzeuges wird durch die Hypothese *greiferkollision* erfaßt. Es ist aber auch möglich, daß eine Roboterachse kollidiert. Hierfür wird die Hypothese *achskollision* verwendet. Somit ergeben sich die folgenden Hypothesen:

- *kollision*
- *greiferkollision*
- *achskollision*

Tabelle 14.1 zeigt nochmals alle Hypothesen der Raumbewegung in einer Übersicht.

Hypothese	Bedeutung
bahntyp_bekannt	Typ der Bahn ist bekannt
bahntyp_wechsel	Wechsel des Bahntyps
ptp_bahn	Punkt-zu-Punkt Bahn
sync_ptp_bahn	synchronisierte Punkt-zu-Punkt Bahn
cp_bahn	Geradlinige Bahn
viapositionen_bekannt	Zwischenpositionen gesetzt und bekannt
bahnparameter_bekannt	Parameter der Bahn bekannt
bahn_um_hindernisse	Bahn umfährt Hindernisse
nahe_singularität	Position nahe einer Singularität
orientierungs_vorgabe	Orientierung des Greifers bleibt konstant
orientierungs_einschränkung	Orientierung des Greifers ist eingeschränkt
teiltaktzeit_zu_groß	Zeitbedarf für eine Bahn ist zu groß
roboter_mit_greifer	Roboter hat Greifer montiert
roboter_mit_werkzeug	Roboter hat Werkzeug montiert
objekt_in_greifer	Bewegung erfolgt mit gegriffenem Handhabungsobjekt
konfigurationswechsel	Wechsel der Konfiguration erforderlich
position_nicht_erreichbar	Ziel- oder Zwischenposition nicht erreichbar
orientierung_nicht_erreichbar	Orientierung der Ziel- oder Zwischenpositionen nicht erreichbar
ort_nicht_erreichbar	Ort der Ziel- oder Zwischenpositionen nicht erreichbar
ziel_ist_greifposition	Ziel der Bewegung ist eine Greifposition
achsbelastung_zu_groß	Roboterachsen mechanisch zu stark belastet
achsbeteiligungs_ungleichgewicht	Roboterachsen werden nicht gleichmäßig genutzt
achsbelastungs_ungleichgewicht	Roboterachsen werden ungleichmäßig belastet
objektgeschwindigkeits_obergrenze	Handhabungsobjekt läßt nur eine beschränkte Geschwindigkeit zu
objektbeschleunigungs_obergrenze	Handhabungsobjekt läßt nur eine beschränkte Beschleunigung zu
objektgeschwindigkeits_vorgabe	Handhabungsobjekt erfordert eine bestimmte Bahngeschwindigkeit
kollision	Kollision ist aufgetreten
greiferkollision	Kollision des Greifers
achskollision	Kollision einer Roboterachse

Tabelle 14.1: Hypothesen bei der Raumbewegung

14.5.2 Skript Raumbewegung

Basierend auf der Analyse der Einzelaktionen bei einer Raumbewegung und den aufgestellten Hypothesen, wurde für die Raumbewegung das folgende Skript entwickelt. Es ist in vier Hauptsequenzen unterteilt. Die erste Hauptsequenz untersucht die Zielposition, die zweite behandelt Bahnrestriktionen, die dritte legt die Bahn fest und die vierte generiert die Bahn und führt Tests durch.

Skript RAUMBEWEGUNG

1. Hauptsequenz: ZIELPOSITION

Eingangsbedingungsteil: ROBOTER FÄHRT VON DER MOMENTANEN POSITION ZUR ZIELPOSITION

Sequenzteil:

- IDENTIFIKATION DER ZIELPOSITION
- TEST DER ERREICHBARKEIT DER ZIELPOSITION
- TEST AUF IDENTITÄT DER ZIELPOSITION MIT EINER GREIFPOSITION

Fallunterscheidungsteil: FÄLLE A,B

<u>FALL A: ZIELPOSITION IST NICHT ERREICHBAR</u>

MENÜ AUSGEBEN:

- NEUE SPEZIFIKATION DER ZIELPOSITION
- GRAPHISCHE ANZEIGE DER MAXIMAL ERREICHBAREN POSITIONEN
- GRAPHISCHE ANZEIGE DES VOLLSTÄNDIGEN ARBEITSRAUMES
- AUFRUF DES GRAPHISCHEN EINLERNENS

Der erste Menüpunkt erlaubt die erneute Angabe einer neuen Zielposition. Die graphische Anzeige der maximal erreichbaren Positionen erfolgt in positiver und negativer z-Richtung des Greifers mit Hilfe von Dreibeinen, die Positionen darstellen. Die Positionen werden optisch hervorgehoben. Die maximal erreichbaren Positionen werden mit ihren homogenen Koordinaten und zugehörigen Achskoordinaten ausgegeben. Die graphische Anzeige des vollständigen Arbeitsraumes erfolgt als Darstellung einer Hülle oder vereinfacht mit Hilfe von Dreibeinen.

Der Aufruf des graphischen Einlernens ermöglicht das Einlernen einer neuen Zielposition.

<u>FALL B: ZIELPOSITION IST DIE GREIFPOSITION EINES HANDHABUNGSOBJEKTES</u>

Ausgabe von Hinweisen, wie ein Handhabungsobjekt angefahren werden sollte, z.B. besser zunächst eine Annäherungsposition anzufahren.

MENÜ AUSGEBEN:

- Spezifikation einer Annäherungsposition

- Einlernen einer Annäherungsposition

- Automatische Generierung einer Annäherungsposition

Ist eine Annäherungsposition bekannt, kann diese mit dem ersten Menüpunkt spezifiziert werden. Andernfalls kann sie mit Hilfe des zweiten Menüpunktes eingelernt werden. Auch die automatische Generierung ist denkbar: die Annäherungsposition wird zunächst als identisch mit der Greifposition angesehen und dann die z-Koordinate der Position verändert. Damit steht der Greifer in einem bestimmten Abstand über der Greifposition. Ist dieser Punkt gewählt, erfolgt die Ausgabe eines Vorschlages und Abfrage nach dem einzuhaltenden Abstand.

2. Hauptsequenz: Bahnrestriktionen

Eingangsbedingungsteil: 1. Hauptsequenz wurde durchlaufen

Sequenzteil:

- Ermittlung, ob sich ein Handhabungsobjekt im Greifer befindet
- Ermittlung der Bahnrestriktionen

Fallunterscheidungsteil: keine Fälle müssen unterschieden werden

Handlung: Restriktionen erfassen

Menü ausgeben:

- Orientierungsvorgabe spezifizieren

- Setzen der Sollgeschwindigkeit

- Setzen der Beschleunigungsobergrenze

- Setzen der Geschwindigkeitsobergrenze

Befindet sich ein Handhabungsobjekt im Greifer und/oder liegt eine spezielle Aufgabe vor, so können Bahnbeschränkungen möglich sein. Das Handhabungsobjekt kann erfordern, daß seine aktuelle Orientierung beibehalten oder eine bestimmte Orientierung eingenommen werden muß. In diesem Fall ist der erste Menüpunkt zu wählen. Als Bahntyp wird eine CP-Bahn vorgeschlagen und getestet, ob die Orientierung der Zielposition gleich der Orientierung der Startposition ist. Ist dies nicht der Fall, wird ein Untermenü ausgegeben.

Untermenü ausgeben:

- Neue Zielposition spezifizieren

- Zielorientierung anpassen

- Einlernen einer neuen Position

Der erste Menüpunkt erlaubt die Vorgabe einer neuen Zielposition. Der zweite Menüpunkt erlaubt das Überschreiben der Orientierung der Zielposition mit der Orientierung der Greifposition des Handhabungsobjektes. Hier wird davon ausgegangen, daß die Orientierung der spezifizierten Greifposition die gewünschte Orientierung ist.

Der dritte Menüpunkt erlaubt das Einlernen einer Zielposition. Hierbei hat die zugehörige Position schon die passende Orientierung und wird nur noch translatorisch verschoben.

Die weiteren Menüpunkte des Hauptmenüs erlauben die Eingabe der durch das Handhabungsobjekt bewirkten Bahnparameter wie Sollgeschwindigkeit, Geschwindigkeits- und Beschleunigungsobergrenze.

3. Hauptsequenz: Bahnfestlegung

Eingangsbedingungsteil: 2. Hauptsequenz wurde durchlaufen

Sequenzteil:

- Bahnparameter erfassen
- Analyse der Bahnparameter
- Vorschlag des Bahntyps

Menü ausgeben:

- Vordefinierte Werte für die Bahn setzen
- Geschwindigkeit der Roboterachsen vorgeben
- Beschleunigung der Roboterachsen vorgeben
- Teiltaktzeit vorgeben
- Bahngeschwindigkeit vorgeben
- Interpolationsparameter vorgeben

Die aktuellen Bahnparameter werden ausgegeben und es wird abgefragt, ob eine Eingabe erfolgen soll oder der jeweilige Wert bzw. ein vorbesetzter Wert übernommen werden soll. Neben der Vorgabe von numerischen Werten ist auch die verbale Angabe in der Form "groß", "mittel" oder "klein" möglich. Diese Eingabemöglichkeit ist insbesondere bei abstrakten Parametern nützlich.

Nach der Eingabe der Parameter erfolgt eine Analyse, die bei widersprüchlichen Werten zu entsprechenden Ausgaben führt. Zur Korrektur werden in diesem Fall Hilfen angeboten. Am Ende dieser Hauptsequenz erfolgt der Vorschlag des Bahntyps.

Fallunterscheidungsteil: keine Fälle müssen unterschieden werden

4. Hauptsequenz: BAHNGENERIERUNG

Eingangsbedingungsteil: 3. HAUPTSEQUENZ WURDE DURCHLAUFEN

Sequenzteil:

- GENERIERUNG DER BAHN
- ABFAHREN DER BAHN
- ERMITTLUNG VON KOLLISIONEN
- ÜBERPRÜFUNG AUF SINGULARITÄTSNÄHE
- ÜBERPRÜFUNG DER TEILTAKTZEIT
- ÜBERPRÜFUNG DER ACHSBETEILIGUNG
- ÜBERPRÜFUNG DER ACHSBELASTUNG
- ÜBERPRÜFUNG AUF KONFIGURATIONSWECHSEL

Nachdem der Bahntyp und die Bahnparameter bestimmt sind, kann die Bahn generiert werden. Die Bahn kann abgefahren werden, und Tests können durchgeführt werden. Treten Fehler auf, wird mit Hilfe des Fallunterscheidungsteils die Korrektur durchgeführt.

Fallunterscheidungsteil: FÄLLE A,B,C,D,E,F

FALL A: KOLLISION(EN) ERMITTELT

- KOLLISION(EN) ZEIGEN
- MODIFIKATION DER BAHN VORSCHLAGEN

FALL B: NAHE BEI SINGULARITÄTEN

- KRITISCHE STELLE ZEIGEN
- MODIFIKATION DER BAHN VORSCHLAGEN, Z.B. EINFÜHRUNG VON ZWISCHENPOSITIONEN
- KONFIGURATION DER STARTPOSITION UND/ODER DER ZIELPOSITION ÄNDERN

FALL C: TEILTAKTZEIT NICHT EINGEHALTEN

- MODIFIKATION DER BAHNPARAMETER
- WAHL ANDERER ZWISCHENPOSITIONEN
- WAHL EINES ANDEREN BAHNTYPS
- EINSATZ SCHNELLERER ROBOTERACHSEN

FALL D: ACHSBELASTUNG ÜBERSCHRITTEN

- KRITISCHE STELLUNG ZEIGEN
- ABHILFE EINLEITEN

FALL E: ROBOTERACHSEN UNGLEICHMÄSSIG BETEILIGT

- WECHSEL DER KONFIGURATION
- BAHNVERLAUF ÄNDERN

FALL F: ROBOTERACHSEN UNGLEICHMÄSSIG BELASTET

- WECHSEL DER GREIFPOSITIONEN
- WECHSEL DER KONFIGURATION

Skriptende

14.6 Feinbewegung

Feinbewegungen [19,85] sind charakterisiert durch kleine Bahnlängen in räumlich sehr beschränkten Umgebungen. Der Greifer des Roboters befindet sich während der Bewegung in der unmittelbaren Nähe des zu manipulierenden Handhabungsobjektes. Diese Bewegungen erfordern sehr häufig den Einsatz von Sensoren und die Auswertung der Sensordaten zur Steuerung des Roboters.

Ein großes Problem bei der Generierung von Bahnen für Feinbewegungen ist die Ungenauigkeit in Positionsangaben. Sie resultiert aus der Ungenauigkeit des Roboters und der Sensoren. Weiterhin kann die Position von Handhabungsobjekten mit Ungenauigkeiten versehen sein. Bei Simulationssystemen kommen weitere Ungenauigkeiten hinzu, die aus der Modellierungsphase stammen.

Bei Feinbewegungen kann zwischen zwei Arten der Bewegung unterschieden werden:

- der Annäherungsbewegung
- der Kontaktbewegung

Annäherungsbewegungen ("guarded motions") [16] dienen dem Erreichen einer bestimmten Position unter Vermeidung exzessiver Werte für Achskoordinaten, Kräfte und Momente. Die verwendeten Geschwindigkeiten sind gering. Da die exakten Positionen von Robotern und Handhabungsobjekten in der Realität meist nicht genau genug bekannt sind, ist bei einer Annäherungsbewegung ein Sensoreinsatz erforderlich.

Kontaktbewegungen sind dadurch gekennzeichnet, daß ein Werkzeug in Kontakt mit einem Handhabungsobjekt ist oder daß ein gegriffenes Handhabungsobjekt in Kontakt mit weiteren Oberflächen steht, z.B. bei Fügevorgängen.

Dieser Bahntyp kann als sog. "compliant motion" [16] ausgeführt werden. "Compliant motions" erfüllen externe Beschränkungen dadurch, daß beim Auftreten unzulässiger Kräfte und Momente die Bahn des Roboters so verändert wird, daß die unzulässigen Werte nicht mehr auftreten. Als Beispiel kann die Verfolgung einer Kontur angeführt werden. Hier greift der Effektor einen Stift und drückt ihn an die Seite der Kontur. Wird während der Konturverfolgung die gemessene Andrückkraft kleiner, bewegt sich der Effektor von der Kontur weg, wird sie größer; bewegt sich der Effektor in Richtung der Kontur. Mit Hilfe der gemessenen Kraft kann nun eine entsprechende Bahnkorrektur durchgeführt werden.

Kontaktbewegungen erfordern stets den Einsatz von Sensoren. Weiterhin ist die Kenntnis der geometrischen Beschränkungen, die in der Aufgabe stecken, erforderlich. Sind die Beschränkungen bekannt, so können sowohl die Bewegungsgrößen, deren Position geregelt werden soll, als auch die Bewegungsgrößen ausgesucht werden, bei denen, je nach Achstyp, Kraft oder Moment geregelt werden soll. Meist werden beide Verfahren kombiniert, d.h. ein Teil der Bewegungsgrößen wird positionsgeregelt, beim anderen Teil wird die Kraft oder das Moment geregelt.

Kennzeichen von Kontaktbewegungen ist es weiterhin, daß sie ausschließlich während der Bewegung des Roboters generiert werden.

Planerische Ansätze ("fine motion strategies") versuchen Feinbewegungen vorzuplanen. Hierfür gibt es drei wesentliche Ansätze:

- der Einsatz von Prozedurgerippen
- die Ableitung von Teilstrategien durch Lernverfahren
- die wissensbasierte Analyse der Geometrie

Prozedurgerippe ("procedure skeletons", "strategy skeletons") wurden von Taylor [121] entwickelt. Hierbei werden Fehler und Unsicherheiten mit Hilfe eines Modells der Aufgabe berechnet und fortgepflanzt ("propagated"). Die gewonnenen Fehlerabschätzungen werden bei Entscheidungen verwendet, um vorhandene Prozeduren in ein Prozedurgerippe einzufügen. Sind die Prozeduren festgelegt, so werden die noch verbleibenden unbekannten Parameter berechnet. Ein Prozedurgerippe enthält Informationen über die durchzuführenden Bewegungen, Tests für den Fehlerfall und alle Berechnungen, die durchzuführen sind. Brooks [17] erweiterte diesen Ansatz durch die Einbindung symbolischer Beschränkungen bei der Fehlerberechnung.

Die Analyse der Geometrie mit Hilfe wissensbasierter Verfahren wird von Laugier [76] bei der Generierung von Kontaktbewegungen unter Einbeziehung von Unsicherheiten eingesetzt.

14.6.1 Hypothesen der Feinbewegung

Für die Analyse einer Feinbewegung und die Ableitung von Hypothesen wurden die folgenden Aspekte ausgearbeitet:

- Bewegung ohne Kontakt zu einer Handhabungsobjektoberfläche
- Bewegung mit Kontakt zu einer Handhabungsobjektoberfläche
- Art der Zielposition
- Auftreten von Hindernissen
- Art der Bahn und der Bahnparameter
- Erkennen und Vermeiden von Kollisionen
- Beschränkungen für den Greifer
- Einsatz von Sensoren
- Belastung der Roboterachsen
- Bewegung mit oder ohne Handhabungsobjekt
- Beschränkungen der Konfiguration
- Bewegungen bei Singularitäten
- Beschränkungen der Bewegungen durch das gegriffene Handhabungsobjekt
- Einsatz und Typ von Greifern und Werkzeugen
- Auftreten von Ungenauigkeiten
- Vorgabe von Kräften und Momenten

Ein Teil dieser Aspekte wurde schon bei der Raumbewegung untersucht. Die hierfür abgeleiteten Hypothesen werden auch bei der Feinbewegung verwendet.

Bewegungsart

Für eine Bewegung mit Kontakt zu einer Oberfläche kann die Hypothese *kontakt_bewegung* verwendet werden. Für Annäherungsbewegungen, also Bewegungen ohne Kontakt zu einer Oberfläche, wird die Hypothese *annäherungs_bewegung* benutzt. Ist eine Bewegung unter Sensorkontrolle erforderlich, kann die Hypothese *bewegung_mit_sensor* verwendet werden. Als weitere Hypothesen ergeben sich somit:

- *kontakt_bewegung*
- *annäherungs_bewegung*
- *bewegung_mit_sensor*

Beschränkung der Umgebung

Zur Kennzeichnung der Bewegung des Effektors in räumlich beschränkten Gebieten kann die Hypothese *räumliche_beschränkung* verwendet werden. Als weitere Hypothese ergibt sich somit:

- *räumliche_beschränkung*

Sensoren

Ist der Einsatz von Sensoren erforderlich, kann dazu die Hypothese *sensoreinsatz_erforderlich* verwendet werden. Zur genaueren Spezifizierung dienen die Hypothesen *bild_sensor*, *k_m_sensor* und *kontakt_sensor*. Diese beschreiben den Einsatz eines Bildverarbeitungssystems, eines Kraft/Momentsensors und eines Kontaktsensors. Als weitere Hypothesen ergeben sich somit:

- *sensoreinsatz_erforderlich*
- *bild_sensor*
- *k_m_sensor*
- *kontakt_sensor*

Ungenauigkeiten

Treten zu große Ungenauigkeiten auf, kann hierfür die Hypothese *große_ungenauigkeit* verwendet werden. Als weitere Hypothese ergibt sich somit:

- *große_ungenauigkeit*

Vorgabe von Kräften oder Momenten

Sind Kräfte oder Momente vorgegeben, die nicht überschritten werden dürfen, so wird dieses durch die Hypothese *k_m_maximum* erfaßt. Sind die Werte genau vorgegeben und sollen diese auch eingehalten werden, so kann hierfür die Hypothese *k_m_vorgabe* verwendet werden. Als weitere Hypothesen ergeben sich somit:

- *k_m_maximum*
- *k_m_vorgabe*

Tabelle 14.2 zeigt die für die Feinbewegung hinzugekommenen Hypothesen.

Hypothese	Bedeutung
kontakt_bewegung	Bewegung mit Kontakt zu einer Oberfläche
annäherungs_bewegung	Annäherungsbewegung im freien Raum
bewegung_mit_sensor	Bewegung unter Sensorkontrolle
räumliche_beschränkung	Umgebung ist räumlich extrem beschränkt
sensoreinsatz_erforderlich	Aktion erfordert Sensoreinsatz
bild_sensor	Bildverarbeitungssystem ist erforderlich
k_m_sensor	Kraft/Momentsensor ist erforderlich
kontakt_sensor	Kontaktsensor ist erforderlich
große_ungenauigkeit	große Ungenauigkeiten bei der Aktion
k_m_maximum	Vorgabe des Maximums einer Kraft oder eines Momentes
k_m_vorgabe	exakte Vorgabe einer Kraft oder eines Momentes

Tabelle 14.2: Hypothesen bei der Feinbewegung

14.6.2 Skript Feinbewegung

Für eine Feinbewegung wurde das folgende Skript erstellt. Es ist in vier Hauptsequenzen unterteilt. In der ersten Hauptsequenz wird die Zielposition festgelegt, in der zweiten die Bewegungsart ermittelt, in der dritten die räumliche Beschränkung der Umgebung berücksichtigt und in der vierten die Bahn generiert:

Skript FEINBEWEGUNG

1. Hauptsequenz: ZIELPOSITION

Eingangsbedingungsteil: ROBOTER FÜHRT VON DER MOMENTANEN POSITION EINE FEINBEWEGUNG AUS, DER BAHNTYP IST EINE GERADLINIGE BAHN (CP)

Sequenzteil:

- IDENTIFIKATION DER ZIELPOSITION
- TEST DER ERREICHBARKEIT

Fallunterscheidungsteil: FÄLLE A,B

FALL A: ZIELPOSITION IST NICHT ERREICHBAR

MENÜ AUSGEBEN:

- NEUE SPEZIFIKATION DER ZIELPOSITION
- GRAPHISCHE ANZEIGE DER MAXIMAL ERREICHBAREN POSITIONEN
- GRAPHISCHE ANZEIGE DES VOLLSTÄNDIGEN ARBEITSRAUMES

- AUFRUF DES GRAPHISCHEN EINLERNENS

Dieses Menü wird auch bei der Raumbewegung verwendet.

FALL B: HINDERNISSE VERHINDERN CP-BAHN

CP-BASIERTE BAHN MIT VIAPOSITIONEN VORSEHEN, DAZU MENÜ AUSGEBEN:

- EINGABE VON VIAPOSITIONEN
- EINGABE VON VERSCHLEIFPARAMETERN

2. Hauptsequenz: BEWEGUNGSART

Eingangsbedingungsteil: 1. HAUPTSEQUENZ WURDE DURCHLAUFEN

Sequenzteil:

- ART DER BEWEGUNG FESTSTELLEN
- BAHNPARAMETER FESTLEGEN

Fallunterscheidungsteil: FÄLLE A,B

FALL A: ANNÄHERUNGSBEWEGUNG

- SENSOREINSATZ VORSCHLAGEN
- SENSOREN AUSWÄHLEN
- KRAFT UND MOMENTVORGABE
- BAHNGESCHWINDIGKEIT ERMITTELN

FALL B: KONTAKTBEWEGUNG

- VORSCHLAG DES SENSOREINSATZES
- AUSWAHL DER SENSOREN
- VORSCHLAG EINER "COMPLIANT MOTION"
- AUSWAHL DER BEWEGUNGSGRÖSSEN

3. Hauptsequenz: UMGEBUNG ANALYSIEREN

Eingangsbedingungsteil: 2. HAUPTSEQUENZ WURDE DURCHLAUFEN

Sequenzteil:

- RÄUMLICHE BESCHRÄNKUNGEN DER UMGEBUNG FESTSTELLEN

Fallunterscheidungsteil: FALL A

FALL A: UMGEBUNG EXTREM BESCHRÄNKT

- VORSCHLAG DES SENSOREINSATZES
- AUSWAHL DER SENSOREN VORNEHMEN

4. Hauptsequenz: BAHNGENERIERUNG

Eingangsbedingungsteil: 3. HAUPTSEQUENZ WURDE DURCHLAUFEN

Sequenzteil:

- GENERIERUNG DER BAHN
- ABFAHREN DER BAHN
- ERMITTLUNG VON KOLLISIONEN
- ÜBERPRÜFUNG AUF SINGULARITÄTSNÄHE
- ÜBERPRÜFUNG DER ACHSBELASTUNG

Nachdem der Bahntyp und die Bahnparameter bestimmt sind, kann die Bahn erzeugt werden. Die Bahn kann teilweise abgefahren werden, und Tests können durchgeführt werden. Treten Fehler auf, wird mit Hilfe des Fallunterscheidungsteils die Korrektur durchgeführt.

Fallunterscheidungsteil: FÄLLE A,B,C

FALL A: KOLLISION(EN) ERMITTELT

- KOLLISION(EN) ZEIGEN
- MODIFIKATION DER BAHN VORSCHLAGEN

FALL B: NAHE BEI SINGULARITÄTEN

- KRITISCHE STELLUNG ZEIGEN
- MODIFIKATION DER BAHN VORSCHLAGEN
- KONFIGURATION DER STARTPOSITION UND/ODER DER ZIELPOSITION ÄNDERN

FALL C: ACHSBELASTUNG ÜBERSCHRITTEN

- KRITISCHE STELLUNG ZEIGEN
- ABHILFE EINLEITEN

Skriptende

14.7 Greifen und Loslassen

Greifen [10,18,24,34,37,45,64,92] bedeutet, daß ein Kontakt zwischen den Greiferoberflächen und den Oberflächen des Handhabungsobjektes hergestellt wird. Durch Greifvorgänge tritt der Roboter in Interaktion mit seiner Umwelt. Dabei sind Kollisionen mit anderen Handhabungsobjekten zu vermeiden. Beim Loslassen eines Handhabungsobjektes wird der Kontakt wieder aufgehoben.

Greifvorgänge sind charakterisiert durch geringe Bewegungen des Greifers. Meist ist die Umwelt, in der der Greifer agiert, räumlich sehr beschränkt. Die Bahnen, die benötigt werden, sind von einfacher Art. Aber auch hier müssen die Umweltbeschränkungen beachtet werden.

Für einen Greifvorgang lassen sich drei prinzipielle Bedingungen angeben:

- Sicherheit
- Erreichbarkeit
- Stabilität

Sicherheit bedeutet, daß sich der Roboter während jeder Phase des Greifvorgangs in einem sicheren Zustand befinden muß. Hauptkriterium ist hierbei die Kollisionsfreiheit. Ereichbarkeit verlangt, daß der Roboter die Greifposition erreichen, mit dem Handhabungsobjekt einen kollisionsfreien Weg finden, die Ablageposition erreichen und sich von dieser wieder sicher wegbewegen kann. Stabilität verlangt, daß der Griff stabil ist. Das Handhabungsobjekt darf, während es gegriffen ist, seine Position relativ zum Greifer nicht verändern. Lozano-Perez [83] schlägt zwei Heuristiken zum Erreichen eines stabilen Greifvorgangs vor:

- Vorgabe einer Mindestkontaktfläche
- Vorgabe der Lage des Massenmittelpunktes des Handhabungsobjektes

In die Vorgabe einer Mindestkontaktfläche fließen die Eigenschaften des Handhabungsobjektes, wie Masse und Oberflächeneigenschaften, ein. Die Überlegungen zur Vorgabe der Lage des Massenmittelpunktes gehen davon aus, daß das Handhabungsobjekt so gegriffen werden soll, daß die auftretenden Kräfte und Momente minimal werden.

Es ist wichtig zu beachten, daß ein Greifvorgang auch die Durchführbarkeit der nachfolgenden Aktionen in Betracht ziehen muß. Die Bilder 14.1 und 14.2 zeigen hierzu ein Beispiel. Wird der Läufer wie in Bild 14.1 gegriffen, so ist zwar der Greifvorgang erfolgreich und stabil durchgeführt worden, die vorgegebene Aufgabe, das Aufstecken und Schieben des Läufers bis in die Mitte der Welle, ist jedoch nicht durchführbar. Dies ist erst beim Wechsel der Greifposition, wie in Bild 14.2 gezeigt wird, möglich.

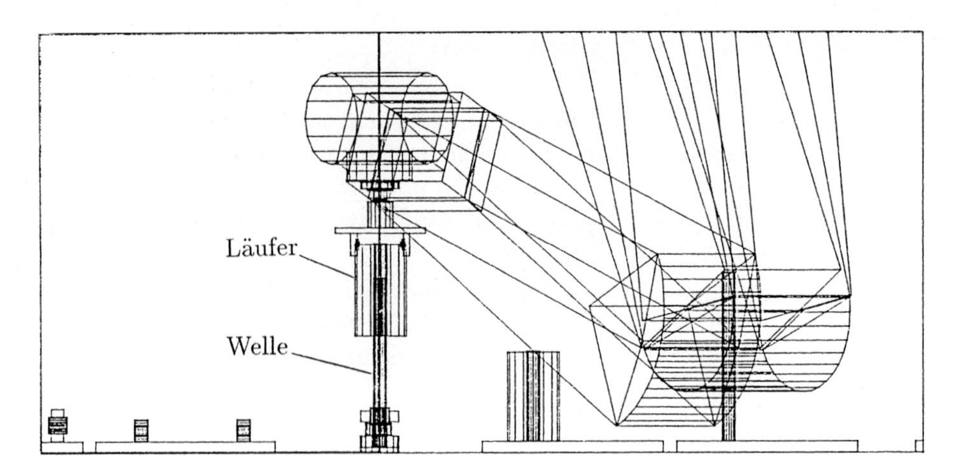

Bild 14.1: Greifvorgang ohne Berücksichtigung nachfolgender Aktionen

Die Wahl geeigneter Greifpositionen ist von Überlegungen zu drei Bereichen geprägt:

- Handhabungsobjektgeometrie
- Stabilität
- Unsicherheitsreduktion

Die Handhabungsobjektgeometrie beeinflußt wesentlich die Auswahl einer Greifposition. Verwendet man z.B. einen Parallelbackengreifer, so wird man ihn so positionieren, daß die Greifbacken an parallelen Oberflächen des Handhabungsobjektes angreifen. Man wird ihn auch so positionieren, daß keine Ausweichbewegung des Handhabungsobjektes während des Greifvorgangs stattfinden kann. Greifbedingungen und Greifpositionen sind zudem zeitvariant, da sich bei einer Montage ständig die Handhabungsobjektkonfiguration ändert. Konnte ein teilmontiertes Handhabungsobjekt zu einem Zeitpunkt t_1 noch an einer Position P_1 gegriffen werden, so ist diese Position zu einem späteren Zeitpunkt t_2 u.U. nicht mehr erreichbar.

Ein Greifvorgang sollte auch so ausgeführt werden, daß vorhandene Unsicherheiten, z.B. Ungenauigkeiten in der Position der Handhabungsobjekte, nicht vergrößert, sondern gezielt verringert werden.

14.7.1 Hypothesen des Greifvorgangs

Für einen Greifvorgang wurden folgende Aspekte herausgearbeitet, die für die Ableitung von Hypothesen wichtig sind:

- Typ des Greifers
- Stabilität des Griffs

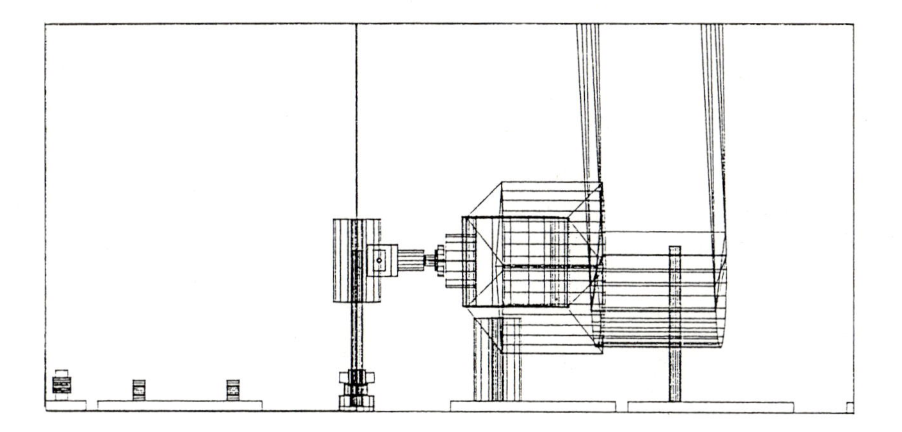

Bild 14.2: Greifvorgang mit Berücksichtigung nachfolgender Aktionen

- Belastung des Roboters
- Durchführbarkeit der Folgeaktionen

Die Belastung des Roboters kann mit den schon hergeleiteten Hypothesen *achsbelastung_zu_groß* und *achsbelastungs_ungleichgewicht* erfaßt werden. Für die anderen Aspekte müssen neue Hypothesen aufgestellt werden.

Typ des Greifers

Unterschiedliche Greifertypen erfordern verschiedene Strategien des Greifvorgangs. Hier werden zwei Typen von Greifern verwendet. Sie können mit den Hypothesen *parallelbackengreifer* und *geschickte_hand* erfaßt werden. Als weitere Hypothesen ergeben sich:

- *parallelbackengreifer*
- *geschickte_hand*

Stabilität des Griffs

Für das Erreichen eines stabilen Griffs kann die Hypothese *stabiler_griff* verwendet werden. Der Ort des Massenmittelpunktes des Handhabungsobjektes und damit die auftretende Belastung des Greifers kann mit der Hypothese *minimales_greifmoment* erfaßt werden. Als weitere Hypothesen ergeben sich:

- *stabiler_griff*

- *minimales_greifmoment*

Durchführbarkeit der Folgeaktionen

Zur Überprüfung, ob eine geplante Aktion nach dem Greifen erfolgreich durchgeführt werden kann, wird die Hypothese *aktionsdurchführung* verwendet. Als weitere Hypothese ergibt sich:

- *aktionsdurchführung*

Tabelle 14.3 zeigt die für das Greifen hinzugekommenen Hypothesen.

Hypothese	Bedeutung
parallelbackengreifer	Greifer ist Parallelbackengreifer
geschickte_hand	Greifer ist künstliche Hand
stabiler_griff	Griff ist stabil
minimales_greifmoment	Belastung ist minimal
aktionsdurchführung	Nachfolgeaktion ist durchführbar

Tabelle 14.3: Hypothesen für das Greifen

14.7.2 Skript Greifen

Für das Greifen wurde das folgende Skript erstellt. Es besteht aus drei Hauptsequenzen: Greifposition einnehmen, Greifvorgang durchführen und Wegfahren.

Skript GREIFEN

1. Hauptsequenz: GREIFPOSITION EINNEHMEN

Eingangsbedingungsteil:

BAHN WIRD ALS GERADLINIGE BAHN (CP-BAHN) ERZEUGT, DIE BAHNRESTRIKTIONEN SIND ERFASST

Sequenzteil:

- ERMITTELN DER GREIFPOSITION
- ERFASSEN DER UMGEBUNGSBESCHRÄNKUNGEN
- FESTLEGUNG DER ANNÄHERUNGSSTRATEGIE

Fallunterscheidungsteil: FALL A

FALL A: ROBOTER IST NICHT BEI EINER ANNÄHERUNGSPOSITION

- ANNÄHERUNGSPOSITION EINNEHMEN

2. Hauptsequenz: GREIFVORGANG DURCHFÜHREN

Eingangsbedingungsteil: 1. HAUPTSEQUENZ DURCHLAUFEN

Sequenzteil:

- ERMITTLUNG DES GREIFERTYPS
- FESTLEGUNG DER GREIFSTRATEGIE
- DURCHFÜHRUNG DES GREIFVORGANGS
- EINNEHMEN DER WEGFAHRPOSITION

Fallunterscheidungsteil: FÄLLE A,B,C,D,E,F,G

FALL A: ROBOTER NICHT BEI EINER GREIFPOSITION

- VERFAHREN DES ROBOTERS ZUR GREIFPOSITION

FALL B: GREIFER IST FÜR DIE GREIFOPERATION NICHT GEEIGNET

- VORSCHLAG EINES GREIFERWECHSELS

FALL C: GREIFER KANN DIE GREIFOPERATION WEGEN RÄUMLICHER BESCHRÄNKUNGEN NICHT DURCHFÜHREN

- ÄNDERUNG DER ORIENTIERUNG DES GREIFERS
- EINNAHME EINER ANDEREN GREIFPOSITION
- EINLEITUNG EINER AKTION, WELCHE DIE RÄUMLICHE BESCHRÄNKUNGEN BESEITIGT

FALL D: GRIFF IST NICHT STABIL

- ERHÖHUNG DER GREIFKRAFT
- WAHL EINER ANDEREN GREIFPOSITION
- WAHL EINES ANDEREN GREIFERS

FALL E: ACHSBELASTUNG IST ZU GROSS

- WAHL EINER ANDEREN GREIFPOSITION

FALL F: HANDHABUNGSOBJEKT IST NICHT VORHANDEN

- ERMITTLUNG DER FEHLERQUELLE

- AKTIVIERUNG VON SENSOREN

FALL G: NACHFOLGENDE OPERATIONEN SIND NICHT DURCHFÜHRBAR

- WAHL EINER ANDEREN GREIFPOSITION
- MODIFIKATION DER AKTIONSFOLGE

3. Hauptsequenz: WEGFAHREN

Eingangsbedingungsteil: 2. HAUPTSEQUENZ DURCHLAUFEN

Sequenzteil:

- EINNEHMEN DER WEGFAHRPOSITION

Fallunterscheidungsteil: FALL A

FALL A: WEGFAHRPOSITION NICHT BEKANNT

MENÜ AUSGEBEN:

- EINLERNEN DER POSITION
- NEUWAHL DER POSITION

Skriptende

14.7.3 Skript Loslassen

Das Loslassen entspricht in seinen Anforderungen dem Greifen. Wichtig ist, daß das Handhabungsobjekt in einer stabilen Lage abgelegt wird, falls die Ablageposition vorher nicht bekannt ist. Für das Loslassen brauchen keine weiteren Hypothesen aufgestellt zu werden, hierfür können die bisher spezifizierten Hypothesen verwendet werden.

Für das Loslassen wurde das folgende Skript erstellt. Es besteht aus zwei Hauptsequenzen: Annäherungsposition einnehmen und Ablegen des Handhabungsobjektes.

Skript LOSLASSEN

1. Hauptsequenz: ANNÄHERUNGSPOSITION EINNEHMEN

Eingangsbedingungsteil:

BAHN WIRD ALS GERADLINIGE BAHN (CP-BAHN) ERZEUGT, DIE BAHNRESTRIKTIONEN SIND ERFASST

Sequenzteil:

- ERMITTLUNG DER ABLAGEPOSITION

- ERFASSUNG DER UMGEBUNGSBESCHRÄNKUNGEN
- FESTLEGUNG DER ANNÄHERUNGSSTRATEGIE

Fallunterscheidungsteil: FALL A

<u>FALL A: ROBOTER IST NICHT BEI ANNÄHERUNGSPOSITION</u>

- EINNAHME DER ANNÄHERUNGSPOSITION

2. Hauptsequenz: ABLEGEN DES HANDHABUNGSOBJEKTES

Eingangsbedingungsteil: 1. HAUPTSEQUENZ WURDE DURCHLAUFEN

Sequenzteil:

- FESTLEGUNG DER ABLAGESTRATEGIE
- DURCHFÜHRUNG DES ABLAGEVORGANGS
- EINNEHMEN DER WEGFAHRPOSITION

Fallunterscheidungsteil: FÄLLE A,B,C,D

<u>FALL A: GREIFER KANN ABLAGEVORGANG NICHT DURCHFÜHREN</u>

- ÄNDERUNG DER ORIENTIERUNG DES GREIFERS
- EINNAHME EINER ANDEREN ABLAGEPOSITION
- EINLEITUNG EINER AKTION, WELCHE DIE BESCHRÄNKUNGEN BESEITIGT

<u>FALL B: HANDHABUNGSOBJEKT IST NICHT STABIL</u>

- WAHL EINER ANDEREN ABLAGEPOSITION

<u>FALL C: ACHSBELASTUNG IST ZU GROSS</u>

- WAHL EINER ANDERE ABLAGEPOSITION

<u>FALL D: WEGFAHRPOSITION NICHT BEKANNT</u>

MENÜ AUSGEBEN:

- EINLERNEN DER POSITION
- AUSWAHL EINER NEUEN POSITION

Skriptende

Mit Hilfe der dargestellten Skripten für Raum- und Feinbewegungen sowie für das Greifen und Loslassen kann ein Programmierer Programme für Montageaufgaben einfach erstellen. Diese Skripten sind die Grundlage für die Entwicklung von Metaskripten, mit denen dann eine aufgabenbezogene Programmierung ermöglicht wird.

14.8 Realisierung

Die Realisierung der skriptgesteuerten Programmierung erfolgt im Rahmen des Robotersimulationssystems ROBSIM durch die Kombination der graphischen Darstellung der aktuellen Zellensituation und der menügesteuerten Aktivierung der Skripten [126].

Die graphische Darstellung der aktuellen Zellensituation erlaubt die einfache Erfassung komplexer Zusammenhänge und visualisiert die Auswirkungen der Manipulationen.

14.8.1 Nutzen eines Expertensystems

Die Realisierung der einzelnen Skripten erfolgt durch die Kombination konventioneller Programmiertechnik und den Einsatz eines Expertensystems. Ein konventionelles Programm dient zum Durchlaufen des sequentiellen Skriptteils, die Inferenzmaschine dient zur Fallunterscheidung.

Bei dieser Verkopplung ist es wichtig, Hypothesen setzen und wieder rücksetzen zu können, die Inferenzmaschine steuern zu können und den Durchlauf von Schleifen beherrschen zu können. Mit Hilfe des Nexpert Object Callable Interfaces werden diese Fähigkeiten effizient realisiert.

Die einzelnen Hypothesen sind Grundlage für die Formulierung von Wissensbasen. Der entwickelte Prototyp umfaßt je eine regelbasierte Wissensbasis für die Raumbewegung, die Feinbewegung, das Greifen und Loslassen. Insgesamt wurden hierfür 75 Regeln entwickelt.

Stellvertretend für alle Regeln und deren Verknüpfung ist in Bild 14.3 ein visualisierter Ausschnitt aus der Regelbasis gezeigt. Man sieht, wie die Regeln konkrete Entscheidungen formulieren. Ihre Verknüpfung ist durch die Verwendung gleicher Hypothesen gegeben.

Die Berücksichtigung der zyklischen Verarbeitung ist in Bild 14.4 gezeigt. Ist die Hypothese "viaflg" [3] ermittelt, werden diverse, nicht mehr benötigte, Variablen wieder rückgesetzt. Man erkennt hier auch die Verknüpfung zum konventionellen Programmteil. In dieser Regel wird die Routine "viapos" aufgerufen. Dieser Aufruf bedeutet, daß der Inferenzprozeß solange aussetzt, bis die Routine beendet ist und die Kontrolle wieder an die Inferenzmaschine zurückgibt.

In Kapitel 13 wird gezeigt, daß für den Aufbau eines wissensbasierten Robotersimulationssystems zwei Problembereiche zu lösen sind: der Aufbau eines geeigneten wissensbasierten Modells, in das sich Daten der Roboterzelle abbilden lassen und das als Grundlage der wissensbasierten Verfahren dient, sowie der Aufbau von Wissensbasen, die Wissen über Prozesse und Abläufe enthalten.

Die Entwicklung der skriptgesteuerten Programmierung zeigt ein weiteres Beispiel, wie man Wissensbasen aufbauen kann, die Wissen über Prozesse und Abläufe enthalten. Kombiniert man alle dargestellten Techniken, den Aufbau wissensbasierter Robotermodelle, das wissensbasierte graphische Einlernen und die skriptgesteuerte Programmierung, so kann damit ein wissensbasiertes Robotersimulationssystem aufgebaut werden.

---

[3] Die Hypothese "viaflg" gehört zu einer Reihe von Hilfs-Hypothesen, die für die Implementierung verwendet werden.

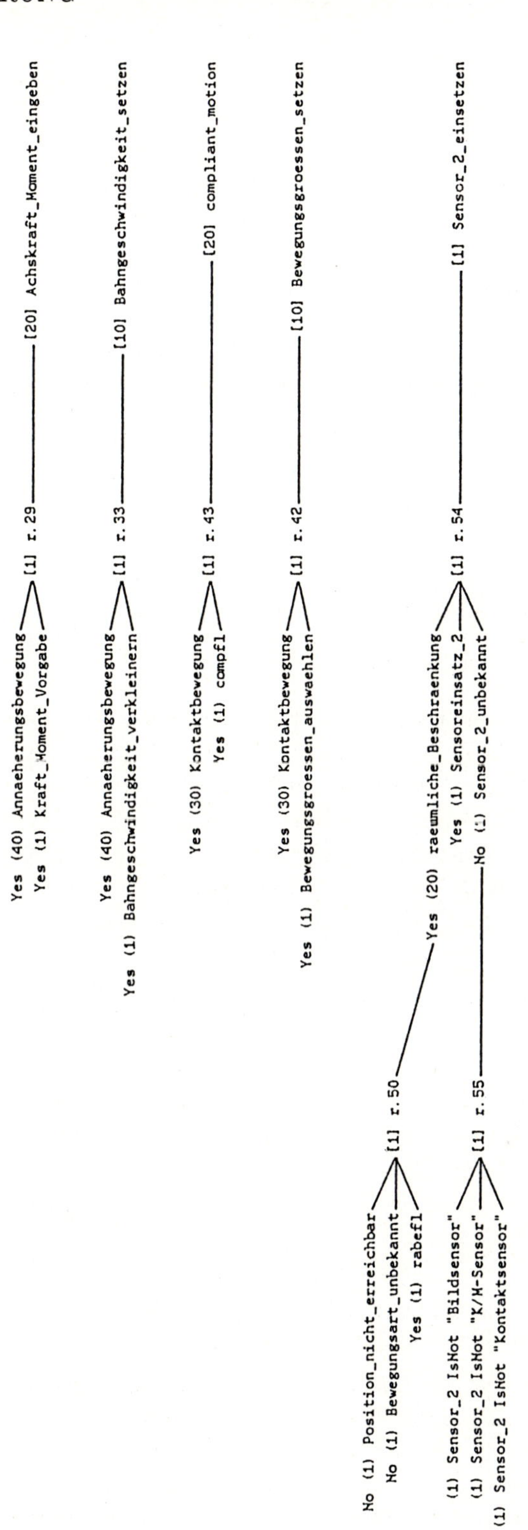

Bild 14.3: Visualisierter Ausschnitt aus der Regelbasis

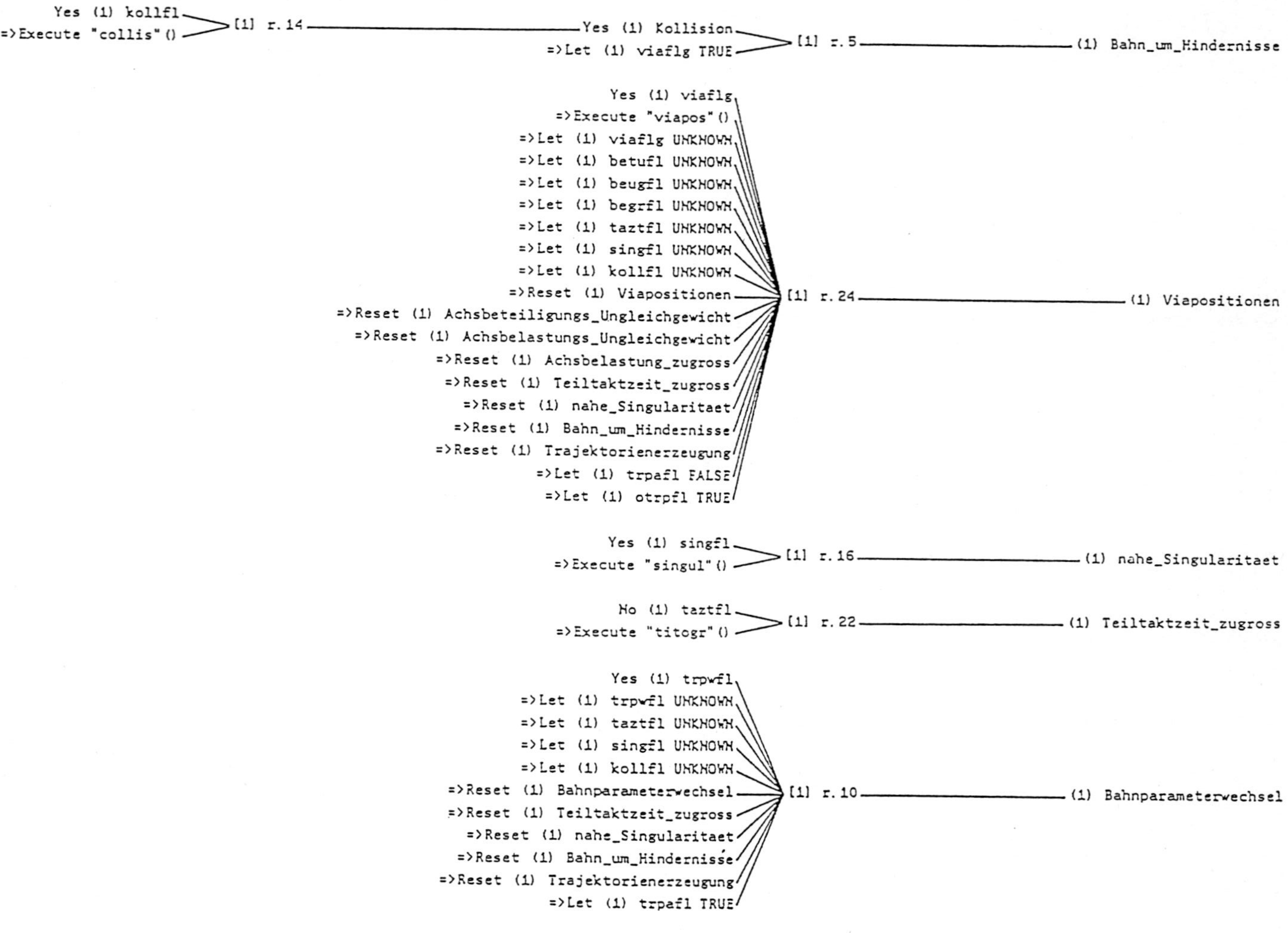

Bild 14.4: Berücksichtigung der zyklischen Verarbeitung

Teil III

Einsatz neuronaler Netze

Kapitel 15

Konzepte neuronaler Netze

Der Einsatz neuronaler Netze ("neural computing") ist der Versuch, ein Computermodell zu erzeugen, welches in seiner Funktion der Arbeitsweise des menschlichen Gehirns entspricht. Da man bisher die Arbeitsweise des Gehirns nur zum Teil versteht, ist heute ein neuronales Netz immer nur als ein Modell der aktuellen Erklärungsprinzipien der Gehirnfunktionen anzusehen.

Diese Vorgehensweise entspricht der Vorstellung, wenn man ein Funktionsprinzip verstanden hat, auch dafür eine Maschine bauen zu können, die dieses Funktionsprinzip nachahmen kann.

In diesem Teil wird gezeigt, wie neuronale Netze auf dem Gebiet der Robotersimulation verwendet werden können. Dazu wird zunächst eine Einführung in das Konzept der neuronalen Netze gegeben. Es werden dann verschiedene Netztypen, Modelle künstlicher Neuronen und Lerngesetze vorgestellt. Nach Hinweisen zum praktischen Einsatz wird die Verwendung von neuronalen Netzen in der Robotertechnik übersichtsartig dargestellt. Daran anschließend wird detailliert aufgezeigt, wie das Problem der inversen Kinematik mit Hilfe von neuronalen Netzen gelöst werden kann.

15.1 Funktion des menschlichen Gehirns

Das Gehirn des Menschen besteht aus dem Großhirn, dem Kleinhirn, dem Zwischenhirn und dem Hirnstamm. Die Oberfläche des Großhirns, die Großhirnrinde, wird als Sitz der intelligenten Leistungen des Menschen angesehen. Die Großhirnrinde ist ca. 3mm dick und besitzt rd. 14 Milliarden Nervenzellen. Sie weist in ihrem Feinbau sechs verschiedene Schichten auf, die sich durch die Form der in ihnen enthaltenen Nervenzellen unterscheiden. Als Ganzes bezeichnet man diese Schichten als graue Substanz. Die Oberfläche der Großhirnrinde ist stark gefaltet und in Windungen (Gyri) gelegt, die durch Furchen (Sulci) voneinander getrennt werden. Funktionell lassen sich in bestimmten Rindenfeldern bestimmte Leistungen lokalisieren. Der Stirnlappen steht z.B. in enger Beziehung zur Persönlichkeitsstruktur. Der Hinterhauptslappen enthält Sehzentren, der Schläfenlappen Hörzentren.

Der Aufbau des Gehirns wird heute als ein komplexes Geflecht vielfältig miteinander vernetzter Nervenzellen, den sogenannten Neuronen, gesehen. Die Neuronen kommunizieren untereinander durch den Austausch von Signalen. Neuronen sind in ihrer Verarbeitungsgeschwindigkeit um Größenordnungen langsamer als heutige Digitalrechner - und dennoch kann das Gehirn alle Funktionen sehr viel schneller ausführen als diese. Eines der Geheimnisse scheint in der massiven Parallelität der Verarbeitung zu liegen: viele Neuronen sind gleichzeitig an der Verarbeitung beteiligt. Damit verliert die langsamere Verarbeitungsgeschwindigkeit des einzelnen Neurons an Bedeutung.

Verfolgt man die Entwicklung der Verarbeitungsgeschwindigkeit von Neuronen innerhalb der Evolution des Menschen, so zeigt sich, daß sich die Verarbeitungsgeschwindigkeit kaum wesentlich verändert hat. Leistungssteigerungen des Gehirns kamen vielmehr daher, daß immer mehr Neuronen in die Verarbeitung mit einbezogen worden sind.

Man sieht heute die Funktion des Gehirns auf zwei Ebenen: einer schnellen und einer langsamen Ebene. In der schnellen Ebene wird der Zeitmaßstab Sekunden und in der langsamen Ebene der Zeitmaßstab Minuten und Tage verwendet. Die schnelle Ebene verarbeitet aktuelle Wahrnehmungen und steuert vermutlich auch das Kurzzeitgedächtnis. In dieser Ebene sind die Signale der einzelnen Neuronen von Bedeutung.

Die langsame Ebene modifiziert durch Lernen die Verkopplungsstärken der einzelnen Neuronen und die Verkopplungsstruktur. Zu dieser Ebene dürfte unser Langzeitgedächtnis gehören. Im Ablauf dieser beiden Ebenen basiert nach heutiger Auffassung die Funktion des Gehirns.

Das einzelne Neuron hat im Gesamtgeschehen nur eine geringe Bedeutung. Ein Ausfall beeinträchtigt die Gesamtleistung des Gehirns nicht wesentlich. Hierdurch ergibt sich ein hohes Maß an Fehlertoleranz.

15.2 Modell eines Neurons

Jedes Neuron ist mit einer Vielzahl anderer Neuronen verbunden. Von diesen erhält es Eingangssignale, diese werden miteinander verknüpft, verarbeitet und es wird ein Ausgangssignal gebildet. Dieses wird wiederum an eine Vielzahl anderer Neuronen abgegeben.

Bild 15.1 zeigt den modellhaften Aufbau eines Neurons. An einem typischen Neuron können drei Hauptstrukturen unterschieden werden: Dendriten(-baum), Zellkörper (Soma) und Axon. Die Aufgabenzuordung entspricht der Eingabe, der Verarbeitung und der Ausgabe.

Die Dendriten bilden die Haupteingabepfade eines Neurons. Sie summieren die Ausgabesignale der verbundenen Neuronen in Form eines elektrischen Potentials, das dem Zellkörper zugeleitet wird.

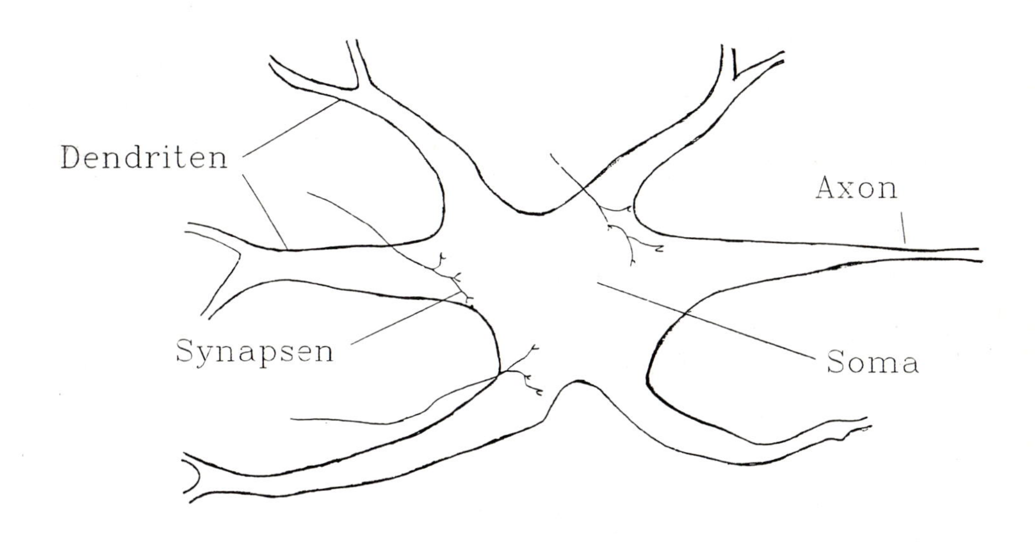

Bild 15.1: Modellhafter Aufbau eines Neurons

Ein Neuron ist ein komplexe, elektrochemische Struktur, die ein internes sog. Membranpotential enthält. Übersteigt dieses Potential einen Schwellwert, wird ein Aktionspotential durch das Axon übertragen.

Auch das Axon verzweigt sich und führt das Ausgabesignal zu den mehreren tausend Zielneuronen. Die Kontaktstellen des Axons befinden sich entweder auf den Dendriten oder auf den Zellkörpern selbst. Die Kontaktstellen heißen Synapsen.

Es gibt Synapsen in verschiedenen Ausführungen, die sich auch in ihrem inneren Aufbau unterscheiden. Zwei davon sind von besonderer Bedeutung: Synapsen mit erregender (exzitatorischer) und Synapsen mit hemmender (inhibitorischer) Wirkung. Synapsen mit erregender Wirkung verstärken die ankommenden Signale, Synapsen mit hemmender Wirkung vermindern die ankommenden Signale. DIes geschieht durch eine Beeinflussung des Membranpotentials. Die meisten Synapsen arbeiten mittels chemischer Überträgerstoffe, den Neurotransmittern. Der ankommende elektrische Impuls bewirkt eine Ausschüttung des Überträgerstoffes, und der wiederum bewirkt eine Änderung des Potentials am Dendritenbaum oder am Zellkörper.

Die Aktivität eines Neurons wird anhand der abgesandten Impulse pro Zeiteinheit gemessen. Das Ausgangssignal sollte nicht im Sinne binärer Information mißverstanden werden, es ist vielmehr die Aktivitätsrate, die der eigentliche Informationsträger ist. Es findet somit in einem gewissen Sinn eine Spannungs-Frequenzumsetzung statt. Manche Netzmodelle nutzen deshalb Ausgangssignale, die kontinuierlich in ihrem Verlauf sind.

15.3 Aufbau eines neuronalen Netzes

Neuronale Netze basieren auf Modellen, welche die biologischen Abläufe im Gehirn wiedergeben. Die einzelnen Neuronen unterscheiden sich allerdings innerhalb des Gehirns gemäß ihrem "evolutionären" Alter. Die "älteren" Teile des Gehirns sind sehr viel mehr auf "niedrigere" Funktionen ausgerichtet als die Teile des Großhirns. Heutige Modelle versuchen die Funktion des Großhirns nachzubilden, da hier die "höheren" Funktionen wie Sprache oder Wahrnehmung ablaufen .

Solche Funktionen sind deshalb ideale Kandidaten, um sie mit einem neuronalen Netz nachzubilden. Alle Funktionen, die ein Mensch nur unzureichend ausführen kann, sind somit ungeeignet für die Nachbildung durch ein neuronales Netz.

Die Funktionalität des Gehirns beruht im wesentlichen auf der Arbeitsweise der Neuronen und dem Verarbeiten der ankommenden Impulse durch das Neuron. Ein neuronales Netz bildet diese beiden Funktionskomponenten durch Gewichte und Übertragungsfunktionen nach:

- Gewichte entsprechen den Synapsen
- Übertragungsfunktionen modellieren die neuronale Informationsverarbeitung

Bild 15.2 zeigt hierzu ein einfaches Modell eines künstlichen Neurons i. Die ankommenden Signale werden über n Verbindungsleitungen zu n Gewichten w_{ij} geführt. Innerhalb des Neurons i werden die Signale verknüpft und verarbeitet. Ergebnis ist das Ausgangssignal y_i.

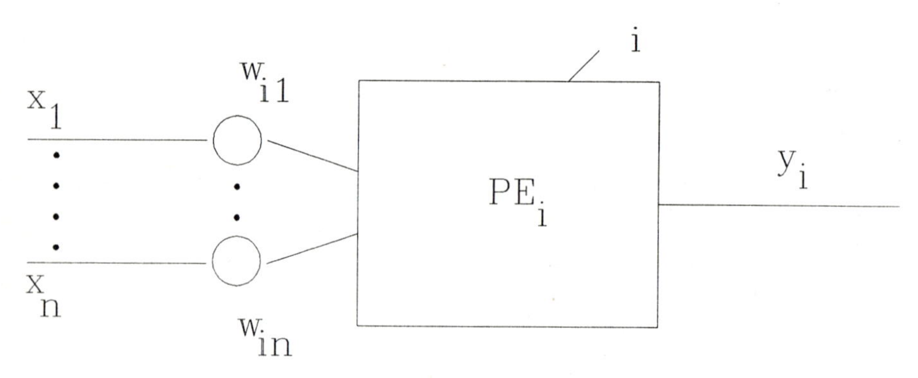

Bild 15.2: Einfaches Modell eines künstlichen Neurons

Dieses Modell eines einzelnen Neurons ist relativ primitiv in seinem Aufbau und in seiner Funktion. Die Mächtigkeit eines neuronalen Netzes entsteht nun, wenn viele Neuronen miteinander verbunden werden.

Wenn ein neuronales Netz arbeitet, sind viele Zellen gleichzeitig aktiv. Eine Beschreibung des Netzzustandes erfordert deshalb die Angabe der Zustände aller Neuronen. Das globale Verhalten eines Netzes wird bestimmt durch die Struktur (Topologie) und die Gewichtung der einzelnen Verkopplungen. Die Gewichtung kann durch verschiedene Lernalgorithmen vorgegeben bzw. verändert werden.

Wesentliche Punkte beim Aufbau eines neuronalen Netzes sind deshalb die Netzstruktur, die Lernalgorithmen und die Repräsentation von Wissen.

Hecht-Nielsen gibt in [59] eine verbale Definition eines neuronalen Netzes: "Ein neuronales Netz ist eine parallele, verteilte Informationsverarbeitungsstruktur, die aus Prozessorelementen besteht (die jeweils einen lokalen Speicher besitzen und die lokal Informationen verarbeiten können), welche durch unidirektionale Signalpfade miteinander verbunden sind. Jedes Prozessorelement hat ein einziges Ausgangssignal, welches sich in viele Pfade verzweigen kann, wobei jeder Pfad das gleiche Signal weiterleitet. Das Ausgangssignal kann in beliebiger mathematischer Form vorliegen. Die Art der Informationsverarbeitung innerhalb eines Prozessorelementes kann von beliebiger Art sein, mit der Restriktion, daß sie vollständig lokal, d.h. innerhalb des Prozessorelementes, geschehen muß. Sie hängt also nur von den ankommenden Signalen und den Werten des lokalen Speichers ab."

Hecht-Nielsen hat die obige Definition in das von ihm entwickelte sog. AXON-Modell übertragen. Mit Hilfe der "AXON neural network description language" können neuronale Netze beschrieben werden.

Grundlage einer solchen Beschreibung ist die Betrachtung eines neuronalen Netzes als gerichteter Graph. Hieraus kann eine zweite Definition eines neuronalen Netzes abgeleitet werden: "Ein neuronales Netz ist eine parallele, verteilte Informationsverarbeitungsstruktur in Form eines gerichteten Graphen". Diese hat folgende Eigenschaften:

- Die Knoten entsprechen den Prozessorelementen
- Die Kanten entsprechen den Signalverbindungen[1]
- Jedes Prozessorelement kann eine beliebige Anzahl von Eingangsignalen empfangen
- Jedes Prozessorelement kann eine beliebige Anzahl von Ausgangsignalen erzeugen, diese sind jedoch alle identisch
- Prozessorelemente können einen lokalen Speicher besitzen
- Jedes Prozessorelement ist durch eine Übertragungsfunktion gekennzeichnet
- Eingangssignale eines neuronales Netzes stammen vollständig von außerhalb des Netzes, der Ausgang des Netzes entspricht den Verbindungen, die das Netz verlassen

Bild 15.3 zeigt hierzu den Aufbau eines neuronalen Netzes. Jedes neuronale Netz ist typischerweise in einzelne Schichten ("layer", "slab") unterteilt. Diese sind dadurch gekennzeichnet, daß alle Prozessorelemente die gleiche Übertragungsfunktion

[1] Im folgenden wird der Begriff Verbindung gleichbedeutend mit dem Begriff Verkopplung verwendet

besitzen. Die Ein- und die Ausgabeschicht besitzt üblicherweise keine Übertragungsfunktion, sie dient nur zur Sammlung bzw. zur Verteilung der Daten. Jedes Prozessorelement besitzt ein zugeordnetes Lerngesetz. Dieses modifiziert das Übertragungsverhalten des Prozessorelementes.

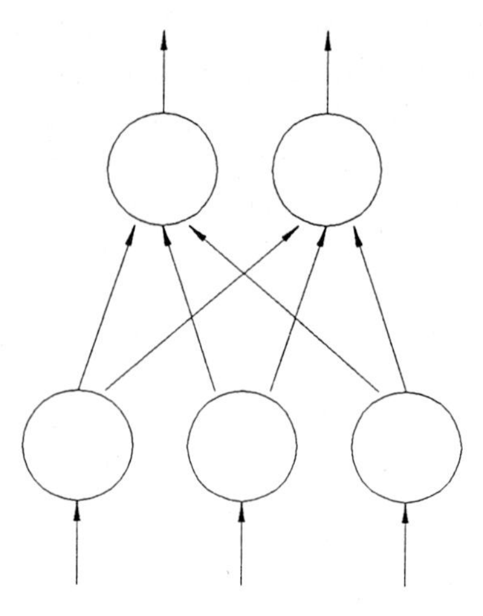

Bild 15.3: Typischer Aufbau eines neuronalen Netzes

Das Lernen in einem neuronalen Netz kann auf drei Arten erfolgen:

- Veränderung der Verkopplungsgewichte
- Veränderung der Verkopplungen
- Veränderung der Übertragungsfunktion

Bei synchronen Netzen existiert meist ein spezielles Prozessorelement, welches die Aufgabe hat, die Aktivierung der einzelnen Prozessorelemente zu koordinieren. In diesem Fall werden alle Prozessorelemente einer Schicht zur gleichen Zeit aktiviert.

15.4 Lernphase

Bei neuronalen Netzen wird zwischen der Lernphase und der Betriebsphase unterschieden. In der Lernphase werden die Gewichte der einzelnen Verkopplungen festgelegt. Dazu werden Lernalgorithmen verwendet. Ihre Entwicklung stand im Forschungsmittelpunkt der letzten 30 Jahre.

Sind die Eingangs- und Ausgangswerte [2] bekannt und wird beides dem Netz zugeführt, so spricht man von überwachtem Lernen ("supervised learning"). Wird kein

[2] Im folgenden werden die Signale, Informationen, etc., die einem Netz zugeführt und darin verarbeitet werden, als "Werte" bezeichnet.

Ausgangswert zugeführt, nennt man dies nicht-überwachtes Lernen ("unsupervised learning"). Erfolgt eine Beurteilung des Ergebnisses nur in Form einer bewertenden Aussage (gut/schlecht), so nennt man dies verstärkendes Lernen ("reinforcement learning").

Das Lerngesetz gibt nun an, wie die Gewichte des Netzes verändert werden müssen. Während der Lernphase werden dazu Testwerte dem Netz sehr oft zugeführt, oftmals sind mehrere tausend Wiederholungen erforderlich.

Die Parameter des Lerngesetzes können ebenfalls während der Lernphase modifiziert werden, je nach dem Fortschritt im Lernvorgang. Man bezeichnet dies als "learning schedule", also als Langzeitkontrolle über die Werte der Parameter des Lerngesetzes.

15.5 Betriebsphase

In der Betriebsphase werden dem Netz nur Eingangswerte zugeführt. Diese durchlaufen die einzelnen Prozessorelemente und werden parallel verarbeitet. An bestimmten Prozessorelementen liegen dann die Ausgangswerte vor.

Angesichts der Komplexität der Verkopplungen und der parallelen Arbeitsweise ist das Verfolgen der Netztätigkeit sehr schwierig. Dieses Problem ist im Zusammenhang mit dem Aufdecken von Fehlern zu sehen: wie ermittelt man eine Fehlerursache? In konventionellen Programmen geht man mittels eines Debuggers schrittweise vor, definiert "watch points" oder "break points" und kann so sequentiell das Programm abarbeiten. Bei neuronalen Netzen sind diese Techniken der Fehlersuche wegen der parallelen Arbeitsweise nicht einsetzbar. Hier müssen andere Techniken entwickelt werden.

15.6 Netzstrukturen

Es gibt eine Vielzahl von Möglichkeiten, die Elemente eines neuronalen Netzes anzuordnen. Man ordnet diese, in Analogie zum Gehirn, in Gruppen oder Schichten ("layer") an und unterscheidet dann zwischen der Anzahl der Schichten. Oft werden spezielle Ein- und Ausgangsschichten von sog. verborgenen Schichten ("hidden layer") unterschieden. Die Ein- und Ausgangsschichten dienen nur zur Einspeisung bzw. der Sammlung der Werte. In den verborgenen Schichten findet dann die eigentliche Verarbeitung statt.

Ist der Ausgangswert verschieden vom Eingangswert, so liegt ein heteroassoziatives Netz vor, andernfalls ein autoassoziatives Netz.

Man unterscheidet ferner zwischen Netzen mit und ohne Rückkopplung. Bei Netzen ohne Rückkopplung ("feedforward") durchlaufen die Eingangswerte die einzelnen Schichten, werden dort verarbeitet und erreichen die Ausgangsschicht.

Bei Netzen mit Rückkopplung wird ein Teil der Werte wieder zu bereits durchlaufenen Schichten zurückgespeist. Das Netz ist solange aktiv, bis ein vorgegebenes Konvergenzkriterium erfüllt ist. Dann wird die Ausgangsschicht frei gegeben. Ein typisches Kriterium ist z.B. ein Fehlermaß oder ein Energiemaß.

Neuronale Netze können weiterhin synchron oder asynchron betrieben werden. Beim synchronen Betrieb feuern alle oder ausgewählte Gruppen von Netzelementen zum gleichen Zeitpunkt. Unter "feuern" versteht man in diesem Zusammenhang die Aussendung des Ausgangssignals eines Neurons. Beim asynchronen Betrieb feuern die Netzelemente sofort und damit voneinander unabhängig.

Beim Betrieb eines Netzes können ferner zwei Betriebsarten unterschieden werden: normalisierter Betrieb ("normalization") und Konkurrenzbetrieb ("competition"). Beim normalisierten Betrieb werden die Ausgangswerte einer Schicht so skaliert, daß in der Summe stets eine konstante Größe beibehalten wird. Dieses Vorgehen entspricht biologischen Systemen, bei denen ebenfalls bestimmte Signale in der Summe konstant gehalten werden.

Bei Konkurrenzbetrieb wird nur einem oder wenigen Elementen einer Schicht gestattet, einen Ausgangswert weiterzuleiten. Dies ist meist das Element mit der höchsten Aktivierungsrate.

15.7 Repräsentation von Wissen

Am Anfang der Forschung auf dem Gebiet der neuronalen Netze konzentrierte man sich auf die Ermittlung geeigneter Netzstrukturen, den Aufbau der Netzelemente und geeigneter Lernalgorithmen. Heute ist man an der Fragestellung interessiert, wie Wissen in einem Netz repräsentiert werden kann. Ebenso gibt es großes Interesse an Systemen, die sich selbst organisieren können.

Anderson [5] sieht die Frage der Repräsentation von Wissen als die wichtigste Frage in der Forschung auf dem Gebiet der neuronalen Netze für die nächsten Jahre an. Ist ein Problem ungeeignet repräsentiert, wird auch ein neuronales Netz versagen. Anderson gibt daher einige Regeln für die Repräsentation von Wissen an. Damit soll der Art der Wissensrepräsentation des Gehirns entsprochen werden:

- Ähnliche Eingangswerte sollten auch ähnlich repräsentiert werden
- Separierbare Dinge sollten unterschiedlich repräsentiert werden
- Für wichtige Dinge sollten viele Elemente zur Verfügung stehen
- Die mathematische Verarbeitung von Werten im Sinne von Rechenoperationen sollten nicht im Netz selbst stattfinden, sondern außerhalb
- Konstante Werte sollten in das Netz eingebaut werden und nicht erlernt werden müssen

Die Konzepte von neuronalen Netzen und der künstlichen Intelligenz weisen Unterschiede auf, die man bei realen Anwendungen beachten sollte. Bei Verfahren der künstlichen Intelligenz ist das Wissen explizit kodiert, z.B. in Form von Regeln. Neuronale Netze erzeugen ihre eigenen "Regeln" während der Einlernphase. Das Wissen ist nicht direkt lokalisierbar, es ist im Netz verteilt und steckt in der Netzstruktur und den Gewichten.

Neuronale Netze können assoziative Fähigkeiten zeigen: Wird dem Netz ein unvollständiger Wertesatz zugeführt, liefert es die beste Näherung zum vollständigen Wertesatz als Ausgangsinformation. Ist das Netz autoassoziativ, wird es die fehlenden Werte ergänzen.

Ein neuronales Netz ist also in der Lage, unvollständige, gestörte oder unbekannte Werte zu verarbeiten. Diese Eigenschaft bezeichnet man als Fähigkeit zur Generalisierung.

Neuronale Netze zeigen weiterhin ein großes Maß an Fehlertoleranz. Sind einige Netzelemente ausgefallen, ist das Netz trotzdem noch weiter in Betrieb. Es findet also kein Totalausfall statt. Die Qualität der Ergebnisse ist beim Ausfall nur weniger Elemente auch nur wenig verschlechtert.

15.8 Einsatzgebiete

Einsatzgebiete neuronaler Netze sind alle Bereiche, die nahe der menschlichen Informationsverarbeitung liegen:

- Erzeugung von gesprochener Sprache
- Verstehen natürlicher Sprache
- Erkennen von Schriftzeichen
- Erkennen von Objekten

Eine sehr bekannte Anwendung in der Generierung von Sprache ist NETtalk [112]. Diesem Netz wurde von T. Sejnowsky und C. Rosenberg das Sprechen in amerikanischer Sprache beigebracht. K. Fukishima [43] setzt ein Netz ein, um Handschriften zu erkennen.

Es gibt aber auch andere, mehr rechnerorientierte Einsatzgebiete:

- Datenkompression
- Lösen kombinatorischer Probleme
- Signalverarbeitung
- Regelung
- Synthese von Funktionen
- Modellbildung im Finanz- und Ökonomiebereich

G.W. Cottrell, D. Zipser und P. Munro [22] konnten Bilddaten mit einem Netz in einem Verhältnis von 8:1 komprimieren, übertragen und die Bildinformation wieder rückgewinnen. Typische Anwendungsbereiche der Signalverarbeitung sind Vorhersage, Modellierung und Filterung, z.B. die Elimination von Rauschen bei EKG-Signalen.

15.9 Neue Technologien

Der Einsatz neuronaler Netze erfordert neuartige Technologien. Zur Entwicklung sind Softwaresimulatoren erforderlich, für heutige Rechner spezielle Hardwarebeschleuniger. In Zukunft wird der Betrieb wohl mit speziellen "Neurochips" oder optischen Prozessoren erfolgen.

An Hardwarebeschleunigern sind heute verfügbar:

- Mark III, Mark IV - VAX
- Network Emulation Prozessor (NEP) - IBM PC
- ANZA, ANZA Plus - AT
- DeltaII neural computing board

Die Geschwindigkeit der Boards wird durch die Aktivierung von Verbindungen pro Zeiteinheit ("connections per second", "cps") gemessen. Die ANZA-Serie wird mit 1.5 Mio cps spezifiziert, das Delta-board mit 11 Mio. cps.

Die Firma AT&T entwickelt einen Neurochip, den "electronic neural network chip" (ENN-chip). Der Einsatz von Hardwarebeschleunigern kann die heute oft langwierige Einlernphase deutlich verkürzen.

Kapitel 16

Netztypen

16.1 Klassifizierung neuronaler Netze

Es existiert eine Vielzahl unterschiedlicher Typen von Netzen. Als Klassifizierungshilfen können die Anzahl der Schichten, die Art der Verkopplung, die Anzahl von Neuronen pro Schicht und die Dichte der Verkopplungen benutzt werden.

Man unterscheidet nach der Anzahl der Schichten drei Netztypen: Einschicht-, Zweischicht- und Mehrschichtnetze. Bei der Verkopplungsart wird unterschieden zwischen horizontaler und vertikaler Verkopplung. Hierbei kann noch weiterhin die Art der Verkopplung unterschiedlich sein: Vorwärtskopplung ("feedforward") und Rückwärtskopplung ("feedback"). Durchläuft der Eingangswertevektor die funktionelle Schicht und bildet sofort den Ausgangswertevektor, liegt ein Netz ohne Rückkopplung vor. Ist eine Rückkopplungsstruktur vorhanden und werden Werte solange zurückgekoppelt, bis ein Konvergenzkriterium erfüllt ist, liegt ein Netz mit Rückkopplung vor.

Treten bei einem Netz mehrere funktionelle Schichten auf, so spricht man von einem abbildenden Netz ("mapping network"). Dieser Netztyp ist in der Lage, eine Funktion f nachzubilden, welche einen Eingangswertevektor $\mathbf{x}_k$ in einen Ausgangswertevektor $\mathbf{y}_k$ abbildet:

$$\mathbf{y}_k = f(\mathbf{x}_k) \tag{16.1}$$

Man unterscheidet hier zwischen sog. "feature"-basierten Netzen und "prototype"-basierten Netzen. Ein "feature"-basiertes Netz adaptiert während des Einlernvorgangs eine allgemeine funktionale Beziehung, um die gewünschte Funktion nachzubilden.

Prototyp-basierte Netze generieren während der Einlernphase Paare von Eingangs- und Ausgangsbeziehungen. Ein neuer, unbekannter Eingangswert wird dann mit den bereits bekannten Eingangsbeziehungen verglichen und die Ergebnisse dieses Vergleiches genutzt, um aus den korrespondierenden Ausgangswertevektoren durch eine Linearkombination ein Resultat zu erzeugen.

Mit Hilfe dieser Klassifizierungshilfen können derzeit sechs Netztypen unterschieden werden:

- Einschichtnetze (horizontale Verkopplung)
- Einschichtnetze (topologisch geordnete Vektoren)
- Zweischichtnetze (vorwärts- und rückwärtsgekoppelt)
- Mehrschichtnetze (vorwärtsgekoppelt)
- Mehrschichtnetze (kooperativ, kompetitiv)
- Hybride Netze

16.2 Einschichtnetze

Einschichtnetze bestehen aus einer einzigen Schicht von Prozessorelementen. Sie sind horizontal verkoppelt und werden für autoassoziative Zwecke verwendet, z.B. um verrauschte oder unvollständige Eingabemuster zu regenerieren. Bekannte Netztypen sind das Hopfield-Netz und das Brain-State-in-a-Box-Netz. Bild 16.1 zeigt die Struktur eines Hopfield-Netzes: alle Neuronen sind untereinander horizontal verbunden.

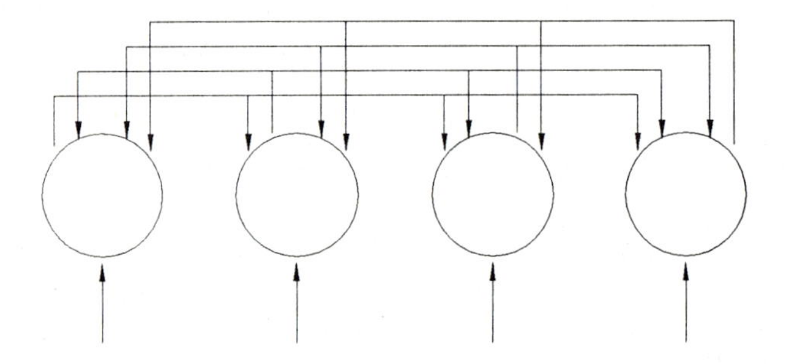

Bild 16.1: Struktur eines Hopfield-Netzes

16.3 Netze mit topologisch geordneten Vektoren

Netze mit topologisch geordneten Vektoren besitzen keine der Verkopplungsarten der anderen Netze. Man spricht hier bei den Netzelementen auch von sog. "Neuroden" anstatt von Neuronen. Eine Neurode repräsentiert einen Wertevektor, ist also in der Lage, mehrdimensionale Informationen aufzunehmen. Während der Einlernphase werden die einzelnen Neuroden anhand ihres "Abstandes" im Vektorraum angeordnet. Typische Netze sind die Kohonen-Netze: Learning-Vektor-Quantization-Netz und Self-Organizing-Topology-Preserving-Map-Netz.

16.4 Zweischichtnetze

Zweischichtnetze bestehen aus zwei Schichten von Prozessorelementen. Sie sind häufig vorwärts- und rückwärtsgekoppelt. Die Werte durchlaufen die einzelnen Neuronen solange, bis ein stabiler Zustand erreicht ist. Zweischichtnetze haben zwei verschiedene Sätze an Gewichten, je einen für jede Richtung. Vertreter dieses Netztyps sind das Carpenter/Grossbergs Adaptive-Resonance-Theory-Netz (ART) und Koskos Bidirectional-Associative-Memory-Netz (BAM). Diese Netze können dazu benutzt werden, ein Wertemuster mit einem zweiten zu assoziieren ("pattern heteroassociation").

16.5 Vorwärtsgekoppelte Mehrschichtnetze

Vorwärtsgekoppelte Mehrschichtnetze besitzen mehrere Schichten, die aus gleichartig gebauten Neuronen geformt werden. Bei der Zählung der Schichten werden Ein- und Ausgabeschicht nicht mitgezählt. Man kann sich die Funktion des Netzes als die Abbildung eines Eingangswertevektors $\mathbf{x}$ auf einen Ausgangswertevektor $\mathbf{y}$ vorstellen.

In vorwärtsgekoppelten Mehrschichtnetzen durchlaufen die eingespeisten Werte das Netz nur in einer Richtung. Vorwärtsgekoppelte Mehrschichtnetze sind gut zum Klassifizieren von Mustern ("pattern classifiers") geeignet. Typische Vertreter dieses Netztyps sind das Perceptron-Netz, das Adaline-Netz, das Madaline-Netz und die Backpropagation-Netze. Alle Netze werden mittels überwachtem Lernen eingelernt.

16.6 Backpropagation-Netz

Von den vorwärtsverkoppelten Netzen wird wohl das Backpropagation-Netz am häufigsten eingesetzt. Es ist aus einem Perceptron-Netz durch das Hinzufügen einer verborgenen Schicht und dem Einsatz der verallgemeinerten Delta-Regel zum Lernen entstanden. Bild 16.2 zeigt ein typisches Backpropagation-Netz.

Backpropagation-Netze wurden von mehreren Personen gleichzeitig geschaffen, so u.a. von P. Werbos [129] und D. Rumelhardt [107].

Der Begriff Backpropagation kommt daher, daß während der Einlernphase Fehler im Netz rückgekoppelt werden. Während der Betriebsphase ist das Netz strikt vorwärtsgekoppelt.

Ein Backpropagation-Netz besteht aus mehreren Schichten. Von Schicht zu Schicht sind alle Prozessorelemente miteinander verbunden. Die erste und die letzte Schicht entsprechen der Ein- bzw. der Ausgabeschicht. Dazwischen liegen mehrere verborgene Schichten, die "hidden-layer".

Mit Hilfe eines Backpropagation-Netzes kann eine Funktion f nachgebildet werden:

$$\mathbf{y} = f(\mathbf{x}) \tag{16.2}$$

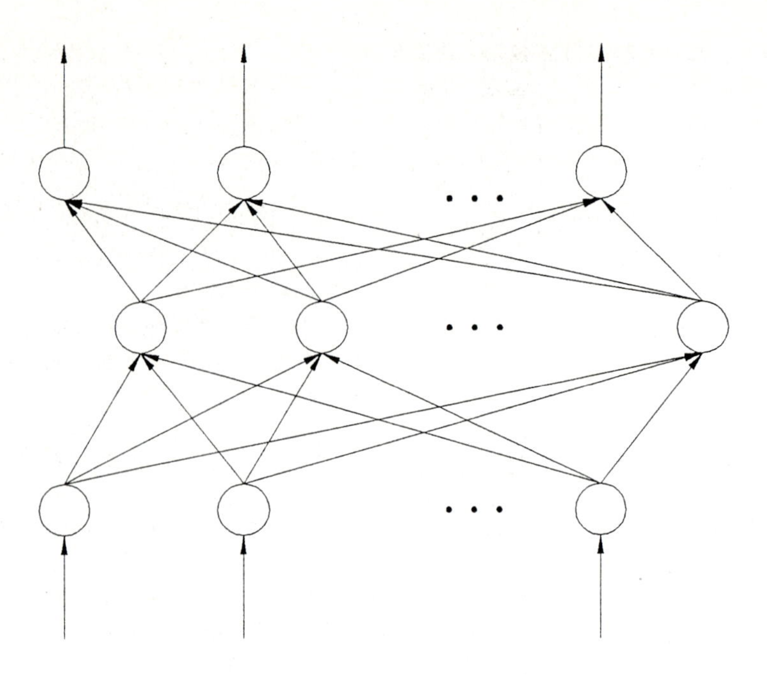

Bild 16.2: Aufbau eines Backpropagation-Netzes

Beim Einlernen arbeitet das Netz in zwei Phasen. Zunächst wird der Eingangswertevektor durch die einzelnen Schichten verarbeitet ("forward pass"). An der Ausgangsschicht wird dann mit Hilfe des gewünschten Ausgangswertevektors ein Fehler berechnet. Dieser Fehler wird dann an die vorhergehenden Schichten zurückgesendet ("backpropagation"), bis die Eingangsschicht erreicht ist. Anhand des auftretenden Fehlers werden nun die einzelnen Gewichte modifiziert. Die Einlernphase dauert solange an, bis ein gewünschtes Maß an Genauigkeit erreicht ist. Die Fehlerrückkopplung geschieht nur in der Lernphase, nicht während des aktuellen Betriebs.

Mit Hilfe von Backpropagation-Netzen kann nahezu jede beliebige Funktion approximiert werden. Hecht-Nielsen gibt in [59] ein Theorem an, das besagt, daß mit einem Backpropagation-Netz mit drei Schichten jede Funktion f nachgebildet werden kann. Hierbei kann jedoch eine große Anzahl von Prozessorelementen in der verborgenen Schicht auftreten. Es ist deshalb u.U. ratsam, mit mehreren verborgenen Schichten zu arbeiten. Das Theorem besagt allerdings nur, daß jeweils Gewichte existieren, aber nicht, ob diese auch in jedem Fall eingelernt werden können.

Ein Backpropagation-Netz erfordert im allgemeinen eine lange Phase des Einlernens. Ein Backpropagation-Netz arbeitet vergleichbar wie ein Gradientenabstiegsverfahren und sucht das Minimum einer Fehlerfläche. Es besteht im Betrieb allerdings die Gefahr, daß das Netz in lokalen Minima der Fehlerfläche stecken bleibt und so das absolute Minimum, falls dieses existiert, nicht erreicht wird.

Mit Hilfe der verborgenen Schichten ist ein Backpropagation-Netz auch in der Lage, bestimmte Eigenschaften ("features") des Eingabewertevektors zu erfassen. Damit ist dieser Netztyp auch in der Lage zu generalisieren.

16.7 Kooperative und kompetitive Mehrschichtnetze

Kooperative und kompetitive Mehrschichtnetze haben Vorwärts- und auch Rückwärtsverkopplungen sowie horizontale Verkopplungen. Die horizontalen Verkopplungen sind meist so ausgelegt, daß sie sowohl verstärkende (kooperative) als auch abschwächende (kompetitive) Wirkungen erzielen können. Damit sollen spezielle biologische Funktionsweisen nachgebildet werden. Vertreter dieses Netztyps sind Grossbergs Boundary-Contour-System und Fukusihmas Neocognitron. Einsatzgebiete sind Mustererkennung, Regelungs- und Optimierungsaufgaben sowie die Verarbeitung von Sensorsignalen.

16.8 Hybride Netze

Hybride Netze sind Netzstrukturen, die aus mehreren einzelnen Netzen zusammengesetzt sind. Hierbei führt jedes Teilnetz eine spezielle Aufgabe durch. Diese Netze werden eingesetzt, wenn Aufgaben so komplex sind, daß sie nicht mehr mit einem einzigen Netz gelöst werden können [68]. Es gibt verschiedene Möglichkeiten, hybride Netze aufzubauen, wie die Bilder 16.3 bis 16.6 zeigen: sequentielle Anordnungen gleicher Netze (Bild 16.3), parallele Anordnung gleicher Netze (Bild 16.4), Kombinationen verschiedener Netztypen (Bild 16.5) und Masternetz/Slavenetz-Anordnungen (Bild 16.6).

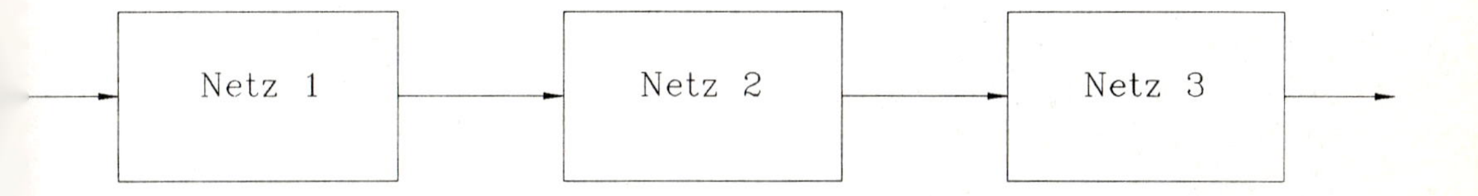

Bild 16.3: Sequentielle Anordnungen gleicher Netze

Es gibt verschiedene Gründe, hybride Netze einzusetzen, die Wahl einer bestimmten Struktur ist jeweils abhängig von der zu lösenden Aufgabe. Es ist oftmals sinnvoll, eine Aufgabe in Teilaufgaben zu untergliedern und diese durch spezielle Netze lösen zu lassen. Dies kann z.B. mit einer sequentiellen Struktur von Netzen erreicht werden. Ein solcher strukturierter Ansatz macht auch die Fehlersuche leichter.

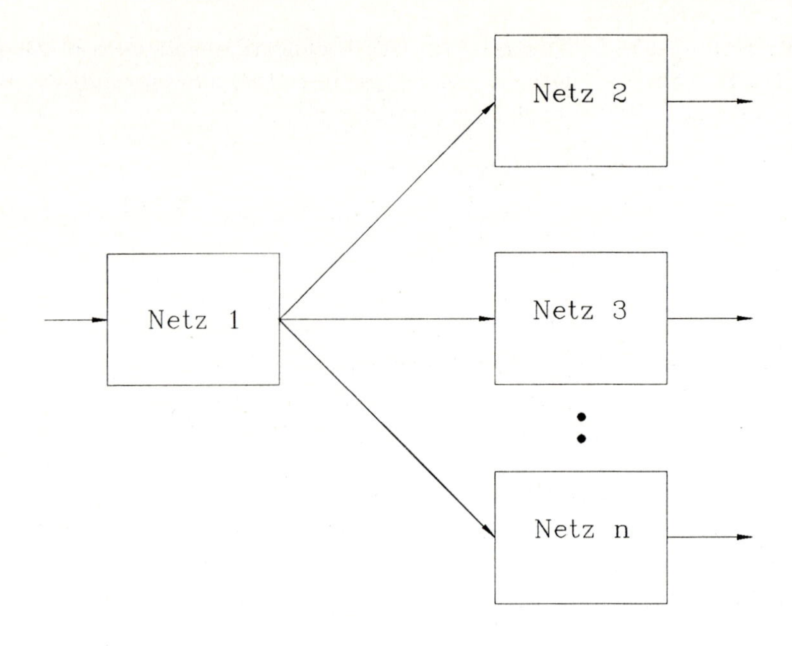

Bild 16.4: Parallele Anordnung gleicher Netze

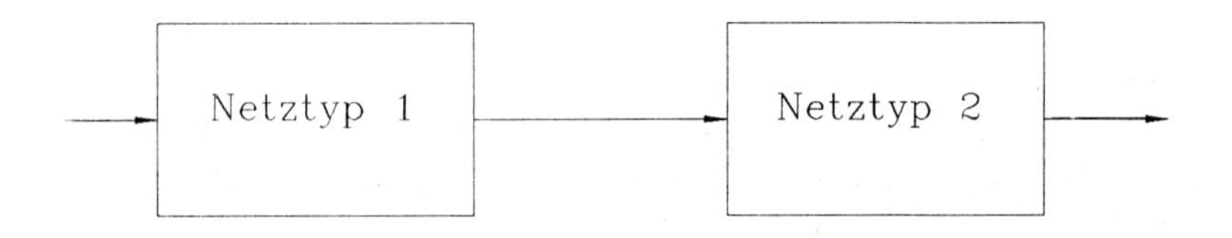

Bild 16.5: Kombinationen verschiedener Netztypen

Ist es möglich, an verschiedenen Teilproblemen gleichzeitig zu arbeiten, kann eine parallele Netzanordnung sinnvoll sein. Bei Aufgaben, welche die Regelung von Prozessen umfassen, wird häufig eine Masternetz/Slavenetz-Anordnung gewählt. Das Masternetz dient zur Durchführung der eigentlichen Aufgabe, und das Slavenetz dient zur Festlegung und zur Modifikation der Gewichte des Masternetzes.

Typische Vertreter hybrider Netze sind das Hamming-Netz und das Counterpropagation-Netz.

16.9 Fehlermaße

Die Genauigkeit eines Netzes wird häufig mit Hilfe von Fehlermaßen bestimmt. Hierbei geht man davon aus, daß ein Netz während des Lernvorgangs nur seine Gewichte

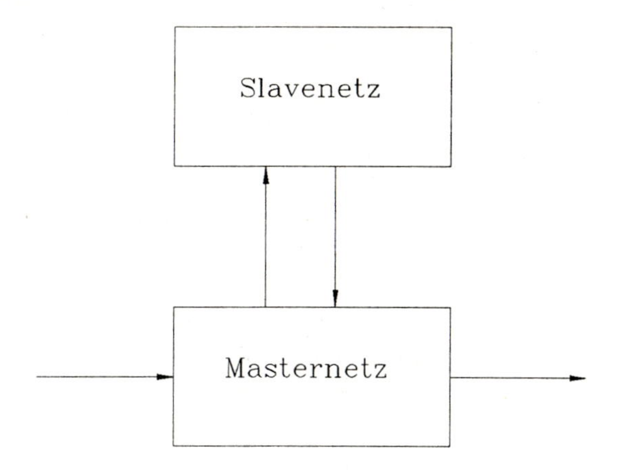

Bild 16.6: Masternetz/Slavenetz-Anordnung

modifiziert und nicht seine Struktur. Sehr häufig wird als Fehlermaß der mittlere quadratische Fehler (MSE) $e_m(\mathbf{w})$ verwendet. Er ist definiert als:

$$e_m(\mathbf{w}) = \lim_{n\to\infty} \frac{1}{n} \sum_{k=1}^{n} (\mathbf{y}_k - \mathbf{y}'_k)^2 \tag{16.3}$$

mit $\mathbf{y}'_k$ dem gewünschten Ergebnis

$$\mathbf{y}'_k = f(\mathbf{x}_k) \tag{16.4}$$

$\mathbf{y}_k$ dem vom Netz ermittelten Ergebnis, $\mathbf{w}$ dem Vektor der Netzgewichte und n der Anzahl der Eingabe- und Ausgabevektoren.

Die Vorteile des mittleren quadratischen Fehlers sind nach [59]:

- der MSE ist für die allermeisten Funktionen definiert
- der MSE ist in den allermeisten Fällen eine kontinuierliche, differenzierbare Funktion in $\mathbf{w}$
- der MSE ermöglicht die Bestimmung der Größe des Einlerndatensatzes
- der MSE wichtet in gleicher Weise jeden Lernschritt
- der MSE wichtet größere Fehler stärker als kleinere
- der MSE berücksichtigt die Häufigkeit, mit der bestimmte Eingaben auftreten

Weitere mögliche Fehlermaße sind der absolute Fehler oder der mittlere absolute Fehler.

16.10 Probleme beim Einlernen

In den meisten Fällen steht kein unbegrenzter Vorrat an Einlerndaten zur Verfügung, sondern nur eine beschränkte Menge. Es tritt hier das Problem auf, eine vernünftige Größe des Einlerndatensatzes zu finden. Ein Einlerndatensatz sollte möglichst jeden Fall enthalten, der im späteren Betrieb auch auftritt. Manche Netze können spezifische Fälle sehr viel besser lernen als allgemeinere Fälle. Man sollte deshalb immer Einlern- und Testdaten trennen. Ein Problem kann Übertraining werden. Wird einem Netz der Einlerndatensatz zu häufig präsentiert, kann die Genauigkeit wieder schlechter werden. Hier stellt sich das Problem, wann mit dem Einlernen aufzuhören ist. Die exakte Ursache für dieses Problem ist heute noch nicht genau bekannt. Man ist hier zunächst auf zielgerichtetes Probieren angewiesen.

Kapitel 17

Modell eines Neurons und Lerngesetze

Es gibt mittlerweile verschiedene Rechnerprogramme, mit denen man neuronale Netze aufbauen und deren Funktion simulieren kann. Diese basieren auf einem Modell eines Neurons. Im folgenden soll deshalb zunächst ein allgemeines Modell eines Neurons vorgestellt werden. Danach wird das Neuronenmodell sowie die verfügbaren Lerngesetze des Rechnerprogramms NWorksII vorgestellt.

17.1 Modell eines Neurons

Bild 17.1 zeigt das allgemeine Modell eines künstlichen Neurons. Dieses wird im folgenden, um es deutlich von einem biologischen Neuron zu unterscheiden, als Prozessorelement (PE) bezeichnet.

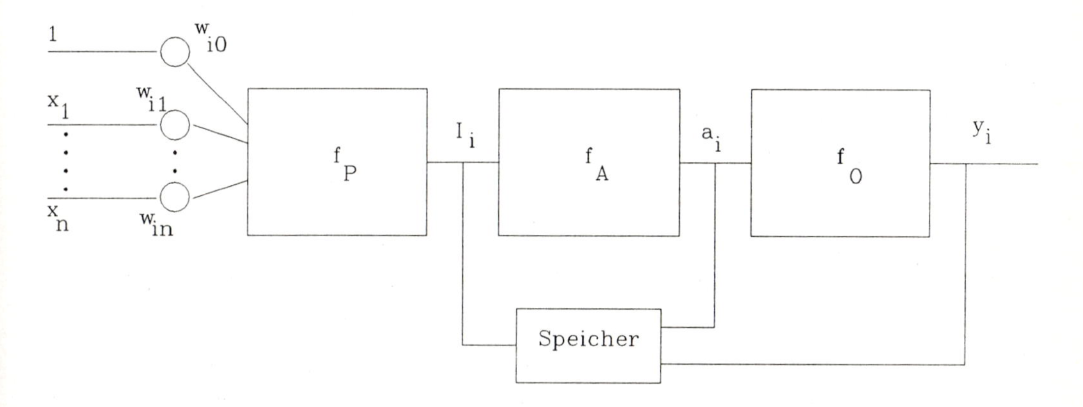

Bild 17.1: Allgemeines Modell eines Prozessorelementes

Bei der Beschreibung wird die folgende Nomenklatur verwendet:

- x_j bzw. x_{ij} Wert der von PE_j zu PE_i übertragen wird
- w_{ij} Gewicht der Verbindung von PE_j zu PE_i
- w_{i0} konstanter Wert
- f_P Propagierungsfunktion (wird auch als Übertragungsfunktion oder Summenfunktion bezeichnet)
- I_i propagierter Eingangswert
- f_A Aktivierungsfunktion (wird auch als Transferfunktion bezeichnet)
- θ_i Schwellwert
- a_i Aktivierungszustand
- f_O Ausgabefunktion
- y_i Ausgabewert von PE_i
- y_i' erwünschter Ausgabewert von PE_i

Die auf den n Verbindungsleitungen ankommenden Eingangswerte x_j werden mit Hilfe der Propagierungsfunktion f_P verarbeitet und der propagierte Eingangswert I_i erzeugt:

$$I_i = f_P(x_1, \ldots, x_n, w_{i1}, \ldots, w_{in}) \tag{17.1}$$

Oft wird auch ein konstanter Wert w_{i0} bei der Bildung des propagierten Eingangswertes I_i berücksichtigt:

$$I_i = f_P(x_1, \ldots, x_n, w_{i0}, w_{i1}, \ldots, w_{in}) \tag{17.2}$$

Dieser erlaubt eine gezielte Verschiebung des propagierten Eingangswertes.

Mit Hilfe der Aktivierungsfunktion f_A wird die Aktivierung a_i des Prozessorelementes ermittelt:

$$a_i = f_A(I_i) \tag{17.3}$$

Die Ausgabefunktion f_O ermittelt den aktuellen Ausgabewert y_i des Prozessorelementes:

$$y_i = f_O(a_i) \tag{17.4}$$

Ein lokaler Speicher kann innerhalb des Prozessorelementes den propagierten Eingangswert, den Aktivierungszustand und den aktuellen Ausgabewert für eine bestimmte Zeitperiode speichern.

Dieses Modell wird meist stark vereinfacht eingesetzt. Beim Neuronenmodell von McCulloch Pitts wird als Propagierungsfunktion die Summenbildung verwendet:

$$I_i = \sum_{j=1}^{n} w_{ij}\, x_j \tag{17.5}$$

Als Aktivierungsfunktion wird die Bildung eines Schwellwertes durchgeführt: ist der propagierte Eingangswert größer als der Schwellwert θ_i, wird der Aktivierungszustand gleich Eins, ansonsten Null gesetzt:

$$a_i = \begin{cases} 1 & , \quad I_i > \theta_i \\ 0 & , \quad sonst \end{cases} \tag{17.6}$$

Als Ausgangsfunktion wird die Identitätsfunktion verwendet, es gilt also:

$$y_i = a_i \tag{17.7}$$

Bild 17.2 zeigt das Neuronenmodell nach McCulloch Pitts.

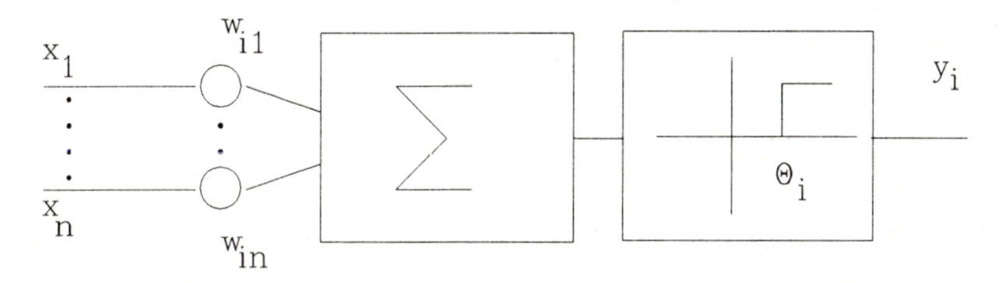

Bild 17.2: Neuronenmodell nach McCulloch Pitts

Bei anderen Modellen sind weitere typische Aktivierungsfunktionen die lineare Abbildung:

$$f_A = E \tag{17.8}$$

und die sog. Sigmoidfunktion:

$$f_A = \frac{1}{1 + e^{-I_i \alpha}} \tag{17.9}$$

Mit Hilfe des Faktors α kann die Form der Kurve verändert werden. Die Ableitung der Sigmoidfunktion

$$f'_A = \frac{df_A}{dI_i} = \frac{\alpha e^{-\alpha I_i}}{(1 + e^{-\alpha I_i})^2} \tag{17.10}$$

ist stets positiv, was speziell bei Backpropagation-Netzen von Bedeutung ist.

17.2 Neuronenmodell in NWorksII

Neural Works Professional II (NWorksII), Neural Ware Inc., USA, ist eine Entwicklungsumgebung für neuronale Netze. Alle Netzmodelle, die hier verfügbar sind, basieren auf einem elementaren Modell eines Neurons, welches in Bild 17.3 gezeigt wird.

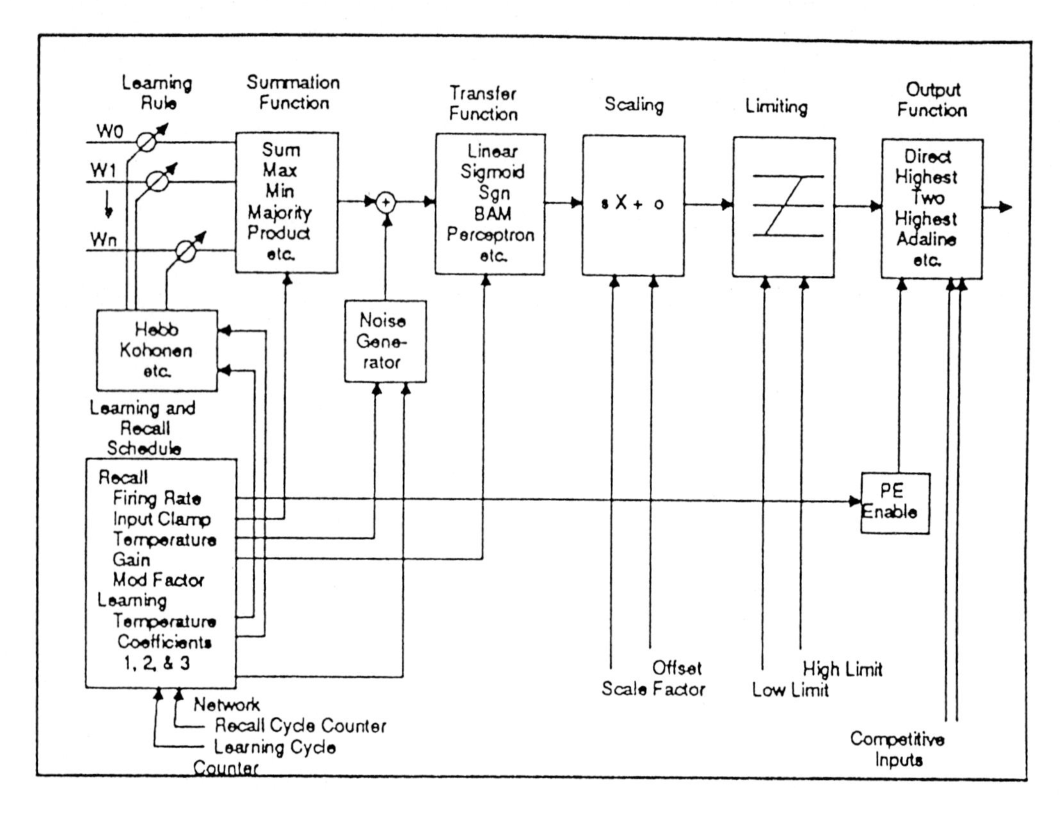

Bild 17.3: Modell eines Prozessorelementes in NWorksII (Nomenklatur gemäß NWorksII, Werkbild Neuron Data)

Der Ablauf der Verarbeitung von Eingangswerten kann in folgende Stufen unterteilt werden:

- Anwendung der Propagierungsfunktion ("summation function")
- Anwendung der Aktivierungsfunktion ("transfer function")
- Skalierung und Limitierung ("scaling", "limiting")
- Anwendung der Ausgangsfunktion ("output function")
- Berechnung des Fehlers (falls aktiviert)

- Rückwärtskopplung des Fehlers (falls aktiviert)
- Modifikation der Gewichte entsprechend dem Lerngesetz

Mit Hilfe dieses allgemeinen Modells können eine Vielzahl verschiedener Netztypen aufgebaut werden, wie z.B. Perzeptron-Netze, Adaline und Madaline Netze, Brain-State-In-a-Box Netze, Hopfield-Netze, Back-Propagation-Netze, Counter-Propagation-Netze, Bi-Directional-Associative-Memory-Netze, Spatio-Temporal-Pattern-Recognition-Netze, Hamming-Netze, Adaptive-Resonance-Theory-Netze, Recirculation-Netze, Probabilistische-Neuronale-Netze, Boltzmann-Maschinen und Functional-Link-Netze.

17.3 Gewichtete Summation

NWorksII unterstützt mehrere Arten von Propagierungsfunktionen. Als Standardsumme wird definiert:

$$I_i = \sum_j w_{ij}\ x_j \tag{17.11}$$

als kulminative Summe

$$I_i = I_{i,alt} + \sum_j w_{ij}\ x_j \tag{17.12}$$

Der Ausgangswert I_i kann ebenfalls das Maximum

$$I_i = MAX(w_{ij}\ x_j) \tag{17.13}$$

oder das Minimum der Größen $w_{ij}\ x_j$ sein

$$I_i = MIN(w_{ij}\ x_j) \tag{17.14}$$

17.4 Aktivierungsfunktion

Als Aktivierungs- oder Transferfunktion f_A stehen mehrere Funktionen zur Auswahl. Die einfachste Aktivierungsfunktion ist die lineare Übertragung $f_A = E$. Damit gilt:

$$a_i = I_i \tag{17.15}$$

Als "sigmoide" Aktivierungsfunktion wird

$$a_i = \frac{1}{e^{-I_i/G}} \tag{17.16}$$

verwendet. Der Faktor G ermöglicht die Vorgabe einer "Verstärkung". Der Wertebereich dieser Aktivierungsfunktion liegt zwischen 0 und 1. Diese Funktion wird hauptsächlich in Backpropagation-Netzen verwendet. Sie besitzt die interessante Eigenschaft, daß ihre Ableitung stets positiv ist. Weitere Aktivierungsfunktionen sind der Tangens-Hyperbolikus (tanh) und der Sinus (sin).

17.5 Skalierung und Limitierung

Mit Hilfe der Skalierungsfunktion wird eine Skalierung der Aktivierung a_i durchgeführt:

$$a_i' = s\ a_i + o \tag{17.17}$$

mit a_i' = Ausgangswert der Skalierung, s = Skalierungsfaktor, o = Offsetfaktor

Mit Hilfe zweier Grenzwerte ("LowLimit", "HighLimit") wird der skalierte Aktivierungszustand begrenzt.

17.6 Ausgabefunktion

Als Ausgabefunktion stehen die direkte Weiterleitung und andere Funktionen zur Verfügung. Mit Hilfe des Konkurrenzbetriebes kann z.B. festgelegt werden, welches Prozessorelement einen Ausgangswert weiterleiten kann und welches Prozessorelement seine Gewichte modifizieren kann.

17.7 Fehlerberechnung

Für die Lernphase ist die Kenntnis des Fehlers von Bedeutung. Dieser wird hier in drei Schritten berechnet. Zunächst erfolgt die Subtraktion des aktuellen Wertes vom gewünschten Wert. Dieser Differenzwert wird mittels einer Fehlerfunktion verarbeitet und mit einem Fehlerfaktor multipliziert. Als Fehlerfunktionen stehen die direkte Weiterleitung, eine quadratische und eine kubische Fehlerfunktion zur Verfügung.

Je nach gewählter Kontrollstrategie wird der Fehler zu vorhergehenden Schichten zurückgekoppelt. Hierfür gibt es auch wieder mehrere Möglichkeiten: es kann der aktuelle Wert, der gewünschte Wert oder der Fehler zurückgeleitet werden. Dieser wird allerdings noch mit der Ableitung der Aktivierungsfunktion skaliert.

Bei Backpropagation-Netzen wird der Fehler mit dem Verbindungsgewicht multipliziert und zum Fehler des Quell-Prozessorelementes addiert.

17.8 Lerngesetze in NWorksII

Im folgenden werden die Lerngesetze, die in NWorksII zur Verfügung stehen, beschrieben.

17.8.1 Lerngesetz nach Hebb

Hebbs Lerngesetz basiert auf der Idee, daß dort, wo Signale ankommen, diese in Zukunft verstärkt übertragen werden sollen. Dies bedeutet, daß in den aktiven Signalpfaden die Gewichte erhöht werden.

Dies kann auf folgende Weise formuliert werden:

$$w'_{ij} = w_{ij} + y'_i \; x_j \tag{17.18}$$

mit w'_{ij} = neues Gewicht, w_{ij} = altes Gewicht, y'_i gewünschter Ausgabewert, x_j= von Prozessorelement j übertragener Wert

In NWorksII wird Hebbs Lerngesetz in der Form

$$w'_{ij} = w_{ij} + c_1 trc(y'_i) \; trc(x_j) \tag{17.19}$$

verwendet. trc ist eine Funktion, die den Wert Eins liefert, wenn das Argument größer als ein Faktor c_2 ist, ansonsten Null. Die oben verwendeten Faktoren c_1 und c_2 können vom Benutzer vorgegeben werden.

17.8.2 Lerngesetz vom Typ Anti-Hebb

Eine Modifikation des Lerngesetzes nach Hebb ist das Lerngesetz vom Typ Anti-Hebb. Es basiert auf dem zusätzlichen Konzept, Gewichte wieder abzuschwächen, wenn keine Signale übertragen werden:

$$w'_{ij} = w_{ij} + c_1 trc(y'_i) \; (2 \; trc(x_j) - 1) \tag{17.20}$$

Tabelle 17.1 verdeutlicht die Lerngesetze nach Hebb und nach Anti-Hebb.

y'_i	x_j	w'_{ij} Anti-Hebb	w'_{ij} Hebb
$y'_i < c_2$	bel.	w_{ij}	w_{ij}
$y'_i > c_2$	$x_j < c_2$	$w_{ij} - c_1$	w_{ij}
$y'_i > c_2$	$x_j > c_2$	$w_{ij} + c_1$	$w_{ij} + c_1$

Tabelle 17.1: Lerngesetze nach Hebb und nach Anti-Hebb

17.8.3 Lerngesetz nach Hopfield

Das Lerngesetz nach Hopfield basiert darauf, Gewichte nur dann zu verstärken, wenn sowohl ein Eingangswert als auch ein Ausgangswert vorhanden ist. Andernfalls wird das Gewicht verringert.

$$w'_{ij} = w_{ij} + c_1(2trc(y'_i) - 1)\ (2\ trc(x_j) - 1) \tag{17.21}$$

Die Lerngesetze nach Hebb, Anti-Hebb und Hopfield werden in NWorksII in Hopfield-Netzen verwendet.

Tabelle 17.2 zeigt die Strategie beim Lerngesetz nach Hopfield.

$trc(y'_i)$	$trc(x_j)$	w'_{ij}
0	0	$w_{ij} + c_1$
0	1	$w_{ij} - c_1$
1	0	$w_{ij} - c_1$
1	1	$w_{ij} + c_1$

Tabelle 17.2: Strategie beim Lerngesetz nach Hopfield

17.8.4 Perzeptron-Lerngesetz

Bei einem Perzeptron gilt:

$$I_i = \sum_j w_{ij}\ x_j \tag{17.22}$$

und

$$y_i = tr0(I_i) \tag{17.23}$$

$tr0$ ist eine Funktion, die den Wert Eins liefert, wenn das Argument größer als Null ist, ansonsten Null.

$$tr0(I_i) = \begin{cases} 1 & , \quad I_i > 0 \\ 0 & , \quad sonst \end{cases} \tag{17.24}$$

Beim Perzeptron-Lerngesetz wird folgendes Konzept verwendet:

- Ist der Ausgang korrekt, wird das Gewicht nicht verändert
- Müßte der Ausgang Eins sein, ist er aber dagegen Null, wird das Gewicht bei den aktiven Eingangsleitungen erhöht

- Müsste der Ausgang Null sein, ist er aber dagegen Eins, wird das Gewicht bei den aktiven Eingangsleitungen vermindert

Zur Veränderung der Gewichte sind drei Strategien denkbar:

- Nutzen eines vorgegebenen Inkrements bzw. Dekrements
- Inkrement bzw. Dekrement aus dem aktuellen Fehler errechnen
- beide Verfahren kombinieren

Mit

$$k_i = c_1 \frac{y_i' - y_i}{n} + c_2 \tag{17.25}$$

n = Anzahl der Eingänge des Prozessorelementes i

kann das Lerngesetz formuliert werden:

$$w_{ij}' = \begin{cases} w_{ij} & : \ [2\ tr0(y_i') - 1]\ [2\ tr0(y_i) - 1] > 0 \\ w_{ij} + k_i[2\ tr0(y_i') - 1]\ tr0(x_j) & : \ sonst \end{cases} \tag{17.26}$$

Tabelle 17.3 verdeutlicht das Perzeptron Lerngesetz nochmals.

$tr0(y_i')$	$tr0(y_i)$	x_j	w_{ij}'
0	0	bel.	w_{ij}
1	1	bel.	w_{ij}
0	1	0	w_{ij}
1	0	0	w_{ij}
0	1	1	$w_{ij} - k_i$
1	0	1	$w_{ij} + k_i$

Tabelle 17.3: Das Perzeptron Lerngesetz

17.8.5 BSB-Hebb Lerngesetz

Das BSB-Hebb Lerngesetz ist eine bipolare Variante des Lerngesetzes nach Hopfield. Ist der aktuelle Ausgangswert und der gewünschte Ausgangswert 1 oder -1, wird das Gewicht erhöht. Sind beide Werte verschieden, wird das Gewicht nicht verändert. Sind beide Werte 0, wird das Gewicht vermindert.

$$w'_{ij} = w_{ij} + c_1\, y'_i\, x_j + c_2\, m_{ij} \quad (17.27)$$
$$m'_{ij} = w'_{ij} - w_{ij} \quad (17.28)$$

Der Faktor m_{ij} wird als Moment bezeichnet ("momentum term").

17.8.6 Lerngesetz nach Widrow-Hoff

Das Lerngesetz nach Widrow-Hoff gehört zur Gruppe der sog. "performance"-Lerngesetzen. Mit diesen wird versucht, ein bestimmtes Kriterium zu minimieren, z.B. den kleinsten quadratischen Fehler $e_m(\mathbf{w})$:

$$e_m(\mathbf{w}) = \lim_{n\to\infty} \frac{1}{n} \sum_{k=1}^{n} (y_k - y'_k)^2 \quad (17.29)$$

Dies gelingt mit

$$w'_{ij} = w_{ij} + c_1\, d_i\, x_j + c_2\, m_{ij} \quad (17.30)$$
$$m'_{ij} = w'_{ij} - w_{ij} \quad (17.31)$$

mit

$$d_i = y'_i - y_i \quad (17.32)$$

Dieses Lerngesetz wird auch in einer "batching"-Version verwendet. Dabei wird der Fehler über mehrere Lernschritte akkumuliert und gemittelt. Erst nach Ablauf einer bestimmten Anzahl von Lernschritten folgt dann die Modifikation der Gewichte.

17.8.7 Delta-Lerngesetz

Das Delta-Lerngesetz entspricht dem Widrow-Hoff-Lerngesetz:

$$w'_{ij} = w_{ij} + c_1\, e_i\, x_j + c_2\, m_{ij} \quad (17.33)$$
$$m'_{ij} = w'_{ij} - w_{ij} \quad (17.34)$$

Allerdings unterscheidet sich dieses Lerngesetz in der Ermittlung des Fehlers. Der Fehler in der Ausgangsschicht wird durch Differenzbildung aus dem aktuellen und dem gewünschten Wert gebildet. Dieser Fehler wird mit der Ableitung der Aktivierungsfunktion verknüpft und wird der vorhergehenden Schicht zugeführt. Diese Fehlerfortpflanzung geschieht solange, bis die Eingangsschicht erreicht ist.

Auch hier kann, wieder als Variante, der Fehler für eine bestimmte Anzahl von Lernschritten akkumuliert werden und erst dann eine Modifikation der Gewichte erfolgen.

Kapitel 18

Einsatz von Backpropagation-Netzen

Möchte man ein neuronales Netz zur Lösung eines realen Problems einsetzen, so sind derzeit noch viele Hindernisse zu überwinden. Es existieren zur Zeit noch keine allgemeinen Richtlinien, wie man für ein bestimmtes Problem den geeigneten Netztyp auswählen kann. Auch Aussagen über Struktur und Lerngesetz des Netzes sind nicht in allgemeiner Form verfügbar.

Hat man einen Netztyp ermittelt und damit ein Netz erstellt, wird meist folgender Ablauf durchgeführt:

- Vorbereiten von Einlerndaten
- Einlernen des Netzes
- Test des Netzes mit Testdaten
- Einsatz des Netzes

Dies stellt den idealen Ablauf dar. In der Praxis wird man manche Stufe mehrmals durchlaufen. Einlerndaten müssen u.U. neu erzeugt oder müssen anders vorverarbeitet werden. Die Einlernphase kann nicht zur Zufriedenheit verlaufen und Modifikationen am Netz oder den Lernparametern erforderlich machen. Dies kann ebenso der Fall sein, falls das Netz im Test versagt.

Wertet man die verfügbare Literatur, wie Bücher und Konferenzbände, aus, um Hinweise zur Lösung der aufgeführten Probleme zu erhalten, so zeigt sich, daß Hinweise in sehr reicher Zahl vorhanden sind. Leider basieren sie meist auf Versuchen oder sind Aussagen, die von speziellen Problemlösungen abgeleitet wurden. Manche widersprechen sich auch. Man ist hier derzeit also noch auf Probieren angewiesen.

Backpropagation-Netze sind die derzeit am häufigsten eingesetzen Netze, z.B. zur Mustererkennung, Signalverarbeitung oder zur Nachbildung von Funktionen. Einer der Nachteile von Backpropagation-Netzen ist die sehr lange Einlernzeit. Diese kann in PC-Umgebungen, z.B. bei 80386 basierten PCs incl. Coprozessor, durchaus Tage in Anspruch nehmen. Es kann auch der Fall auftreten, daß das Standard Backpropagation-Netz nicht konvergiert.

Anzugehende Probleme sind somit Entwurf, Optimierung und Einlernen des Netzes. Dies sind die Schlüsselbereiche, mit denen man die Arbeitsweise des Netzes beeinflussen kann.

Im folgenden werden einige Hinweise gegeben, die den Einsatz von Backpropagation-Netzen betreffen. Diese können zutreffen, es muß aber auch deutlich vermerkt werden, daß sie auch völlig versagen können.

18.1 Aktivierungsfunktion

In den meisten Backpropagation-Netzen wird eine Sigmoid-Funktion als Aktivierungsfunktion verwendet. Diese liefert eine Aktivierung im Bereich von 0 bis 1, also eine unsymmetrische Ausgabe. Diese kann symmetriert werden, indem 1/2 subtrahiert wird. Manche Autoren [117] berichten, daß sie damit die Einlernzeit drastisch reduziert haben (30 % bis 50 %). Eine zweite Möglichkeit ist der Einsatz eines anderen Funktionstyps, z.B. einer tanh-Funktion.

18.2 Propagierungsfunktion

Eine weitere Möglichkeit zur Modifikation liegt in der Propagierungsfunktion. Üblicherweise werden die Eingangswerte summiert. Es ist denkbar, die Summation durch eine Summierung von Produkten von Eingangswerten zu ersetzen, damit werden die sog. Sigma-Pi-Units gebildet. Pao [95] gibt an, daß beim "X-OR"-Problem die Bildung des Produktes beider Eingangswerte und das Weglassen der verborgenen Schicht eine viermal schnellere Konvergenz des Netzes bewirkt hat.

18.3 Netztyp

Mittlerweile sind mehrere Abwandlungen des Standard Backpropagation-Netzes bekannt, z.B. die Functional-Link-Netze. Functional-Link-Netze sind Netze, die Standard Backpropagation-Lerngesetze verwenden, aber zusätzliche Eingabeschichten, die sog. "Functional Layer", besitzen. Hier wird jeder Eingangswert zusätzlich verarbeitet. Im n-ten "Functional Layer" wird also zusätzlich aus dem Eingabewert x_j der Wert $\sin(n\ \pi\ x_j)$ gebildet.

Es ist auch eine Kombination von Produktbildung und zusätzlicher Verarbeitung denkbar. Bei Functional-Link-Netzen wird auch oft auf die Einführung von verborgenen Schichten verzichtet, was eine raschere Konvergenz während des Einlernens bewirkt. Neben dem Sinus (sin) kann auch der Cosinus (cos) verwendet werden.

18.4 Netztopologie

Bei der Wahl der Netztopologie ist von Interesse die Anzahl der Schichten, die Anzahl von Prozessorelementen pro Schicht und die Verkopplungsdichte der Prozessorelemente. Viele Netze verwenden eine oder zwei verborgene Schichten. Die richtige Anzahl von Prozessorelementen pro Schicht zu finden, ist eine schwierige Aufgabe. In der Eingabe- und der Ausgabeschicht entspricht die Anzahl der Prozessorelemente der Dimension des Eingabe- und Ausgabewertevektors. Verwendet man hier spezielle Kodierungen, z.B. eine binäre Kodierung, kann die Zahl allerdings auch davon abweichen.

Um die richtige Anzahl von Prozessorelementen in verborgenen Schichten zu finden, ist man auf Probieren angewiesen. Im allgemeinen nimmt die Anzahl der Prozessorelemente in höheren Schichten ab. Zwei Grenzwerte können gegeben werden: ist die Anzahl der Prozessorelemente zu gering, treten meist Schwierigkeiten in der Konvergenz des Netzes auf. Ist die Anzahl zu groß, werden meist die Einlerndaten perfekt wiedergegeben, die Fähigkeit zu generalisieren ist schlecht und damit treten große Fehler auf.

Es gibt verschiedene Heuristiken, deren Anwendung jedoch nicht immer zu einem Erfolg führen muß: das Verhältnis der Anzahl der Prozessorelemente der ersten Schicht zur zweiten Schicht sollte 3:1 betragen; die Anzahl der Prozessorelemente der verborgenen Schicht sollte geringer sein als die Anzahl der Eingabeprozessorelemente; die Anzahl sollte gleich dem Produkt der Anzahl der Eingabeprozessorelemente mal der um Eins erhöhten Anzahl der Ausgabeprozessorelemente sein.

Manche Forscher versuchen diesem Entwurfsdilemma zu entfliehen, indem sie die Netztopologie automatisch entwerfen lassen. Dies kann entweder dadurch geschehen, daß, ausgehend von einem Grundzustand, Prozessorelemente schrittweise während der Einlernphase hinzugefügt werden oder daß ein Netz überdimensioniert wird und schwach aktivierte Prozessorelemente schrittweise entfernt werden.

Über die Wahl der Dichte der Verkopplungen ist in der Literatur wenig zu finden. Die meisten Netze sind zwischen den Schichten voll verbunden.

18.5 Einlerndaten

Die Art und Weise, wie die Einlerndaten einem Netz präsentiert werden, scheint von erheblicher Bedeutung zu sein. Die meisten Netze verlangen skalierte Eingabedaten, z.B. in einem Intervall [0,1] oder [-1,1]. Umfassen die Werte der Daten mehrere Zehnerpotenzen, so ist eine Vorverarbeitung erforderlich. Hierbei kann man sich hilfreich an biologischen Vorbildern orientieren. Hier wird oft logarithmisch skaliert, um Eingangssignale in ein enges Intervall abzubilden. Viele Forscher experimentieren aber auch mit anderen Vorverarbeitungen, z.B. einer Fouriertransformation.

Manche Autoren empfehlen, die Einlerndaten dem Netz in willkürlicher Reihenfolge zu präsentieren. Wichtig ist auch, keine Widersprüche in den Einlerndaten zu haben, also nur eindeutige Zuordungen zu präsentieren. Es gibt auch Vorschläge, zunächst einen grob gerasterten Datensatz zu verwenden, um "das Prinzipielle" einzulernen und diesen dann im weiteren Verlauf feiner zu rastern, um mehr "das Detail" zu berücksichtigen. Diese Technik wird als "Shaping" bezeichnet.

Auch die richtige Größe des Einlerndatensatzes und die Anzahl der Wiederholungen ist ein ungelöstes Problem. Wichtig ist, einen Datensatz mehrfach zu präsentieren. Wird er zu häufig präsentiert, kann der Effekt des "overtraining" auftreten, bei dem die Netzeigenschaften wieder verschlechtert werden. Oftmals sind nicht genügend reale Daten verfügbar. In diesen Fällen behelfen sich manche Forscher mit der Erzeugung von Daten durch Simulationen.

18.6 Lerngesetz

Einen erheblichen Einfluß auf die Konvergenzgeschwindigkeit hat die Wahl der Parameter des Lerngesetzes. Als Lerngesetz wird bei Backpropagation-Netzen das Delta-Lerngesetz verwendet. Durch Wahl des Faktors c_1 kann man beeinflussen, wie stark der Fehlerterm die Gewichte modifiziert. Ist c_1 zu klein, wird die Einlernphase stark verlängert und die Gefahr besteht, in einem lokalen Minimum hängenzubleiben. Ist c_1 zu groß, besteht die Gefahr von Oszillationen. Es ist deshalb sinnvoll, mit einem großen Faktor c_1 zu beginnen und diesen dann in Abhängigkeit von der Anzahl der Präsentationen graduell zu verkleinern. Manche Forscher verwenden auch Algorithmen, die c_1 automatisch anpassen.

Häufig wird auch ein sog. "momentum"-Term im Lerngesetz verwendet. Dessen Einfluß kann durch die Größe des Faktors c_2 bestimmt werden.

Kapitel 19

Neuronale Netze in der Robotertechnik

In der Robotertechnik erscheint der Einsatz von neuronalen Netzen vielversprechend. Wertet man die verfügbare Literatur aus, so zeigt sich, daß der Einsatz neuronaler Netze derzeit auf folgenden Gebieten untersucht wird:

- Kinematik
- Dynamik
- Trajektorienplanung
- Sensorik
- Bilderkennung und Bildverarbeitung
- Regelung

19.1 Kinematik

Das inverse kinematische Problem besteht aus der Ermittlung von Achskoordinaten, wenn kartesische Koordinaten vorgegeben sind. Der Einsatz neuronaler Netze in diesem Gebiet beruht auf der Eigenschaft der Netze, Funktionen nachbilden zu können. Die meisten Lösungsansätze verwenden mehrschichtige Backpropagation-Netze, wie z.B. die Lösungsansätze von Guez [50,51].

In [50] verwendet Guez ein Backpropagation-Netz, um das Problem der inversen Kinematik bei einem Zweiarm-Manipulator zu lösen. Das Netz hat je 10 Prozessorelemente in den beiden verborgenen Schichten. Guez erreicht bei diesem Netz einen Fehler von 5 % bis 10 %.

Da dieser Fehler im allg. zu groß ist, verwendet Guez in [51] eine zweistufige Methode. In einer ersten Phase wird ein neuronales Netz verwendet, um das inverse Problem zu lösen. Die erhaltene Lösung ist im allgemeinen recht ungenau. Guez gibt als Beispiel Werte für den PUMA 560 an, der Betrag des Mittelwertes des Fehlers reicht von 0.16^o bis 6.02^o. Deshalb wird mit einer zweiten numerischen Stufe die Lösung präzisiert. Beim Puma verwendet Guez ein mehrschichtiges, vorwärtsgekoppeltes Backpropagation-Netz. Für jede Roboterachse werden 6 Eingangsneuronen, 32 Neuronen in der ersten verborgenen Schicht, 8 Neuronen in der zweiten verborgenen Schicht und 1 Ausgangsneuron verwendet.

Die Vorteile des Einsatzes neuronaler Netze bei der Lösung des inversen kinematischen Problems liegen darin, daß die Lösung durch das Netz gelernt wird, also kein Algorithmus mehr entwickelt werden muß. Weiterhin kann durch die parallele Verarbeitung die Lösung schneller erhalten werden. Guez konnte durch die zweistufige Vorgehensweise 50% an Rechenzeit einsparen.

Barhen [12] führt allerdings auch die Nachteile beim Einsatz von Backpropagation-Netzen auf:

- es ist eine große Anzahl von Einlernzyklen erforderlich
- die erhaltenen Achskoordinaten sind nicht genau genug
- bei mehr als 6 Freiheitsgraden konnte keine Konvergenz des Netzes erreicht werden, d.h. redundante Manipulatoren konnten von Barhen mit diesem Netztyp nicht behandelt werden

Guo und Cherkassy [53] haben das inverse kinematische Problem mit Hilfe eines Hopfield-Ansatzes gelöst. Hierbei wurden die Netzgewichte mit Hilfe von Jacoby-Matrizen berechnet. Ihre Realisierung sieht allerdings kein neuronales Netz vor, sie verwenden nur das Berechnungskonzept.

Yeung und Gekey [142] verwenden ein kontextsensitives Netz. Mit diesem wird mit Hilfe des Jacobyverfahrens die inverse Kinematik eines Puma 560 erlernt. Hierbei wurde auch eine Masternetz/Slavenetz-Architektur eingesetzt, bei der ein Netz ein anderes Netz beeinflußt.

19.2 Dynamik

Bei der Lösung des direkten und des inversen dynamischen Problems möchte man den Zusammenhang zwischen den Achskoordinaten, erster und zweiter zeitlicher Ableitung und den verallgemeinerten Achskräften bestimmen.

Atkeson [8] verwendet einen adressierbaren Assoziativspeicher, um das Problem der inversen Dynamik zu lösen. Während einer Lernphase werden im Speicher Wertepaare $(q, \dot{q}, \ddot{q}, \tau)$ abgelegt. Gibt man während des aktuellen Betriebs nun Werte für q, $\dot{q}$ und $\ddot{q}$ vor, so kann im Speicher der korrespondierende Wert für τ ermittelt werden. Diese Technik wird angewendet bei einem planaren Zweiarm-Manipulator und einer Sprungmaschine. Das Verfahren wurde auf einer "connection machine" implementiert, die Autoren sehen jedoch auch die Möglichkeit des Einsatzes neuronaler Netze.

19.3 Sensorik

Grundprobleme bei der Auswertung von Sensorinformationen sind Störeinflüsse der Umwelt. Diese erschweren die korrekte Interpretation. Erste Versuche, neuronale Netze im Bereich der Sensorauswertung einzusetzen, wurden von B. Widrow auf dem Gebiet der Wettervorhersage gemacht.

Mittlerweile gibt es mehrere Ansätze, auch auf dem Gebiet der Robotertechnik. Pati z.B. [96] setzt Hopfield-Netze für die taktile Sensorauswertung ein.

Gerade im Bereich mobiler Roboter ist der Einsatz neuronaler Netz von großem Interesse. So verwendet z.B. Sekiguchi [113] zwei Mehrschichtnetze, um das Training von Verhaltensmustern für mobile Roboter durchzuführen.

19.4 Regelung

Guez [52] verwendet ein neuronales Netz bei der Regelung eines Roboters unter Einbeziehung der Roboterdynamik. Das Netz dient als Estimator, um die Parameter des Reglers vorzugeben. Tsutsumi [124] benutzt das Konzept von Hopfield, um einen redundanten Planarroboter an eine Zielposition zu steuern. Tsutsumi definiert hierzu Energiefunktionen, die minimiert werden und mit denen er Randbedingungen erfüllt, um die erforderlichen Parameter zu finden. Durch dieses Konzept wird ein paralleler Algorithmus zur Positionsregelung realisiert. Experimente mit einem 8-Arm Planarroboter zeigen die Wirksamkeit dieser Vorgehensweise.

Kawato [72] geht von einem neurobiologisch motiviertem neuronalen Modell aus, welches den Zusammenhang zwischen gewünschter Bewegungsbahn bis hin zu den Muskelkommandos herstellt. Dieses Modell wird auf Roboter übertragen. Kawato zeigt, wie man hiermit ein Regelungskonzept für die Bewegungssteuerung von Robotern aufstellen kann. Dieses Konzept verwendet neuronale Netze sowohl für die Roboterdynamik als auch für die inverse Roboterdynamik. Kawato führt an, daß mit diesem Konzept eine Verbesserung der Regelung erreicht werden konnte, gute Ergebnisse bei anderen Bahnen, als den eingelernten, erzielt werden konnten (Generalisierung) und Änderungen der Manipulatordynamik im Sinne einer Adaption verkraftet werden konnten.

Josin [69] verwendet ein neuronales Netz, um damit die Positionsregelung eines Zweiarm-Manipulators zu verbessern. Das Netz liefert hier Korrekturwerte, die genutzt werden können, um Fehler zu kompensieren. Diese können auftreten, z.B. bei einer Modifikation der Robotermechanik durch eine Beschädigung oder durch eine Last. Als Netz wird hier ein Backpropagation-Netz eingesetzt.

Elsley [36] verwendet ein neuronales Netz als Positionsregler für einen Zweiarm-Manipulator. Der "Regler" wird durch die Einlernphase aktiviert. Elsley hebt die Vorteile eines neuronalen Netzes hervor: Reglereinstellung durch Lernen, Adaptionsfähigkeit bei kleinen Systemänderungen und Fehlertoleranz bei einem Teilausfall des Reglers. Zum letzten Punkt führt er einige interessante Ergebnisse beim simulierten Ausfall von 10% bis 30% der Prozessorelemente an: es findet kein totaler Ausfall des Reglers statt, vielmehr ist das Netz noch in der Lage weiterzuarbeiten, wobei je nach Ausfallgrad ein gradueller Anstieg des Fehlers stattfindet.

Kapitel 20

Inverse Kinematik

Im folgenden wird gezeigt, wie das Problem der inversen Kinematik von Robotern mit Hilfe von neuronalen Netzen gelöst werden kann. Die hier vorgestellten Ergebnisse wurden mit Hilfe des Programmpaketes NWorksII ermittelt.

Als Roboter wird für die Untersuchungen ein planarer Zweiarm-Manipulator verwendet, wie ihn Bild 20.1 zeigt. Mit Hilfe der Beschreibung durch DH-Parameter, wie sie Tabelle 20.1 angibt, wird der Zweiarm-Manipulator kinematisch beschrieben. Damit kann die Transformation ${}^0_2T$ ermittelt werden. Als Bewegungsbereiche beider Achsen sind jeweils $\pm 45^o$ zugelassen.

Eine Datei mit Einlerndatensätzen kann nun mit Hilfe der eindeutigen Vorwärtstransformation ${}^0_2T$ erzeugt werden. Sie besteht aus n Datensätzen von Achskoordinatenvektoren und der zugehörigen kartesischen Position:

$$(q_1, q_2, x, y)_i, i = 1, n \tag{20.1}$$

Die Datensätze werden nach der Erzeugung skaliert, so daß alle Werte im Intervall [-1,1] liegen. Mit dieser Einlerndatei kann ein neuronales Netz eingelernt werden.

In der Testphase werden dem Netz nur Wertepaare (x, y) präsentiert, und das Netz muß die zugehörigen Achskoordinaten (q_1, q_2) ermitteln. Diese Wertepaare sollten nicht in der Einlerndatei vorhanden sein. Für den Testlauf kann der gemittelte absolute Fehler bestimmt werden und damit die Qualität des Netzes beurteilt werden.

Verschiedene Varianten von Backpropagation-Netzen werden im folgenden zur Lösung

Achse	Art	α /Grad	a /mm	d /mm	θ /Grad	Winkelbereich min.	Winkelbereich max.
1	rot.	0	$l_1 = 100$	0	θ_1	-45°	45°
2	rot.	0	$l_2 = 200$	0	θ_2	-45°	45°

Tabelle 20.1: DH-Parameter und Winkelbereiche

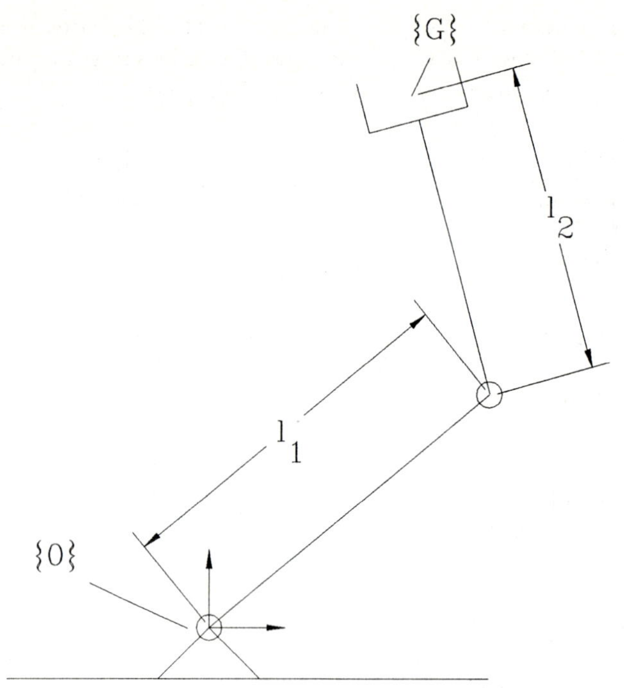

Bild 20.1: Planarer Zweiarm-Manipulator

des inversen kinematischen Problems untersucht: das Standard Backpropagation-Netz, das Fast Backpropagation-Netz, das Functional-Link-Backpropagation-Netz und das Functional-Link-Backpropagation-Netz mit Sinusschichten. Ziel der Untersuchungen [1] ist es:

- eine geeignete Netztopologie zu finden
- Modifikationen der Parameter der Lerngesetze zu untersuchen
- Variationen der Größe der Einlerndateien zu studieren
- die Aktivierungsfunktion zu modifizieren
- den Einfluß der Netzinitialisierung zu untersuchen

Die bei den nachfolgenden Versuchen verwendeten Netze haben sechs Eingabewerte. Diese dienen zur Vorgabe der Position des Roboters, also der Lage und der Orientierung. Da die Untersuchungen auch für den allgemeinen Fall eines Sechsarmroboters möglich sein sollen, wurden alle Programme, zur Erzeugung und Verarbeitung von Datensätzen, für diesen Fall ausgelegt. Im Fall des Zweiarm-Manipulators werden entsprechende Werte auf Null gesetzt. Der Ausgabewertevektor besteht allerdings nur aus den vom Netz berechneten zwei Achskoordinaten.

[1] Die praktische Durchführung dieser Untersuchungen wurde von D. Tutsch und G. van de Logt, Forschungsgruppe für Robotertechnik, Universität des Saarlandes, Saarbrücken, durchgeführt. Die hier verwendeten Ergebnisse stammen aus ihren Arbeiten [125,82].

Die im allgemeinen benutzte Einlerndatei beinhaltet 484 Datensätze, die durch schrittweises Verdrehen der Achsen erzeugt werden. Die Verteilung der Datensätze bzgl. der einzelnen Winkelbereiche ist in Bild 20.2 dargestellt.

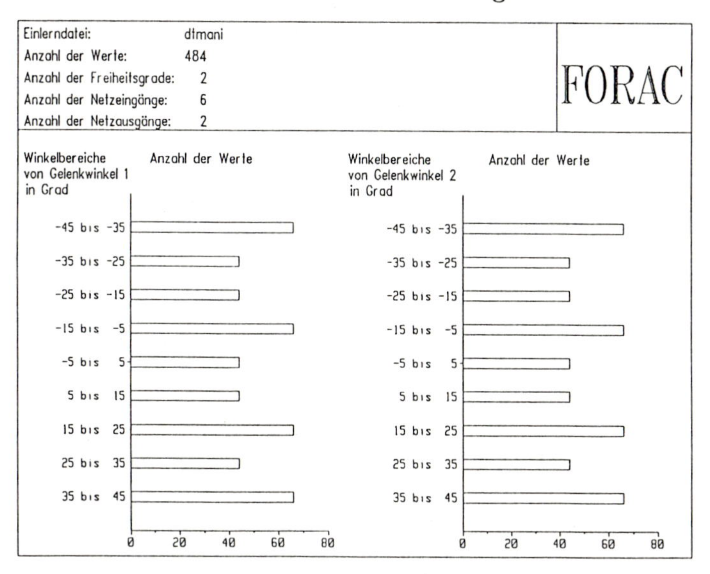

Bild 20.2: Verteilung der Daten der Einlerndatei

Getestet werden die Netze alle 10 000 Einlernschritte mit einer Testdatei, die 20 zufällige Datensätze enthält. Die Verteilung dieser Datensätze ist in Bild 20.3 zu sehen.

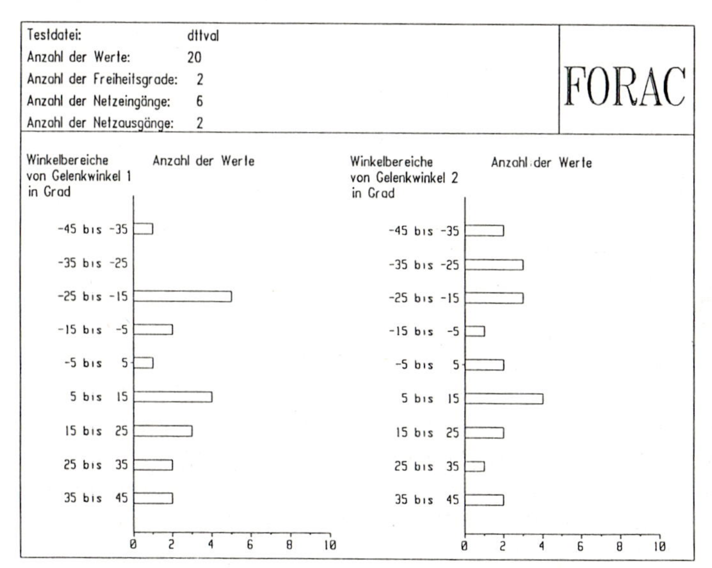

Bild 20.3: Verteilung der Daten der Testdatei

Testnetz	HL1	HL2	Fehler (^{o})	Min-Fehler (^{o})
A	5	0	2.53	2.30
B	10	0	2.18	2.18
C	15	0	2.26	2.21
D	20	0	2.06	2.05
E	5	3	2.59	2.58
F	10	5	1.40	1.34
G	15	5	2.33	2.18
H	15	10	2.23	1.90

Tabelle 20.2: Variation der Netztopologie

20.1 Standard Back-Propagation-Netze

Im folgenden soll nun das Standard Back-Propagation-Netz zur Lösung des inversen kinematischen Problems bei einem planaren Zweiarm-Manipulator eingesetzt werden.

20.1.1 Ermittlung der geeigneten Netztopologie

Die erste Untersuchungsreihe betrifft die Ermittlung einer geeigneten Netztopologie. Hierbei wird die Anzahl der verborgenen Schichten (HL) und die Anzahl der Prozessorelemente variiert. Hierzu werden mehrere Versuche mit verschiedenen Netztopologien durchgeführt und die Netze anhand des auftretenden Fehlers in der Testphase beurteilt.

Die in Tabelle 20.2 aufgeführten Ergebnisse werden mit den Parametern des Delta-Lerngesetzes $c_1 = 0.90$, $c_2 = 0.60$ und 100 000 Präsentationen des Einlerndatensatzes ermittelt. Die veränderbaren Gewichte der Verkopplungen des Netzes werden am Anfang der Einlernphase zufällig im Bereich (-0.3, 0.3) verteilt.

Das Netz mit dem besten Ergebnis ist Netz F. Man sieht aber, daß insgesamt keine markanten Unterschiede im Fehler auftreten. Eine Aussage über eine geeignete Netztopologie oder Tendenzen ist daher nur schwierig möglich.

20.1.2 Variation der Parameter des Lerngesetzes

Im folgenden werden Variationen der Parameter des Lerngesetzes untersucht. Hierbei werden alle 100 000 Präsentationen die Lernparameter modifiziert. Bis 100 000 Präsentationen werden $c_1 = 0.90$ und $c_2 = 0.60$ gesetzt. Ab 100 000 Präsentationen bis 200 000 Präsentationen werden $c_1 = 0.40$ und $c_2 = 0.60$ gesetzt. Die damit erhaltenen Ergebnisse für die Netze D, F und H zeigt Tabelle 20.3.

Testnetz	Fehler (^{o})	minFehler (^{o})
D	2.60	1.93
F	0.69	0.69
H	1.42	1.42

Tabelle 20.3: Variation der Lernparameter

Testnetz	Fehler(^{o})	Min-Fehler(^{o})
F	0.62	0.60
H	0.40	0.36

Tabelle 20.4: Fehler nach 1 000 000 Präsentationen

Die Netze F und H erbringen hier die besten Ergebnisse. Diese beiden Netze werden mit $c_1 = 0.25$, $c_2 = 0.90$ und 1 000 000 Präsentationen eingelernt. Die hierfür erhaltenen Ergebnisse zeigt Tabelle 20.4. Es zeigt sich, daß bei Netz H der geringste Fehler auftritt.

20.1.3 Variation der Größe der Einlerndatei

Ein wichtiger Punkt ist die Anzahl der Datensätze in der Einlerndatei. Hier werden Tests mit 189, 484 und 961 Datensätzen durchgeführt und diese jeweils 300 000 mal Testnetz F präsentiert. Beim Einlernen werden zusätzlich auch die Parameter des Lerngesetzes gemäß Tabelle 20.5 modifiziert.

Mit diesen Lernparametern erhält man für Netz F die Ergebnisse nach Tabelle 20.6. Es zeigt sich, daß die besten Ergebnisse mit einer Einlerndatei, die aus 484 Datensätzen besteht, erreicht werden können.

Präsentationen	c_1	c_2
bis 90 000	0.90	0.60
bis 190 000	0.40	0.60
bis 300 000	0.20	0.10

Tabelle 20.5: Veränderung der Lernparameter

Testnetz	Anzahl Einlerndaten	Fehler(°)	Min-Fehler(°)
F	189	0.98	0.98
F	484	0.59	0.59
F	961	0.73	0.71

Tabelle 20.6: Variation der Anzahl der Datensätze

20.1.4 Variation der Aktivierungsfunktion

Nachfolgend wird untersucht, welchen Einfluß verschiedene Aktivierungsfunktionen besitzen. Es werden folgende Funktionen als Aktivierungsfunktionen benutzt:

- Sigmoidfunktion:

$$f_A(I_i) = \frac{1}{1 + e^{-I_i/G}} \tag{20.2}$$

- tanh:

$$f_A(I_i) = \frac{e^{G\ I_i} - e^{-G\ I_i}}{e^{G\ I_i} + e^{-G\ I_i}} \tag{20.3}$$

- sin:

$$f_A(I_i) = sin(G\ I_i) \tag{20.4}$$

Der Faktor G wird als Verstärkung bezeichnet. Das Programm NWorksII berechnet den Aktivierungszustand nach folgender Gleichung:

$$a_i' = f_A(I_i)\ s + o \tag{20.5}$$

Der Faktor s ist ein Skalierungsfaktor, $f_A(I_i)$ ist die verwendete Aktivierungsfunktion und o ist ein Offset, der immer zum Ergebnis der Skalierung addiert wird. Bei den Untersuchungen werden $c_1 = 0.90$ und $c_2 = 0.60$ gesetzt, und der Einlerndatensatz wird 100 000 mal präsentiert.

Als Testnetz wird Netz F verwendet. Die erhaltenen Ergebnisse zeigt Tabelle 20.7. Die besten Ergebnisse werden hier mit der Sigmoidfunktion erzielt. Die Wahl des Verstärkungsfaktors ist sehr wichtig, die besten Ergebnisse werden mit G=1 erzielt. Die anderen Funktionen zeigen deutlich schlechtere Ergebnisse. Eine Symmetrierung der Sigmoidfunktion durch eine Verschiebung um -0.5 ist nicht erfolgreich.

20.1.5 Initialisierung der Gewichte

Um den Einfluß der Initialisierung der Gewichte der Verkopplungen zu untersuchen, werden die Initialisierungsintervalle der Gewichte modifiziert. Bei allen Untersuchungen werden die Gewichte zwischen zwei Grenzen mit zufälligen Werten initialisiert.

Transferfunktion	G	s	o	Fehler(^{o})	Min-Fehler(^{o})
Sigmoid	1	1	0	1.40	1.34
Sigmoid	0.5	1	0	17.59	17.59
Sigmoid	2	1	0	1.50	1.37
Sigmoid	3	1	0	49.55	49.55
Sigmoid	1	1	-0.5	49.55	49.55
Sigmoid	1	1	-0.1	39.36	16.23
tanh	1	1	0	49.26	49.26
tanh	1	0.5	0	22.70	22.70
sin	1	1	0	56.98	56.98

Tabelle 20.7: Variation der Aktivierungsfunktion

Netz	untere Grenze	obere Grenze	Fehler (^{o})
F	-0.1	0.1	2.32
F	-0.3	0.3	2.24
F	-0.5	0.5	2.41
F	-1.0	1.0	1.53

Tabelle 20.8: Fehler bei Variation der Initialisierungsintervalle

Der Einfluß der Initialisierung auf das Konvergenzverhalten des Netzes kann mit Hilfe des Fehlerverlaufs während des Einlernens visualisiert werden. Die nachfolgenden Bilder zeigen den globalen, quadratischen Fehler während des Einlernvorganges bei verschiedenen Initialisierungsintervallen an.

Als Testnetz wird Netz F verwendet. Die Ergebnisse beim Einlernfehler bei verschiedenen Initialisierungsintervallen zeigt Tabelle 20.8.

Es zeigt sich, daß kein großer Einfluß auf die Fähigkeit des Netzes, die inverse kinematische Transformation beim Zweiarm-Manipulator zu lösen, besteht.

Es zeigt sich aber, daß die Initialisierung der Gewichte einen großen Einfluß auf das Konvergenzverhalten des Netzes beim Einlernvorgang hat. Dies zeigen die Bilder 20.4 und 20.5. Je größer das Intervall der zufälligen Initialisierung ist, desto besser ist das Konvergenzverhalten des Netzes beim Einlernen.

20.2 Fast Back-Propagation-Netze

Im folgenden werden Fast Back-Propagation-Netze zur Nachbildung der inversen Kinematik des Zweiarm-Manipulators verwendet. Hier werden die gleichen Untersuchungen wie bei Standard Backpropagation-Netzen durchgeführt.

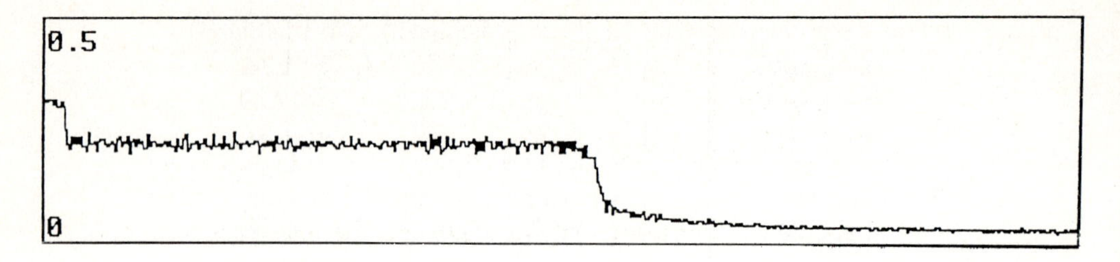

Bild 20.4: Konvergenzverhalten bei Initialisierung im Bereich (-0.1, 0.1)

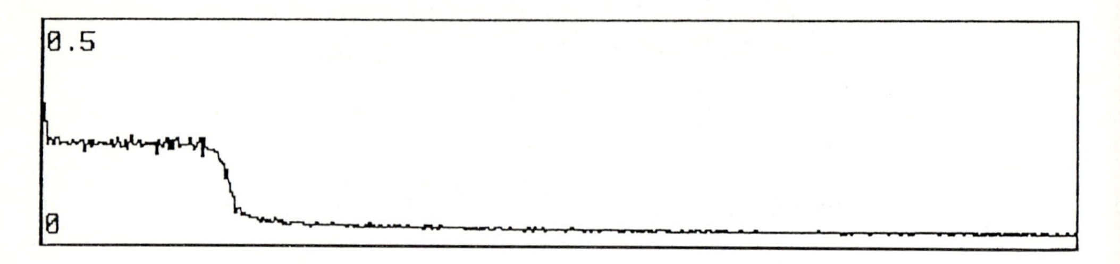

Bild 20.5: Konvergenzverhalten bei Initialisierung im Bereich (-1.0, 1.0)

20.2.1 Ermittlung der geeigneten Netztopologie

Zuerst wird versucht, eine geeignete Netztopologie zu ermitteln. Mit den Standardparametern $c_1 = 0.9$ und $c_2 = 0.6$ ergeben sich nach 100 000 Präsentationen die gemittelten absoluten Fehler nach Tabelle 20.9. Die drei besten Netze sind die Netze MFB, MFC und MFD.

Netz	HL1	HL2	Fehler (°)	Min-Fehler (°)
MFA	5	0	2.958	2.502
MFB	10	0	2.085	1.939
MFC	15	0	2.265	1.929
MFD	20	0	3.603	2.002
MFE	5	3	40.87	40.87
MFF	10	5	8.027	8.027
MFG	15	5	22.66	4.856
MFH	15	10	24.99	24.99

Tabelle 20.9: Ergebnisse bei Variation der Netztopologie

Netz	HL1	Fehler(°)	Min-Fehler (°)
MFBL	10	1.916	1.897
MFCL	15	1.954	1.929
MFDL	20	1.978	1.927

Tabelle 20.10: Variation der Parameter des Lerngesetzes

Netz	Fehler (°)	Min-Fehler (°)
MFBLA	1.884	1.884
MFBLB	9.564	5.696
MFBLC	1.894	1.877
MFBLD	2.001	1.965

Tabelle 20.11: Vergleich von Varianten des Netzes MFBL

20.2.2 Variation der Parameter des Lerngesetzes

Die drei besten Netze MFB, MFC und MFD werden nun bezüglich ihres Verhaltens bei Variation der Parameter des Lerngesetzes untersucht. Aus diesen Netzen entstehen so die Netze MFBL, MFCL und MFDL. Bei Netz MFB und MFD wird nach 90 000, bei Netz MFC nach 80 000 Präsentationen mit $c_1 = 0.4$ und $c_2 = 0.2$ weitergelernt und nach 200 000 Präsentationen erfolgt eine weitere Erniedrigung auf $c_1 = 0.2$ und $c_2 = 0.1$. Die Ergebnisse sind in Tabelle 20.10 dargestellt. In der Spalte "Fehler" ist der gemittelte absolute Fehler nach 300 000 Präsentationen aufgeführt. In der Spalte "Min-Fehler" ist der hier minimal auftretende Fehler aufgeführt.

Das Netz mit dem kleinsten Fehler, Netz MFBL, wird nun mit 500 000 Präsentationen weiter eingelernt, es entsteht daraus Netz MFBLA. Dieses Netz wird mit Netzen der gleichen Topologie und gleichen Lernparametern verglichen. Dazu wird Netz MFBLB mit der kumulativen Delta-Regel und einer Epoche von 100 Schritten erzeugt. Bei Netz MFBLC wird die Einlerndatei verändert und 225 Datensätze verwendet. Netz MFBLD wird mit 961 Datensätzen eingelernt. Tabelle 20.11 zeigt die Ergebnisse des Vergleichs dieser Netze nach 500 000 Präsentationen.

Um den Fehler noch weiter zu minimieren, wird Netz MFBLA mit 1 500 000 Präsentationen eingelernt und damit Netz MFBLE erzeugt. Es ergibt sich ein Fehler von 1.415^o.

Um den Einfluß der Parameter des Lerngesetzes noch weiter untersuchen, wird Netz MFBL in zwei Varianten eingelernt:

- Netz MFBLF mit abfallenden Parametern: bis 500 000 Präsentationen Parameter $c_1 = 0.9$, $c_2 = 0.6$; bis 1 000 000 Präsentationen Parameter $c_1 = 0.6$, $c_2 = 0.4$; bis 1 500 000 Präsentationen Parameter $c_1 = 0.3$, $c_2 = 0.2$. Der Fehler hierbei beträgt 1.699^o.

Netz	Akt.fkt.	α	k	Fehl.fkt.	Fehler (^{o})	Min-Fehler (^{o})
MFB	sigmoid	1.0	1.0	standard	2.085	1.939
MFI	sigmoid	2.0	1.0	standard	29.52	29.52
MFJ	sigmoid	0.5	1.0	standard	2.151	2.151
MFK	sigmoid	1.0	2.0	standard	10.29	3.004
MFL	sigmoid	1.0	1.5	standard	2.108	1.949
MFM	sigmoid	1.0	0.5	standard	1.959	1.959
MFN	sigmoid	1.0	1.0	quadratisch	2.626	2.626
MFP	sigmoid	1.0	1.0	kubisch	5.326	5.326
MFQ	sigmoid-0.5	1.0	1.0	standard	40.45	40.45
MFR	tanh	1.0	1.0	standard	49.55	49.55
MFS	tanh	2.0	1.0	standard	49.55	49.55
MFT	tanh	0.5	1.0	standard	49.55	49.55
MFU	0.5 tanh+0.5	1.0	1.0	standard	40.45	40.45
MFV	linear	1.0	1.0	standard	31.95	31.95
MFW	sin	1.0	1.0	standard	Abbruch	Abbruch

Tabelle 20.12: Variation der Aktivierungsfunktion

- Netz MFBLG mit konstanten Parametern: $c_1 = 0.25$ und $c_2 = 0.9$. Der Fehler beträgt hierbei 1.522^o.

Ein Einfluß der Lernparameter ist zwar erkennbar, er ist hier aber nur gering ausgeprägt. Ein Einfluß der Größe der Einlerndateien ist hier nicht ausgeprägt feststellbar.

20.2.3 Variation der Aktivierungsfunktion

Zum Abschluß wird noch die Abhängigkeit des Fehlers von der Aktivierungsfunktion untersucht. Ausgehend von Netz MFB werden die Ergebnisse nach Tabelle 20.12 erzielt. Der Faktor k gibt an, wie groß der Einfluß des Fehlerterms, der beim Lerngesetz verwendet wird, beim Ändern der Gewichte ist.

Diese Untersuchungen werden mit 100 000 Präsentationen durchgeführt. Die Aktivierungsfunktion sin führt zu einem Programmabbruch, da eine Sinusberechnung von 10^{308} erfolgt. Auch weisen einige Netze keine Konvergenz auf. Hier erweist sich die Sigmoidfunktion als beste Aktivierungsfunktion.

Netz	HL1	HL2	Fehler(^{o})	Min-Fehler(^{o})
1	5	0	2.28	2.08
2	10	0	1.86	1.86
3	15	0	1.90	1.88
4	20	0	3.48	2.13
5	5	3	2.91	2.79
6	10	5	2.25	2.16
7	15	5	2.15	2.15
8	15	10	1.88	1.74
9	20	10	2.16	2.16

Tabelle 20.13: Variation der Netztopologie

Netz	Fehler(^{o})	Min-Fehler(^{o})
2	1.11	1.11
3	1.61	1.44
8	0.49	0.46

Tabelle 20.14: Wahl modifizierter Parameter des Lerngesetzes

20.3 Functional-Link Back-Propagation-Netze

Im folgenden werden Functional-Link Back-Propagation-Netze zur Lösung des inversen kinematischen Problems des Zweiarm-Manipulators untersucht.

20.3.1 Auswahl der geeigneten Netztopologie

Tabelle 20.13 zeigt die Ergebnisse bei der Suche nach einer geeigneten Netztopologie. Hierbei wird jeweils der Lernkoeffizient $c_1 = 0.90$ und der Momentumkoeffizient $c_2 = 0.60$ benutzt. Die Anzahl der Präsentationen beträgt 100 000.

Die Netze 2, 3 und 8 liefern den kleinsten Fehler. Die Unterschiede im Fehler sind allerdings nicht signifikant, Aussagen über Prinzipien können auch hier nur schwer gemacht werden.

20.3.2 Variation der Parameter des Lerngesetzes

Die Netze 2, 3 und 8 werden nun mit veränderten Parametern des Lerngesetzes weiter untersucht. Die Ergebnisse dieser Untersuchung zeigt Tabelle 20.14. Dabei wird $c_1 = 0.25$ und $c_2 = 0.90$ gewählt. Die Anzahl der Präsentationen beträgt 600 000.

Präsentationen	c_1	c_2
bis 100 000	0.90	0.60
bis 200 000	0.40	0.60
bis 300 000	0.20	0.10

Tabelle 20.15: Abhängigkeit der Parameter des Lerngesetzes von der Präsentationshäufigkeit

Nun werden alle 100 000 Präsentationen die Parameter nach Vorgabe von Tabelle 20.15 geändert. Die erhaltenen Ergebnisse für die Netze 2, 3 und 8 zeigt Tabelle 20.16.

Netz	Fehler(°)	Min-Fehler (°)
2	1.82	1.79
3	1.67	1.67
8	1.11	1.11

Tabelle 20.16: Fehler bei Variation der Parameter des Lerngesetzes

Aus den Tabellen 20.14 und 20.16 ist ersichtlich, daß Netz 8 den geringsten Fehler aufweist. Dieses Netz wird mit $c_1 = 0.25$, $c_2 = 0.90$ und 2 000 000 Präsentationen weiter eingelernt. Es ergibt sich hierbei ein Fehler von 0.20°.

Zur Wahl der Parameter des Lerngesetzes lassen sich somit folgende Hinweise geben:

- Der Lernkoeffizient c_1 sollte zu Beginn eines Einlernvorganges groß gewählt werden (ca. 1.0) und mit fortlaufendem Einlernen weiter verkleinert werden.
- Der Momentumkoeffizient c_2 sollte während des Einlernvorganges nur sehr wenig verändert werden.

20.3.3 Variation der Größe der Einlerndatei

Um die Abhängigkeit des Einlernvorganges von der Größe der Einlerndatei zu bestimmen, wird Netz 8 mit zwei weiteren Einlerndateien untersucht. Diese bestehen aus 189 Datensätzen bzw. aus 961 Datensätzen. Als Parameter des Lerngesetzes werden $c_1 = 0.25$ und $c_2 = 0.90$ gesetzt, und 400 000 Präsentationen durchgeführt. Die Ergebnisse zeigt Tabelle 20.17. Hier tritt der geringste Fehler bei einer Anzahl von 961 Datensätzen auf.

Netz	Anzahl Datensätze	Fehler (^{o})	Min-Fehler (^{o})
8	189	0.81	0.81
8	484	0.63	0.56
8	961	0.57	0.57

Tabelle 20.17: Variation der Größe der Einlerndatei

20.3.4 Variation der Aktivierungsfunktion

Die folgenden Untersuchungen zeigen den Einfluß verschiedener Aktivierungsfunktionen. Weiterhin werden verschiedene Parameter der Aktivierungsfunktionen modifiziert. Die erhaltenen Ergebnisse zeigt Tabelle 20.18. Dabei werden $c_1 = 0.90$ und $c_2 = 0.60$ gesetzt. Die Einlerndatei wird 100 000 mal präsentiert. Das beste Ergebnis wird hier mit einer Sigmoid-Funktion mit G=2 erzielt.

Aktivierungsfunktion	G	s	o	Fehler (^{o})	Min-Fehler (^{o})
Sigmoid	1	1	0	1.88	1.74
Sigmoid	0.5	1	0	2.45	2.45
Sigmoid	2	1	0	0.63	0.62
Sigmoid	3	1	0	40.44	19.48
Sigmoid	1	1	-0.5	49.55	49.55
Sigmoid	1	1	-0.1	49.55	49.55
Sigmoid	1	1	0.5	40.44	40.44
tanh	1	1	0	49.26	49.26
tanh	1	0.5	0	22.75	22.75
sin	1	1	0	55.23	55.23

Tabelle 20.18: Variationen der Aktivierungsfunktionen

20.3.5 Initialisierung der Gewichte

Die Voreinstellung der Gewichte hat, wie schon gezeigt wurde, einen großen Einfluß auf das Konvergenzverhalten des Netzes beim Einlernvorgang. Die Gewichte von Netz 8 werden zufällig zwischen den oberen und unteren Grenzen verteilt, wie sie Tabelle 20.19 zeigt. Die damit erhaltenen Ergebnisse zeigt ebenfalls Tabelle 20.19. Dabei werden die Parameter des Lerngesetzes $c_1 = 0.90$ und $c_2 = 0.60$ verwendet. Die Einlerndauer beträgt 100 000 Präsentationen.

Die Bilder 20.6 und 20.7 zeigen den Einfluß des Initialisierungsintervalls: je größer der Bereich der zufälligen Voreinstellung ist, desto besser ist das Konvergenzverhalten des Netzes beim Einlernen.

Netz	untere Grenze	obere Grenze	Fehler (°)
8	-0.1	0.1	1.32
8	-0.3	0.3	1.23
8	-0.5	0.5	0.94
8	-1.0	1.0	1.56

Tabelle 20.19: Variation der Initialisierungsintervalle

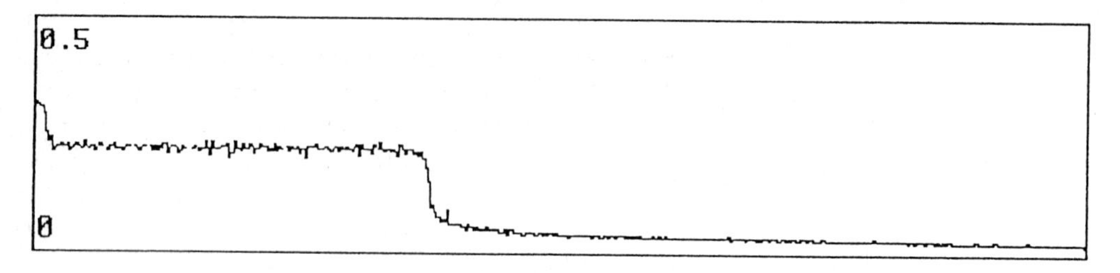

Bild 20.6: Konvergenzverhalten bei einem Initialisierungsintervall (-0.1, 0.1)

20.4 Functional-Link Back-Propagation-Netze mit Sinus

Im folgenden wird abschließend untersucht, wie Functional-Link Back-Propagation-Netze mit Sinusschichten sich für die Lösung des inversen kinematischen Problems des Zweiarm-Manipulators eignen.

20.4.1 Ermittlung der geeigneten Netztopologie

Zuerst wird wieder die Netztopologie bezüglich der Anzahl der verborgenen Schichten und der Anzahl der Prozessorelemente untersucht. Dazu werden die Netze mit jeweils 100 000 Einlernschritten eingelernt. Die benutzte Einlerndatei hat wieder 484 Datensätze.

Das Einlernen erfolgt mit den Parametern $c_1 = 0.9$ und $c_2 = 0.6$. Getestet werden die Netze alle 10 000 Präsentationen mit einer Testdatei, die 20 zufällige Datensätze enthält.

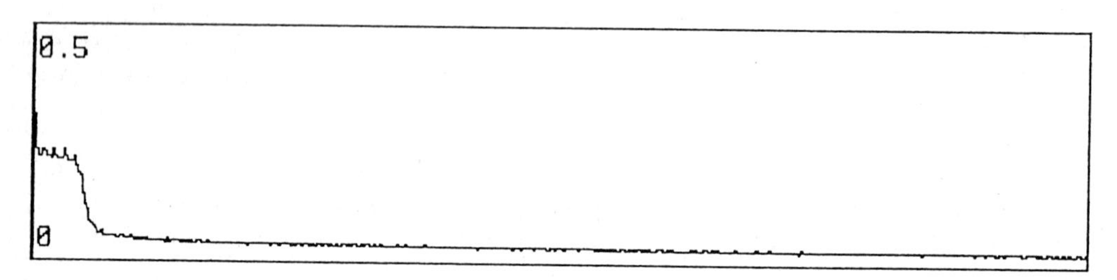

Bild 20.7: Konvergenzverhalten bei einem Initialisierungsintervall (-1.0, 1.0)

Netz	SinL	HL	Fehler(°)	Min-Fehler (°)
MLA	1	0	2.411	2.441
MLB	1	5	1.824	1.824
MLC	1	10	2.435	2.357
MLD	1	15	2.149	2.149
MLE	2	0	2.858	2.522
MLF	2	5	2.799	2.158
MLG	2	10	1.482	1.461
MLH	2	15	1.578	1.372
MLI	2	20	1.499	1.436
MLJ	3	0	3.299	2.477
MLK	3	5	1.195	1.105
MLL	3	10	2.018	1.259
MLM	3	15	1.099	0.999
MLN	3	20	0.911	0.911
MLP	3	25	0.898	0.898

Tabelle 20.20: Variation der Netztopologie

Tabelle 20.20 enthält die Ergebnisse der so getesteten Netze. Hierbei bedeutet "SinL" die Anzahl der Sinusschichten des Netzes.

Bei den Netzen MLN und MLP tritt der kleinste Fehler auf. Auch hier unterscheidet sich der Fehler aber insgesamt nur geringfügig.

20.4.2 Variation der Aktivierungsfunktion

Um die Rechenzeit der folgenden Einlernvorgänge möglichst klein zu halten, wird das kleinere Netz MLN weiterverwendet. An diesem Netz werden bei gleicher Einlerndatei Modifikationen bei der Aktivierungsfunktion und der lokalen Fehlerfunktion untersucht. Die Ergebnisse sind in Tabelle 20.21 zusammengefaßt. Netz MLN weist hier mit einer Sigmoidfunktion und Verstärkung von G=1 die besten Ergebnisse auf. Auch die Funktion tanh weist brauchbare Ergebnisse auf.

Die schlechtesten Netze weisen einen Fehler bis nahe 80° auf. Ihr Konvergenzverhalten ist entweder sehr schlecht oder es ist überhaupt keine Konvergenz zu erkennen. Die Gewichte der Verkopplungen liegen bei diesen Netzen teilweise an den Grenzen des Programms NWorksII.

Netz	Üb.fkt.	G	lok. Fehlerfkt.	Fehler(^{o})	minFeh(^{o})
MLN	sigmoid	1.0	standard	0.911	0.911
MLNA	sigmoid	2.0	standard	0.972	0.972
MLNB	sigmoid	0.5	standard	2.001	1.991
MLNC	sigmoid	1.0	quadratisch	2.463	2.463
MLND	sigmoid	1.0	kubisch	4.625	4.591
MLNE	sigmoid-0.5	1.0	standard	45.34	45.34
MLNF	tanh	1.0	standard	49.55	49.55
MLNG	tanh	2.0	standard	49.55	49.55
MLNH	tanh	0.5	standard	1.192	0.949
MLNI	tanh	0.25	standard	2.180	1.916
MLNJ	0.5 tanh+0.5	1.0	standard	49.13	49.13
MLNK	linear	1.0	standard	31.94	31.94
MLNL	sin	1.0	standard	78.71	78.71

Tabelle 20.21: Modifikation der Aktivierungsfunktion

20.4.3 Variation der Parameter des Lerngesetzes

Um die Variation der Parameter des Lerngesetzes zu untersuchen, wird Netz MLNN mit den Parametern $c_1 = 0.25$ und $c_2 = 0.9$ eingelernt. Diese Parameterwerte werden aus der Literatur übernommen [107]. Nach 500 000 Präsentationen ergibt sich ein Fehler von 0.638^o gegenüber 0.553^o. Dieser Fehler tritt nach einer Lernphase des Netzes MLN bis 500 000 Präsentationen auf.

20.4.4 Variation der Größe der Einlerndatei

Um die Variation der Größe der Einlerndatei zu untersuchen, wird Netz MLNP mit einer Einlerndatei mit 225 Datensätzen eingelernt. Als Fehler nach 100 000 Präsentationen ergibt sich 1.287^o. Netz MLNQ wird mit einer Einlerndatei mit 961 Datensätzen eingelernt. Als Fehler nach 100 000 Präsentationen ergibt sich 0.854^o. Hier ergeben Einlerndateien mit großer Datenanzahl geringere Fehler.

20.4.5 Variation des Lerngesetzes

Um die Variation des Lerngesetzes zu untersuchen, wird Netz MLNM mit der kumulativen Delta-Regel eingelernt. Hierbei wird eine Epoche von 100 Präsentationen gewählt. Nach 100 000 Präsentationen ergibt sich ein gemittelter absoluter Fehler von 12.49^o und ein minimaler Fehler von 6.377^o. Die kumulative Delta-Regel erweist sich als unbrauchbar.

Zum Abschluß wird das Netz MLN mit 1 500 000 Präsentationen eingelernt. Es ergibt sich ein gemittelter absoluter Fehler von 0.371^o, der noch weiter abfällt. Insgesamt wird für den Einlernvorgang des Netzes eine Zeit von 1820 Minuten auf einem PC mit 80386/387 Prozessor benötigt. Dies entspricht über 30 Stunden.

20.5 Wertung

Wie die zitierte Literatur und die hier vorgestellten Untersuchungen zeigen, ist es möglich, das Problem der inversen Kinematik von Robotern mit Hilfe neuronaler Netze zu lösen.

Die untersuchten Netztypen sind alle geeignet, das Problem der inversen Kinematik von Robotern zu lösen. In drei Fällen liegt der erreichbare Fehler bei weniger als 1 Grad. Tabelle 20.22 zeigt die besten Netze noch einmal in einer Übersicht. Eine generelle Strategie kann hier nicht gegeben werden, es sind bei jedem Netztyp Experimente anzustellen. Ob die erhaltenen Ergebnisse auch auf Roboter mit mehr als zwei Freiheitsgraden übertragbar sind, kann ebenfalls nicht beurteilt werden.

Typ	Fehler (^{o})	SL	HL1	HL2	Präsentationen
Backprop.	0.36	%	15	10	10^6
Fast-Backp.	1.41	%	10	0	$1.5\ 10^6$
Funct. Link	0.20	%	15	10	$2\ 10^6$
Funct. Link m. Sin.	0.37	3	20	0	$1.5\ 10^6$

Tabelle 20.22: Übersicht der besten Netze

Die erreichte Genauigkeit ist für viele Aufgabenstellungen sicher ausreichend. Bedenkt man, daß die einfach zu ermittelnde Vorwärtstransformation ausreicht, um auch die inverse Kinematik zu beherrschen, ist der Einsatz neuronaler Netze für viele Gebiete interessant, z.B. bei der Simulation neuartiger Roboterkonfigurationen, bei denen zunächst einmal das prinzipielle kinematische Verhalten untersucht werden soll.

Möchte man die Untersuchungen auf Roboter mit 5 oder 6 Freiheitsgraden ausdehnen, so ist ein sehr leistungsfähiger Rechner erforderlich. Wie die oben angegebenen Einlernzeiten zeigen, ist ein konventioneller PC oder eine Workstation für systematische Versuche nicht mehr ausreichend. Hier sind auch gezielt Untersuchungen anzustellen, wie die Einlernzeit verkürzt werden kann, welche anderen Netztypen oder welche hybriden Netze verwendet werden können.

Generell kann gesagt werden, daß die Integration neuronaler Netze in Simulationsumgebungen deren Leistungsvermögen entscheidend steigern wird.

Teil IV

Ausblick

Kapitel 21

Perspektiven

21.1 Zukünftige Robotersysteme

Neben konventionellen Anwendungsgebieten für Roboter, wie Handhabung und Montage, werden derzeit verstärkt weitere Anwendungsgebiete untersucht. Gemäß einer japanischen Studie [2] sollen Roboter im Unterwasserbereich, bei Bränden und in Katastrophenfällen eingesetzt werden.

Kennzeichnend für alle zukünftigen Robotersysteme ist es, daß die Roboter über Multisensorensysteme, KI-Software und Mobilität verfügen werden, um autonom Perzeption mit Aktion verbinden zu können.

21.2 Lernende Roboter

Eine völlig neue Form der Roboterprogrammierung bietet sich durch den Einsatz von Lernverfahren an. Es lassen sich derzeit nach Dillmann [27] folgende grundlegende Lernsituationen und Lernstrategien unterscheiden:

1. Lernen durch direkte Zuführung des benötigten Wissens
2. Lernen durch Unterweisung
3. Lernen durch Beispiele
4. Lernen durch Analogien
5. Lernen durch Experimentieren
6. Lernen durch Beobachtung
7. Lernen durch Entdeckung
8. Lernen durch Operationalisierung

Die Einbeziehung derartiger Techniken für den Einsatz bei mobilen Robotersystemen wird derzeit, u.a. an der Universität Karlsruhe, vorbereitet. Hier sollen Lerntechniken verwendet werden, um globale und lokale Aktionspläne zu erstellen sowie die

Systemeigenschaften zu erweitern und zu verfeinern. Auch die Einbeziehung eines Robotersimulationssystems ist hierzu vorgesehen.

Die vollständige Simulation eines lernenden Roboters durch ein Simulationssystem erfordert noch intensive Forschungs- und Entwicklungsarbeiten. Es ist jedoch denkbar, ein Robotersimulationssystem zunächst nur als Visualisierungshilfsmittel einzusetzen. Dies setzt geeignete Zugriffsmechanismen und die Einbindung der Robotersimulationssoftware in entsprechende Software-Systeme voraus. Dies ist aber bei den meisten heutigen Systemen (noch?) nicht gegeben.

21.3 Gestaltungsorientierte Animationsverfahren

Die bisherigen Animationssequenzen sind völlig auf den technischen Ablauf fixiert, d.h. sie bestehen im wesentlichen aus der Eigenbewegung der Handhabungsobjekte. Das Erzeugen von Bewegung durch Kamerafahrten oder Schwenks spielt bisher keine große Rolle. Auch die Vorgabe "was und wie" dargestellt werden soll, ist heute nur unzureichend gelöst. Bei der Animation ganzer Fabrikationsabschnitte ist dies jedoch von Bedeutung.

Hier sind mehr gestaltungsorientierte Animationsverfahren einzusetzen. Von den zur Verfügung stehenden Verfahren wie:

- 3D-Keyframe Animation,
- parameterorientierte Animation und
- drehbuchorientierte Animation

wird wohl das letzte Verfahren im Bereich der Robotersimulation von Bedeutung sein. Hier wird ein Drehbuch in Form eines Programms geschrieben. Dieses enthält alle Anweisungen für die Animation. Es ist durchaus denkbar, entsprechende Anweisungen während der Roboterprogrammsynthese interaktiv zu erzeugen und dann das Drehbuch aus dem Gesamtprogramm herauszuextrahieren. Mit dieser Methode könnte nicht nur die Animation, sondern auch der gesamte Simulationsablauf gesteuert werden.

Auch Verfahren der Künstlichen Intelligenz werden auf dem Gebiet der Animation eingesetzt. Diese werden zur Zeit verstärkt in zwei Gebieten verwendet: der zielgerichteten Animation und der verhaltensbedingten Animation. Die zielgerichtete Animation verfolgt ähnliche Ziele wie automatische Planungsverfahren für Roboter. Mit Hilfe von Stichworten werden Bewegungsziele vorgegeben. Um diese Ziel zu erreichen, berücksichtigt die KI-Software die Eigenschaften des zu bewegenden Handhabungsobjektes sowie die Randbedingungen des Umfeldes, in dem es sich bewegt.

Bei der verhaltensbedingten Animation wird versucht, das Verhalten von Lebewesen nachzubilden. Das gewünschte Verhalten wird dabei auf sehr hoher Ebene abstrahiert vorgegeben. Alle Details werden durch die KI-Software erzeugt. Ein Einsatz solcher Techniken ist durchaus auch bei der Robotersimulation denkbar, z.B. könnten die "Gesetze der Robotik" (in erweiterter Form) auf diese Weise in eine Simulation eingebracht und als Verhaltensmuster für einen Roboter vorgegeben werden. Damit sind u.U. neuartige Verfahren zur Programmierung und zur Kollisionsbetrachtung möglich.

21.4 Mehrdimensionale Interaktionen

Für die Programmierung und die Animation ist die Interaktion mit den Komponenten der Roboterzelle erforderlich. Bisher standen hierfür keine geeigneten Geräte zu einer ergonomischen mehrdimensionalen Eingabe zur Verfügung. Mit der Entwicklung von 6D-Eingabegeräten, z.B. der in Bild 21.1 gezeigten 6D-Eingabegerätefamilie "Geometry Ball", stehen jedoch erstmals kommerziell vertriebene und zuverlässige 6D-Eingabegeräte zur Verfügung.

Ein "Geometry Ball" kann sowohl bei der sechsdimensionalen Manipulation eines Roboters oder eines Handhabungsobjektes als auch während der Animation zur Manipulation des Betrachterstandpunktes eingesetzt werden. Der Betrachter kann damit förmlich durch die Roboterzelle "fliegen".

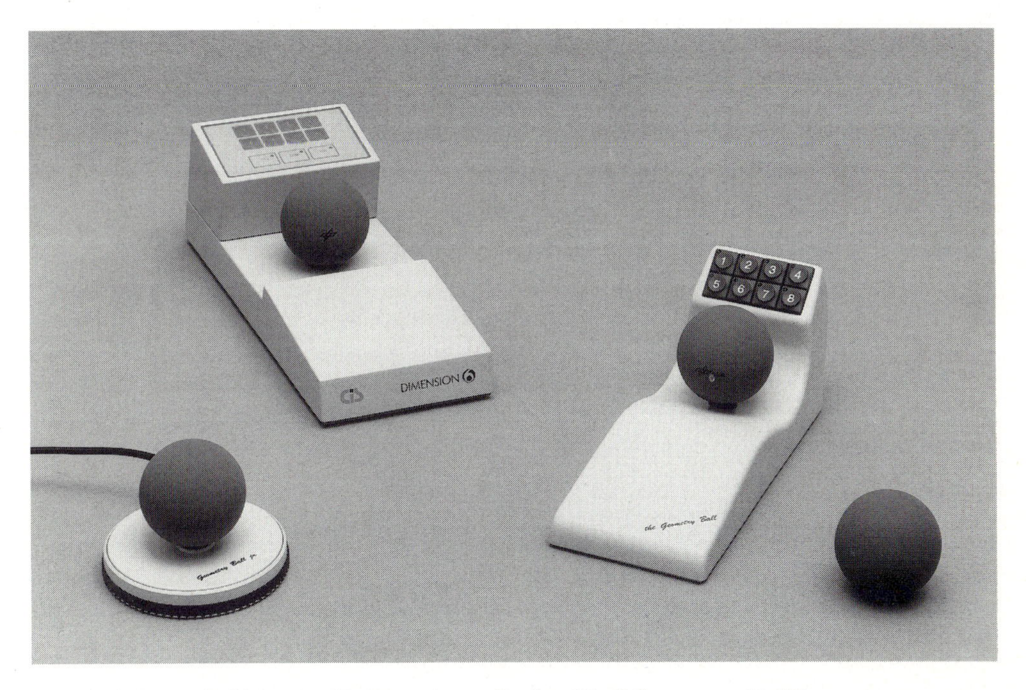

Bild 21.1: 6D-Eingabegerätefamilie "Geometry Ball"

21.5 Einbeziehung physikalischer Prinzipien

Ein großes Problem der graphikunterstützen Simulation ist die Einbeziehung elementarer physikalischer und technischer Prinzipien. Jedes in der Realität als selbstverständlich hingenommene Ereignis erfordert zur Nachbildung in der Simulation einen enormen Aufwand, z.B. die Nachbildung des Verhaltens eines Teils, welches aus dem Greifer gerutscht ist. Neben der Problematik, überhaupt das in der Realität stattfindende Rutschen zu erkennen und nachzubilden, ist der Fall des Teiles, mögliche Kollisionen mit anderen Teilen, daraus resultierende Richtungs- und Orientierungsänderungen, resultierende Beschädigungen anderer Zellkomponenten und des Teiles selbst, etc. nur durch sehr komplexe Modelle mit entsprechenden Berechnungen durchzuführen.

Es ist sicher nicht sinnvoll, jedes Detail erfassen zu wollen, doch sollten elementare physikalische Prinzipien nachgebildet werden. Dazu gehören:

- die Wirkung der Gravitation
- die Nachbildung von Wechselwirkungen
- die Nachbildung von Formänderungen
- die Nachbildung von Materialveränderungen

21.6 Erweiterte Modellierungsfunktionen

21.6.1 Realistische Darstellung

Mit der Verfügbarkeit von Hochleistungs-Workstations ist es möglich, auch komplexe Roboterzellen zu animieren. Neben der mehr technisch ausgerichteten geometrischen Modellierung, ist heute auch die Modellierung von natürlichen Erscheinungsformen möglich. Hierzu werden Techniken wie Fraktale Geometrie, Generierung botanischer Erscheinungsformen und morphologische Modelle [130] eingesetzt. Die Darstellung der Modelle kann heute so realistisch geschehen, daß sie von einem Foto nur noch sehr schwer zu unterscheiden ist. Dies ist ermöglicht worden durch die Einbeziehung der Beleuchtung, welche die Oberflächenfarbe beeinflußt, von Schattenwurf, der Berücksichtigung von Oberflächenstrukturen und durch Verwendung von Methoden zur Synthese komplexer realistischer Szenen (Strahlverfolgung ("ray-tracing"), "radiosity").

21.6.2 Erweiterte Techniken zum Modellaufbau

Zukünftige Robotersimulationssysteme erfordern erweiterte graphische Modellierungsfunktionen. Der Einsatz von CSG-Techniken (Constructive Solid Geometry) zum Modellaufbau ist weit verbreitet. Ein Modell wird hierbei durch die Kombination von 3D-Primitiven aufgebaut. Die Verbindung der Primitive geschieht mit Hilfe von Bool'schen Operatoren. Bei erweiterten CSG-Techniken werden weitere Operatoren zugelassen, z.B. Wachstums- und Schrumpfoperatoren [122].

21.6.3 Eigenschaftsbasierte Modellierung

Neben der reinen Beschreibung des geometrischen Aussehens eines Handhabungsobjektes arbeitet man verstärkt auch an Beschreibungsformen, welche die "features" des Handhabungsobjektes mit erfassen [131]. Bisher existiert noch keine allgemein akzeptierte Definition, was alles unter "feature" eines Handhabungsobjektes zu verstehen ist.

In KI-Applikationen wird unter "feature" "any set of information that can be formulated in terms of generic parameters and properties, and referred to as a set in the reasoning process of some application" [131] verstanden.

Eigenschaften, die mit der Form eines Teiles zu tun haben, werden als sog. "form features" bezeichnet. Der Nutzen von "features" liegt darin, daß hiermit ein höheres Niveau an Abstraktion der Teilegeometrie erreicht werden kann.

Der Einsatz "feature"-basierter Modellierer kann viele Prozesse vereinfachen. So werden z.B. durch den Einsatz von "features" Probleme bei der Ermittlung von Teileeigenschaften erheblich vereinfacht. Anstatt mühselig Teileeigenschaften erkennen zu müssen, können diese einfach aus dem "feature"-basierten Modell abgerufen werden, sobald die Identität des Teiles eindeutig ermittelt ist.

Man kann sich unter den "features" eines Handhabungsobjektes alle Attribute eines Handhabungsobjektes und weitere Informationen vorstellen, die der Mensch bei der Manipulation eines Handhabungsobjektes anwendet.

Für den Einsatz bei wissensbasierten Planungssystemen ist das Vorhandensein von "features" von großer Bedeutung. Wir wissen einfach "aus Erfahrung", daß die Oberfläche eines metallischen Gegenstandes bei normalen Temperaturen nur schwer zu verformen ist und sich der Gegenstand bei Manipulationen nicht wesentlich in seiner Form ändern wird. Bei einem flexiblen Gegenstand, wie z.B. bei einer Milchtüte, gehen wir intuitiv bei der Handhabung von ganz anderen Eigenschaften aus. Ein direktes Greifen ist aufgrund der Nachgiebigkeit nicht ohne weiteres möglich. Je nach Lage der Tüte verändert sich aufgrund der fließenden Milch die Tütenform. All diese Eigenschaften lassen sich durch die Verwendung von "features" mit in ein Modell einbringen.

21.7 Objektveränderungen

Im Rahmen von Manipulationen von und an Handhabungsobjekten ist die Nachbildung der Manipulationswirkungen, die das Handhabungsobjekt verändern, von Interesse. Typische Operationen sind das Hinzufügen oder Wegnehmen von Objektmasse, wie es bei spanenden Bearbeitungsvorgängen vorkommt, das Verformen des Handhabungsobjekts und das Ändern der Oberflächeneigenschaften, z.B. bei Spritzbeschichtungen.

Das definierte Entfernen von Masse kann durch Bool'sche Operatoren erfolgen. Dies kommt z.B. bei NC-Bearbeitungsvorgängen vor. Hierbei kann das Schnittvolumen zwischen Handhabungsobjekt und Bearbeitungswerkzeug vom Volumen des Handhabungsobjektes entfernt werden. Derartige Algorithmen sind heute bei der Simulation von Bearbeitungsvorgängen im NC-Bereich im Einsatz.

Die Nachbildung von Biegevorgängen und anderen Deformationen wurde bisher von der Graphikseite nur im Zusammenhang mit Rendering-Operationen studiert. Die entwickelten Verfahren lassen sich zukünftig aber auch erfolgreich bei der Nachbildung von Manipulationswirkungen einsetzen.

Für exakte Berechnungen steht auch die Finite Elemente-Methode (FEM) zur Verfügung. Da sich die Objektkonfiguration dynamisch ändern kann, ist es wichtig, möglichst automatisch, die notwendigen 3D-Maschen zu generieren. Die Integration von FEM ermöglicht dann auch Aussagen über die Belastung der Komponenten einer Zelle.

Interessante Anwendungen in der Robotersimulation lassen auch Metamorphose-Algorithmen erwarten. Diese werden z.Zt. verstärkt für den Einsatz bei der Computeranimation entwickelt. Es hat sich gezeigt, daß es sehr schwierig ist, beliebige Objekte aus einem Ursprungsobjekt zu formen. Dieser Fall ist jedoch im Rahmen einer Robotersimulation auszuschließen. Was hier jedoch den Einsatz schwierig macht, ist die Tatsache, daß nicht nur eine autonome Metamorphose ablaufen soll, sondern daß sie von äußeren Prozessen gesteuert stattfinden soll.

21.8 Virtuelle Realität

Eine computergestützte Animation besteht aus drei Komponenten:

- visuelle Darstellung
- Darstellung der Aktionen
- Berücksichtigung von Interaktionen

Der Bereich der visuellen Darstellung und die Darstellung der Aktionen sind heute zufriedenstellend gelöst. Die Berücksichtigung von Interaktionen war bisher noch ein Problem: wie kann der Mensch in einem Computermodell interaktiv tätig werden?

Heute scheint sich auch für diesen Bereich ein Durchbruch abzuzeichnen: mit Hilfe neuartiger Mensch-Maschine Schnittstellen kann auch der Mensch Teil einer computergenerierten Scheinwelt werden. Er kann in der Scheinwelt heute schon Teile greifen und wird zukünftig eine direkte Rückkopplung über die ausgeübten Kräfte und Momente erhalten. Mit Hilfe von Spracherkennungssystemen wird auch eine akustische Kommunikation möglich sein. Diese Technik der Interaktion wird als virtuelle Realität bezeichnet.

Derartige Interaktionstechniken sind keine Phantastereien, erste Systeme existieren bereits. Eine solche neuartige Mensch-Maschine Schnittstelle besteht aus drei Komponenten:

- Sichtsystem
- Sensitiver Datenhandschuh
- Sensitiver Körperanzug

Das Sichtsystem besteht aus einer Bildschirmeinheit, die als eine Augenmaske getragen wird. Mit Hilfe von Stereo-Techniken wird dem Betrachter die fiktive 3D-Welt eingespielt. Sensoren erfassen die Position der Augenmaske. Dies ermöglicht es, daß der Benutzer sich in seiner fiktiven, computererzeugten Welt umschauen kann, z.B. durch Drehen des Kopfes den Blick schweifen lassen kann.

Der sensitive Datenhandschuh entspricht in seiner Form einem Fünffingerhandschuh, der jedoch so mit Sensoren ausgerüstet ist, daß die Bewegung der Hand und der Finger erfaßt werden können. Diese Bewegungen werden auf eine künstliche Hand in der fiktiven Modellwelt übertragen. Damit agiert diese künstliche Hand so, wie es die Hand des Benutzers vorführt. Bild 21.2 zeigt wie ein Datenhandschuh getragen wird.

Bild 21.2: Datenhandschuh (Werkbild VPL Research)

Diese Technik erlaubt es, Teil der Scheinwelt zu werden und mit den Objekten in Interaktionen zu treten, z.B. einem lernenden Roboter eine Montagesequenz vorzuführen.

Derzeit wird noch intensiv an Verfahren geforscht, um auch eine Rückkopplung der ausgeübten Kräfte und Momente zu erzeugen.

Bild 21.3 zeigt detailliert einen solchen Datenhandschuh, entwickelt von VPL Research Inc., Redwood City, USA.

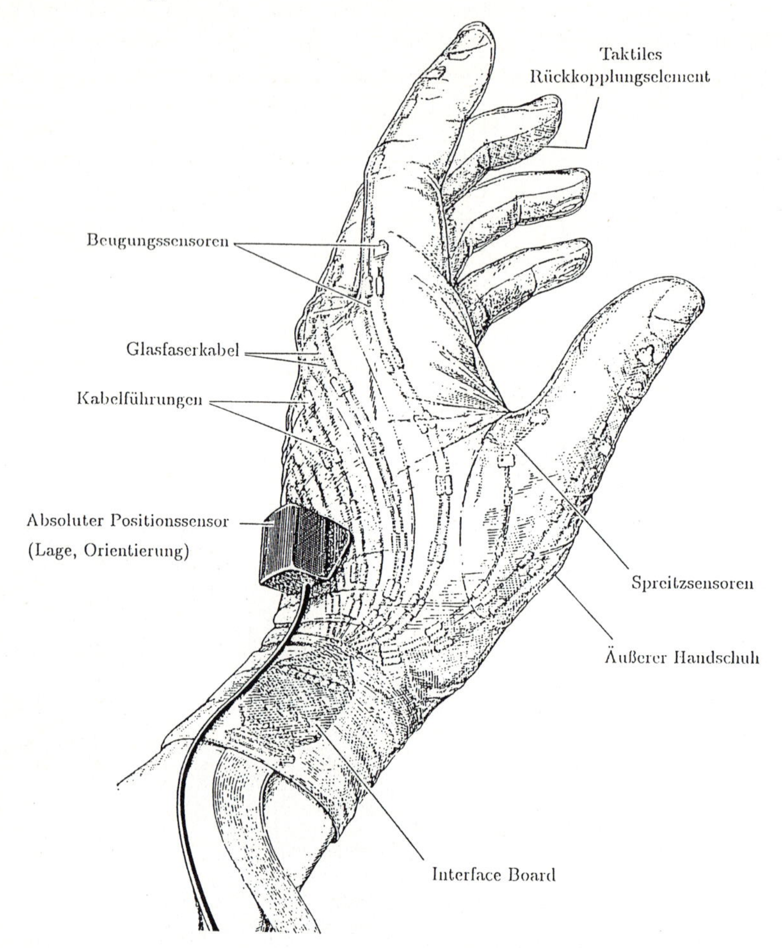

Bild 21.3: Datenhandschuh

Nach dem gleichen Prinzip wie der Datenhandschuh arbeitet der sensitive Ganzkörperanzug. Ein Benutzer trägt eine Art Overall, an dessen Oberfläche Sensoren angebracht sind. Mit diesen werden die Körperbewegungen erfaßt und auf einen synthetischen Körper in der Scheinwelt übertragen.

Mit Hilfe der Technik der virtuellen Realität eröffnet sich ein derzeit noch nicht zu überblickendes Anwendungsgebiet. So ist es denkbar, daß Roboter, die sich an für den Menschen unzugänglichen oder gefährlichen Stellen befinden, z.B. im Weltall, im Unterwasserbereich oder in Katastrophengebieten, mit dieser Technik einfach gesteuert werden können.

Bild 21.4 (übernommen aus [98]) zeigt den möglichen Einsatz im Weltall bei der Reparatur eines Satelliten mit Hilfe eines Roboters. Ein Astronaut, der sich in einem Raumschiff befindet, z.B. in einem Space Shuttle, trägt ein Sichtsystem und zwei Datenhandschuhe. Damit kann er einen Reparatur-Roboter steuern, der sich im Weltall befindet. Der Astronaut sieht zwei künstliche Hände und das zu reparierende Teil eines Satelliten in seinem Sichtsystem. Bewegt der Astronaut nun seine Hände, steuert er damit die beiden künstlichen Hände und gleichzeitig die Hände des Reparatur-Roboters. Damit sind Reparaturen an Satelliten möglich, ohne daß der Astronaut hierfür sein Raumschiff verlassen müsste. Es ist auch denkbar, dieses Reparaturverfahren von der Erde aus durchzuführen. In diesem Fall muß nur der Reparatur-Roboter ins Weltall gebracht werden.

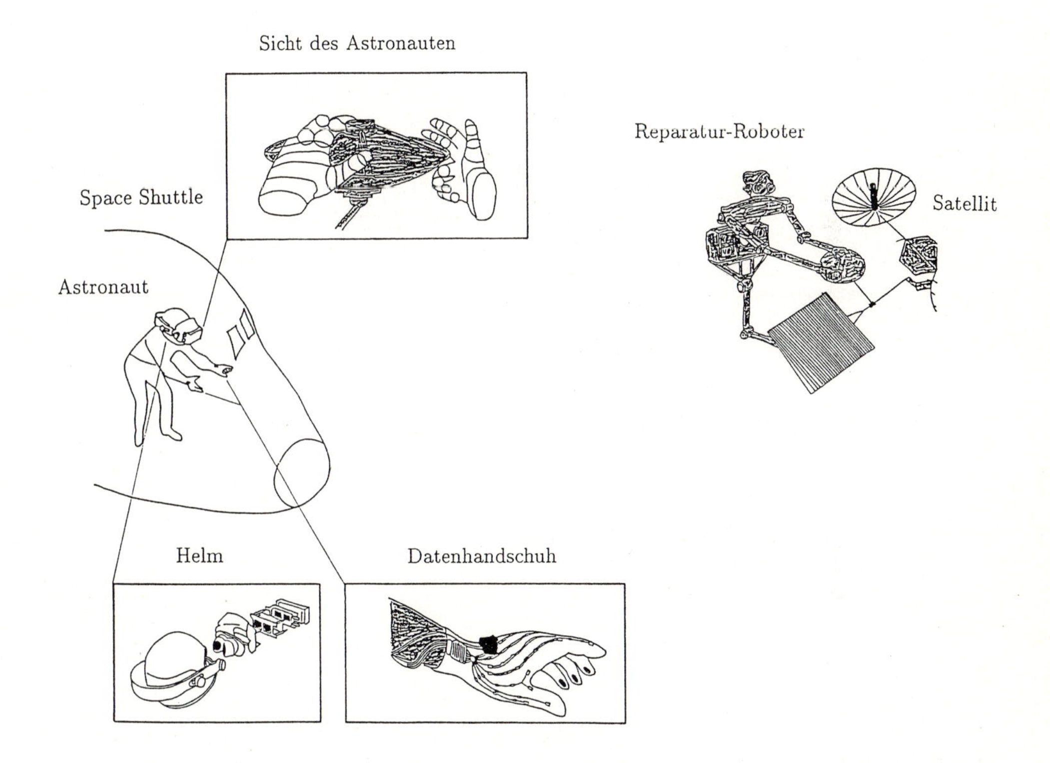

Bild 21.4: Reparatur eines Satelliten

Die Gebiete der technischen und nichttechnischen Simulation können mit den Techniken der virtuellen Realität revolutioniert werden. "Die virtuelle Realität ist geteilt und objektiv real wie die physikalische Welt, zusammensetzbar wie ein Kunstwerk, radikal wie ein LSD-Experiment sowie unbegrenzt und harmlos wie ein Traum" (J. Lanier, VPL Research Inc.).

Die hier aufgezeigten Verfahren zeigen, daß es möglich ist, Roboter in einer Form zu simulieren, die der Realität sehr nahe kommt, was das Aussehen des Modells und seine Eigenschaften betrifft. Die Entwicklung derartiger Simulationssysteme erfordert allerdings noch einen großen Entwicklungsaufwand. Der Aufbau eines wissensbasierten Systems zur Robotersimulation, wie er hier beschrieben wird, kann als ein Zwischenschritt zu solchen Systemen gesehen werden.

Literaturverzeichnis

[1] Agin, G.; Binford, T. *Computer Description of Curved Objects.* IEEE Transactions on Computers, C-25(4), 1976

[2] Aida, S.; Sagisawa, S.; Honda, N. *Theory and Applications of Advanced Robots.* Proceedings IFAC Symposium on Theory of Robots, Seite 35–40, Vienna, Austria, December 3–5, 1986

[3] Albus, J. *Robotics* in Robotics and Artificial Intelligence, Seite 65–93. Robotics and Artificial Intelligence. Springer Verlag, Heidelberg, 1984

[4] Albus, J. *Hierarchical Control of Intelligent Machines Applied to Space Station Telerobots.* Proceedings of the IEEE International Symposium on Intelligent Control, Seite 20–26, Philadelpia, USA, 1987

[5] Anderson, J.; Rosenfeld, E. *Neurocomputing - Foundations of Research.* The MIT Press, Cambridge, Massachusetts, 1988

[6] Angermüller, G.; Hardek, W. *CAD-integrated Planning for Flexible Manufacturing Systems with Assembly Tasks.* Proceedings of 1987 IEEE International Conference on Robotics and Automation, Seite 1822–1826, Raleigh, USA, March 31 - April 3, 1987

[7] Armstrong, B.; et al. *The Explicit Dynamic Model and Inertial Parameters of the PUMA 560 Arm.* Proceedings of 1986 IEEE International Conference on Robotics and Automation, Seite 510–518, San Francisco, USA, April 7-10, 1986

[8] Atkeson, C.; Reinkensmeyer, D. *Using Associative Content-Addressable Memories to Control Robots.* Proceedings of 1989 IEEE International Conference on Robotics and Automation, Seite 1859–1864, Scottsdale, USA, May 14-19, 1989

[9] Bailey, J. *Wissensverarbeitung, Der Entwicklungsprozess von Wissenssystemen* in Frost und Sullivan Seminar L629. Frost und Sullivan Seminar L629. Frost und Sullivan, Ltd., London, GB, 1988

[10] Barber, J.; et al. *Automatic Two-Fingered Grip Selection.* Proceedings of 1986 IEEE International Conference on Robotics and Automation, Seite 890–896, San Francisco, USA, April 7-10, 1986

[11] Barhen, J. *Advances in Concurrent Computation for Autonomous Robots.* Technical Paper, Society of Manufacturing Engineers, Vol.86-771:1–18, August, 1986

[12] Barhen, J.; Gulati, S.; Zak, M. *Neural Learning of Constrained Nonlinear Transformations.* Computer, 6:67–76, June, 1989

[13] Barr, A.; Cohen, P.; Feigenbaum, E. *The Handbook of Artificial Intelligence.* Addison-Wesley Publishing Company, Reading, Massachusetts, USA, 1989

[14] Binford, T. *Inferring Surfaces from Images.* Artificial Intelligence, (17):205–245, 1981

[15] Brady, J. M. *Artificial Intelligence and Robotics* in Artificial Intelligence: Principles and Applications, Seite 137–185. Artificial Intelligence: Principles and Applications. Chapman and Hall, London, 1986

[16] Brady, M. *Robot Motion.* MIT Press, Cambridge, 1982

[17] Brooks, R. *Symbolic Error Analysis and Robot Planning.* International Journal of Robotics Research, 1(4), 1982

[18] Brost, R. *Automatic Grasp Planning in the Presence of Uncertainty.* Proceedings of 1986 IEEE International Conference on Robotics and Automation, Seite 1575–1581, San Francisco, USA, April 7-10, 1986

[19] Canny, J. *On Computability of Fine Motion Plans.* Proceedings of 1989 IEEE International Conference on Robotics and Automation, Seite 177–182, Scottsdale, USA, May 14-19, 1989

[20] Chang, K.; Wee, W. *Knowledge-Based Planning System for Mechanical Assembly Using Robots.* IEEE Expert Magazine, (Spring 88):18–30, 1988

[21] Clocksin, W.; Mellish, C. *Programming in Prolog.* Springer Verlag, Berlin, 1984

[22] Cottrell, G.; Munro, P.; Zipser, D. *Image compression by back propagation: An example of extensional programming.* University of California at San Diego, 1987

[23] Crowley, J. *Coordination of Action and Perception in Surveillance Robot.* IEEE Expert, 2:32–43, 1987

[24] Cutkosky, M.; Wright, P. *Modeling Manufacturing Grips and Correlations with the Design of Robotic Hands.* Proceedings of 1986 IEEE International Conference on Robotics and Automation, Seite 1533–1539, San Francisco, USA, April 7-10, 1986

[25] Dadam, P.; Dillmann, R.; Lockemann, P.; Südkamp, N. *Produktionsintegration mittels Datenbanken: Anforderungen, Lösungsansätze, Trends.* VDI Berichte 723, Seite 63–71, VDI Verlag, Düsseldorf, 1989

[26] DeMello, L.; Sanderson, A. *A Correct and Complete Algorithm For the Generation of Mechanical Assembly Sequences.* Proceedings of 1989 IEEE International Conference on Robotics and Automation, Seite 56–61, Scottsdale, USA, May 14-19, 1989

[27] Dillmann, R. *Lernende Roboter* in Fachberichte Messen, Steuern, Regeln, Band 15. Springer-Verlag, Berlin, 1988

[28] Dillmann, R.; Huck, M. *A Relational Data Base Supporting CAD-Oriented Robot Programming* in NATO ASI Serie F, Band 50, Seite 41–66. Springer Verlag, Berlin, 1988

[29] Dillmann, R.; Rembold, U. *Autonomous Robot of the University of Karlsruhe.* Proceedings of the 15th ISIR Conference, Seite 91–102, Tokyo, Japan, 1985

[30] Doll, T. *The Karlsruhe Hand.* Proceedings of the Symposium on Robot Control (SYROCO), Seite 37.1–37.6, Karlsruhe, 1988

[31] Doll, T.; Schneebeli, H.-J. *The Karlsruhe Hand.* Proceedings of the ARW on Redundant Robots, Seite 1–16, Salo, Italien, 1988

[32] Dorn, J. *Wissensbasierte Echtzeitplanung.* Vieweg Verlag, Braunschweig, 1989

[33] Dudziak, M. *IVC: An Intelligent Vehicle Controller with Real-Time Strategic Replanning.* Proceedings of the IEEE International Symposium on Intelligent Control, Seite 145–152, Philadelpia, USA, 1987

[34] Dunn, G.; Segen, J. *Automatic Discovery of Robotic Grasp Configurations.* Proceedings of 1988 IEEE International Conference on Robotics and Automation, Seite 396–401, Philadelphia, USA, April 24-29, 1988

[35] ElMaraghy, H. *Artificial Intelligence in Programming Robots for Assembly Tasks.* Proceedings of the International ASME Conference and Exhibition, Seite 127–132, Chicago, USA, 1986

[36] Elsley, R. *A learning algorithm for control based on back-propagation neural networks.* IEEE International Conference on Neural Networks, Seite II–587–II–594, July 24-27, San Diego, California, 1988

[37] Feddema, J.; Ahmed, S. *Determining a Static Robot Grasp for Automated Assemby.* Proceedings of 1986 IEEE International Conference on Robotics and Automation, Seite 918–924, San Francisco, USA, April 7-10, 1986

[38] Fikes, R.; Nilsson, N. *STRIPS: A New Approach to the Application of Theorem Proving to Problem Solving.* Artificial Intelligence, 2:189–208, 1971

[39] Follin, J. *A Multirobot Process Line Using Artificial Intelligence.* Proceedings of Robots 10 Conference, Seite 4.87–4.101, Chicago, USA, 1986

[40] Frelding, P. *Intelligent Automated Error Recovery in Manufacturing Workstations.* Proceedings of the IEEE International Symposium on Intelligent Control, Seite 280–285, Philadelpia, USA, 1987

[41] Freyberger, F. *MICROBE - Ein Autonomes Mobiles Robotersystem.* VDI-Zeitung, 127(7):231–236, 1985

[42] Frommherz, B. *Robot Action Planning.* Computers in Mechanical Engineering, 6:30–36, 1987

[43] Fukishima, K.; Miyake, S.; Ito, T. *Neocognitron: a neural network model for a mechanism of visual pattern recognition.* IEEE Transactions on Systems, Man, and Cybernetics, SMC-13:826–834, 1983

[44] Fukuchi, F.; Awane, H.; Sugiyama, K. *Current and Future Views on Robots in Japan.* Hitachi Review, 36(2):41–50, 1987

[45] Gatrell, L. *CAD-Based Grasp Synthesis Utilizing Polygons, Edges and Vertexes.* Proceedings of 1989 IEEE International Conference on Robotics and Automation, Seite 184–189, Scottsdale, USA, May 14-19, 1989

[46] Gennery, D. *Sensing and Perception Research for Space Telerobotics at JPL.* Proceedings of 1987 IEEE International Conference on Robotics and Automation, Seite 311–317, Raleigh, USA, 1987

[47] Gini, G. *From CAD Models to Knowledge Bases* in NATO ASI Serie F, Band 50, Seite 335–360. Springer Verlag, Berlin, 1988

[48] Gottschlich, S.; Kak, A. *A Dynamic Approach to High-Precision Parts Mating.* Proceedings of 1988 IEEE International Conference on Robotics and Automation, Seite 1246–1253, Philadelphia, USA, April 24-29, 1988

[49] Green, P. *Issues in the Application of Artifical Intelligence Techniques to Real-Time Robotic Systems.* Proceedings of the 1986 International ASME Conference and Exhibition, Seite 137–144, Chicago, USA, 1986

[50] Guez, A.; Ahmad, Z. *Solution to the inverse kinematics problem in robotics by neural networks.* IEEE International Conference on Neural Networks, Seite II–617–II–624, July 24-27, San Diego, California, 1988

[51] Guez, A.; Ahmad, Z. *Accelerated convergence in the inverse kinematics via multilayer feedforward networks.* IEEE International Conference on Neural Networks, Seite II–341–II–344, San Diego, California, 1989

[52] Guez, A.; Eilbert, J.; Kam, M. *Neuromorphic architecture for adaptive robot control: a preliminary analysis.* IEEE First International Conference on Neural Networks, Seite IV–567–IV–571, June 21-24, San Diego, California, 1987

[53] Guo, J.; Cherkassy, V. *A solution to the inverse kinematic problem in robotics using neural network processing.* International Joint Conference on Neural Networks, Seite II–299–II–304, 1989

[54] Harmon, L. *Tactile Sensing for Robots* in Robotics and Artificial Intelligence, Seite 109–157. Robotics and Artificial Intelligence. Springer Verlag, Heidelberg, 1984

[55] Harmon, P.; King, D. *Expertensysteme in der Praxis.* 2. Auflage, Oldenbourg Verlag, München, 1987

[56] Harmon, S. *Coordination of Intelligent Subsystems in Complex Robots.* Proceedings of the First Conference on Artificial Intelligence, Seite 64–69, 1984

[57] Hasegawa, T.; Suehiro, T.; Ogasawara, T. *Model-Based Integration of Enivironment Description and Task Execution* in NATO ASI Serie F, Band 50, Seite 299–311. Springer Verlag, Berlin, 1988

[58] Hawker, J. *World Models in Intelligent Control Systems.* Proceedings of the IEEE International Symposium on Intelligent Control, Seite 482–488, Philadelpia, USA, 1987

[59] Hecht-Nielsen, R. *Neurocomputing.* Addison-Wesley Publishing Company, Reading, Massachusetts, USA, 1990

[60] Hiraoka, H. *Utilization of Environment Models for an Equipped Industrial Robot.* Proceedings of the ICAR, Seite 113–120, Tokyo, Japan, 1985

[61] Hoffmann, R. *Automated Assembly in a CSG Domain.* Proceedings of 1989 IEEE International Conference on Robotics and Automation, Seite 210–215, Scottsdale, USA, May 14-19, 1989

[62] Hörmann, A.; Hugel, T.; Meier, W. *A Concept for an Intelligent and Fault-Tolerant Robot System.* SIRI Symposium on Industrial Robots, Mailand, Italien, 1988

[63] Hörmann, K. *GRIPS - A Robot Action Planner for Automatic Parts Assembly.* SIRI Symposium on Industrial Robots, Mailand, Italien, 1988

[64] Iberall, T.; et al. *Knowledge-Based Prehension: Capturing Human Dexterity.* Proceedings of 1988 IEEE International Conference on Robotics and Automation, Seite 82–87, Philadelphia, USA, April 24-29, 1988

[65] Jacobsen, S.; et al. *Design of the UTAH/MIT Dextrous Hand.* Proceedings of 1986 IEEE International Conference on Robotics and Automation, Seite 1520–1532, San Francisco, USA, April 7-10, 1986

[66] Jaschek, H.; Wloka, D. *Zur Simulation von Robotern mit dem Programmsystem ROBSIM.* Forschungsbeiträge aus der Elektrotechnik, Universität des Saarlandes, Saarbrücken, Seite 66–75, 1986

[67] Jayaraman, R.; Levas, A. *A Workcell Application Design Environment (WADE)* in NATO ASI Serie F, Band 50, Seite 91–120. Springer Verlag, Berlin, 1988

[68] Josin, G. *Combinations of Neural Systems for Particular Application Situations.* IEEE First International Conference on Neural Networks, Seite IV–517–IV–524, June 21-24, San Diego, California, 1987

[69] Josin, G.; Charney, D.; White, D. *Robot control using neural networks.* IEEE International Conference on Neural Networks, Seite II–625–II–631, July 24-27, San Diego, California, 1988

[70] Kak, A.; et al. *Knowledge-Based Robotics.* Proceedings of 1987 IEEE International Conference on Robotics and Automation, Seite 637–646, Raleigh, USA, 1987

[71] Kak, A.; et al. *Knowledge-Based Robotics.* International Journal of Production Research, 26(5):707–734, 1988

[72] Kawato, M.; Uno, Y.; Isobe, M. *A hierarchical model for voluntary movement and its application to robotics.* IEEE First International Conference on Neural Networks, Seite IV–573–IV–582, June 21-24, San Diego, California, 1987

[73] Kempf, K. *Practical Applications of Artifical Intelligence in Manufacturing* in Artificial Intelligence in Manufacturing, Assembly, and Robotics, Seite 1– 26. Artificial Intelligence in Manufacturing, Assembly, and Robotics. Oldenburg Verlag, München, 1988

[74] Knuth, D. *The Art of Computer Programming.* Addison-Wesley Publishing Company, Reading, Massachusetts, USA, 1973

[75] Krishen, K. *Robotic Vision/Sensing for Space Applications.* Proceedings of 1987 IEEE International Conference on Robotics and Automation, Seite 138–150, Raleigh, USA, 1987

[76] Laugier, C. *Planning Robot Motions in the SHARP System* in NATO ASI Serie F, Band 50, Seite 151– 187. Springer Verlag, Berlin, 1988

[77] Levi, P. *TOPAS: A Task-Oriented Planner for Optimized Assembly Sequences.* Proceedings of the 7th European Conference on Artifical Intelligence, Seite 638–643, Brigthon Centre, England, 1986

[78] Levi, P. *Priciples of Planning and Control Concepts for Autonomous Mobile Robots.* Proceedings of 1987 IEEE International Conference on Robotics and Automation, Seite 874–881, Raleigh, USA, 1987

[79] Levi, P. *Planen für autonome Montageroboter* in Informatik-Fachberichte, Band 191. Springer Verlag, Berlin, 1988

[80] Levi, P.; Foldenauer, J.; Löffler, T. *Robotik und Künstliche Intelligenz* in Informatik Fachberichte, Band 159, Seite 58–133. Springer Verlag, Heidelberg, 1987

[81] Liu, Y. *Planning for Assembly from Solid Models.* Proceedings of 1989 IEEE International Conference on Robotics and Automation, Seite 222–227, Scottsdale, USA, May 14-19, 1989

[82] Logt, G. v. d. *Lösung der inversen kinematischen Transformation von Robotern mit Hilfe konnektionistischer Verfahren.* Studienarbeit am Lehrstuhl für Systemtheorie der Elektrotechnik der Universität des Saarlandes, Saarbrücken, 1991

[83] Lozano-Perez, T. *Automatic Planning of Manipulator Transfer Movements.* IEEE Transactions on Systems, Man and Cybernetics, SMC-11(10):681–689, 1981

[84] Lozano-Perez, T.; Brooks, R. *An Approach to Automatic Robot Programming* in Solid Modeling by Applications. Solid Modeling by Applications. Boyse, J. (Hrsg.), Plenum Press, New York, 1984

[85] Mason, M. *Automatic Planning of Fine Motions: Correctness and Completeness.* Proceedings of 1984 IEEE International Conference on Robotics and Automation, Seite 492–503, Atlanta, USA, March 13-15, 1984

[86] Mason, M.; Salisbury, J. *Robot Hands and the Mechanics of Manipulation* in The MIT Press Series of Artificial Intelligence. The MIT Press Series of Artificial Intelligence. MIT Press, Cambridge, USA, 1985

[87] Metea, M. *A Knowledge-Based Navigation System for Autonomous Land Vehicles.* Proceedings of the 6th International Phoenix Conference on Computers and Communications, Seite 526–530, Scottsdale, USA, 1987

[88] Michie, D. *Expert Systems and Robotics* in Handbook of Industrial Robotics, Seite 419–436. Handbook of Industrial Robotics. John Wiley and Sons, New York

[89] Miller, J.; Hoffman, R. *Automatic Assembly Planning with Fasteners.* Proceedings of 1989 IEEE International Conference on Robotics and Automation, Seite 69–74, Scottsdale, USA, May 14-19, 1989

[90] Mina, I. *KMPR: An Experimental Knowledge Based Modeling Prototype for Robots.* Proceedings of 1987 IEEE International Conference on Robotics and Automation, Seite 2011–2020, Raleigh, USA, 1987

[91] Neuron Data Inc., Palo Alto, California, USA. *Nexpert Object Fundamentals*, Version 1.1, 1987

[92] Nguyen, V. *The Synthesis of Stable Graps in a Plane.* Proceedings of 1986 IEEE International Conference on Robotics and Automation, Seite 884–889, San Francisco, USA, April 7-10, 1986

[93] O'Keefe, R. *Simulation and Expert Systems - a Taxonomy and some Examples.* Simulation, 46(1):10–16, 1986

[94] Orlando, N. *An Intelligent Robotics Control Scheme.* Proceedings of the Conference on Automated Control, Seite 204–208, San Diego, USA, 1984

[95] Pao, Y. *Adaptive Pattern Recognition and Neural Networks.* Addison-Wesley Publishing Company, Reading, Massachusetts, USA, 1989

[96] Pati, Y. e. a. *Neural networks for tactile perception.* Proceedings of 1988 IEEE International Conference on Robotics and Automation, Seite 134–140, addIEEE88, monIEEE88, 1988

[97] Paul, R. *Robot Manipulators.* MIT Press, Cambridge, 1981

[98] Pollack, A. *What is Artifical Reality? Wear a Computer and See.* The New York Times, 10.4.1989

[99] Poppelstone, R.; Ambler, A.; Bellos, I. *An Interpreter for a Language for Describing Assemblies.* Artificial Intelligence, (14):79–107, 1980

[100] Puppe, F. *Einführung in Expertensysteme.* Studienreihe Informatik, Springer Verlag, Berlin, 1988

[101] Ravani, B. *World Modelling for CAD Based Robot Programming and Simulation* in NATO ASI Serie F, Band 50, Seite 67–89. Springer Verlag, Berlin, 1988

[102] Rembold, U. *Intelligente Roboter, Teil 2: Autonome Mobile Roboter.* VDI-Zeitung, 127(20):811–817, 1985

[103] Rembold, U. *The Karlsruhe Mobile Assembly Robot.* Internal Report, University of Karlsruhe, Karlsruhe, 1988

[104] Rembold, U.; Raczkowsky, J. *The Multisensory System of the KAMRO Robot.* Internal Report, University of Karlsruhe, Karlsruhe, 1988

[105] Rich, E. *Artificial Intelligence.* McGraw Hill Series in Artificial Intelligence, McGraw Hill Book Company, New York, 1983

[106] Round, A. *Knowledge Based Simulation* in The Handbook of Artificial Intelligence, Seite 415–518. The Handbook of Artificial Intelligence. Addison-Wesley Publishing Company, Reading, Massachusetts, USA, 1989

[107] Rumelhardt, D.; McClelland, J. *Parallel Distributed Processing: Explorations in the Microstructure of Cognition.* MIT Press, Cambridge, MA, USA, 1986

[108] Schmidt, G.; Freyberger, F. *Wissensverarbeitung in Echtzeit - Autonome Roboter.* Hard and Soft, Seite 8–13, Oktober, 1986

[109] Schnupp, P.; C., H. *Expertensystempraktikum.* Springer Verlag, Berlin, 1987

[110] Schnupp, P.; Leibrandt, U. *Expertensysteme.* Springer Verlag, Berlin, 1988

[111] Schutzer, D. *Artificial Intelligence.* Van Nostrand Reinhold, New York, 1987

[112] Sejnowsky, T.; Rosenberg, C. *NETtalk: A parallel network that learns to read loud* in Neurocomputing - Foundations of Research, Seite 663–672. Neurocomputing - Foundations of Research. The MIT Press, Cambridge, Massachusetts, 1988

[113] Sekiguchi, M.; Nagata, S.; Asakawa, K. *Behavior control for a mobile robot by a dual-hierarchical neural network.* IEEE International Workshop on Intelligent Robots and Systems, Seite 122–127, 1989

[114] Selke, K.; et al. *A Knowledge Based Approach to Robotic Assembly.* Proceedings Institution of Mechanical Engineers, Seite 79–84, London, GB, 1986

[115] Soroka, B. *Expert Systems and Robotics.* Proceedings Robots 8 SME Conference, Seite 19/133–19/140, Detroit, USA, 1984

[116] Spur, G.; Kirchhoff, U.; Bernhardt, R.; Held, J. *Computer-Aided Application Program Synthesis for Industrial Robots* in NATO ASI Serie F, Band 50, Seite 527–548. Springer Verlag, Berlin, 1988

[117] Stornetta, W.; Huberman, B. *An improved three-layer back-propagation algorithm.* Proceedings First IEEE International Conference Neural Networks, Seite II–637–II–644, June 21-24, San Diego, California, 1990

[118] Takegaki, M.; et al. *An Advanced Design Support System For Intelligent Robots.* Proceedings of 1986 IEEE International Conference on Robotics and Automation, Seite 273–278, San Francisco, USA, April 7-10, 1986

[119] Tang, P. *Programming of Intelligent Robots.* International Conference on Computer-Aided Production Engineering, Seite 293–299, Edinburgh, GB, 1986

[120] Tang, P.; ElMaraghy, H. *Programming of Intelligent Robots.* Proceedings Computer-Aided Production Engineering Conference, Seite 293–299, Edinburgh, GB, April, 1986

[121] Taylor, R. *The Synthesis of Manipulator Control Programs from Task Level Specifications.* AIM-282, Stanford University Artificial Intelligence Laboratory, 1976

[122] Terzepolus, D.; et al. *Elastically deformable models.* ACM Computer Graphics, 21(4):205–214, July, 1987

[123] Thevenau, P.; Pasquier, M. *A Geometric Modeler for an Automatic Robot Programming System* in NATO ASI Serie F, Band 50, Seite 23–39. Springer Verlag, Berlin, 1988

[124] Tsutsumi, K.; Matsumoto, H. *Neural computation and learning strategy for manipulator control.* IEEE First International Conference on Neural Networks, Seite IV–525–IV–534, June 21-24, San Diego, California, 1987

[125] Tutsch, D. *Lösung der inversen kinematischen Transformation von Robotern mit Hilfe konnektionistischer Verfahren.* Studienarbeit am Lehrstuhl für Systemtheorie der Elektrotechnik der Universität des Saarlandes, Saarbrücken, 1991

[126] Valero, H. *Einsatz eines Expertensystems beim graphischen Einlernen von Robotern.* Diplomarbeit am Lehrstuhl für Systemtheorie der Elektrotechnik der Universität des Saarlandes, Saarbrücken, 1990

[127] Waldon, S. *Updating and Organizing World Knowledge for an Autonomous Control System.* Proceedings of the IEEE International Symposium on Intelligent Control, Seite 423–430, 1987

[128] Waterman, D. *A Guide to Expert Systems.* Addison-Wesley Publishing Company, Reading, Massachusetts, USA, 1986

[129] Werbos, P. *Beyond regression: New tools for prediction and analysis in the behavorial sciences.* Harvard University, USA, 1974

[130] Willim, B. *Leitfaden der Computergraphik.* Drei-R-Verlag, Berlin, 1989

[131] Wilson, P. *Feature Modeling Overview.* Proceedings 1989 SIGGRAPH, Seite IX 1–IX 47, Boston, USA, 31 July - 4 August, 1989

[132] Winston, P. *Künstliche Intelligenz.* Addison-Wesley Publishing Company, Bonn, 1987

[133] Winston, P.; Horn, B. *Lisp.* Addison-Wesley Publishing Company, Reading, Massachusetts, USA, 1984

[134] Wloka, D. *ROBSIM - A Robot Simulation System.* Proceedings 11th IMACS World Congress, Nummer 4, Seite 61–64, Oslo, 1985

[135] Wloka, D. *ROBSIM - A Robot Simulation Program* in Modelling and Simulation in Engineering, Seite 293–298. Modelling and Simulation in Engineering. Elsevier Science Publishers B.V., Amsterdam, 1986

[136] Wloka, D. *ROBSIM: Programmsystem zur digitalen Simulation von Robotern.* VDI Berichte, 598:27–38, 1986

[137] Wloka, D. *Simulation of Robots Using CAD System ROBSIM.* Proceedings 1986 IEEE Conference on Robotics and Automation, Seite 1859–1864, San Francisco, 1986

[138] Wloka, D. *Grundlagen der Robotertechnik.* Vorlesungsmanuskript zur gleichnamigen Vorlesung, Universität des Saarlandes, Saarbrücken, 1987

[139] Wloka, D. *Simulation of Robot Factories Using Robsim.* Proceedings of the 10th IFAC World Congress, July 26-31, München, 4:325–331, 1987

[140] Wolter, J. *On the Automatic Generation of Assembly Plans.* Proceedings of 1989 IEEE International Conference on Robotics and Automation, Seite 62–68, Scottsdale, USA, May 14-19, 1989

[141] Yamamoto, N. *A Multiprocess-Based Runtime Monitoring System for Intelligent Robots.* Proceedings of the 16th International Symposium on Industrial Robots BIRA and IDS, Seite 853–862, Brüssel, Belgien, 1986

[142] Yeung, D.; Gekey, G. *Using a context-sensitive learning network for robot arm control.* IEEE International Conference on Neural Networks, Seite 1441–1447, 1989

Stichwortverzeichnis